Geomorphologische Untersuchungen mittels GIS- und Fernerkundungsverfahren unter Berücksichtigung hydrogeologischer Fragestellungen

- Fallbeispiele aus Nordwest Syrien -

Dissertation

zur Erlangung des Doktorgrades

der Mathematisch-Naturwissenschaftlichen Fakultäten

der Georg-August-Universität zu Göttingen

vorgelegt von

Wahib Sahwan

aus Taybat Al Imam/Syrien

Göttingen 2007

ERDSICHT - EINBLICKE IN GEOGRAPHISCHE UND GEOINFORMATIONSTECHNISCHE ARBEITSWEISEN

Schriftenreihe des Geographischen Instituts der Universität Göttingen, Abteilung Kartographie, GIS und Fernerkundung

Herausgegeben von Prof. Dr. Martin Kappas

ISSN 1614-4716

12 *Daniel Karthe*
Trinkwasser in Calcutta
Versorgungsproblematik einer indischen Megastadt
ISBN 3-89821-661-6

13 *Enrico Kalb*
Landnutzungsinterpretation und Erosionsmodellierung der Küstenregion von Nordost Bali, Indonesien
ISBN 3-89821-666-7

14 *Anke Gleitsmann*
Exploiting the Spatial Information in High Resolution Satellite Data and Utilising Multi-Source Data for Tropical Mountain Forest and Land Cover Mapping
ISBN 3-89821-727-2

15 *Arno Krause*
Einführung eines GIS für die Landwirtschaftsverwaltungen der BRD auf Grundlage EU-rechtlicher und nationaler Verordnungen
unter besonderer Berücksichtigung des Bundeslandes Mecklenburg-Vorpommern
ISBN 3-89821-738-8

16 *Pavel Propastin*
Remote sensing based study on vegetation dynamics in dry lands of Kazakhstan
ISBN 978-3-89821-823-8

17 *Matthias Stähle*
Trinkwasser in Delhi
Versorgungsproblematik einer indischen Megastadt
ISBN 978-3-89821-827-6

18 *Roland Bauböck*
Bioenergie im Landkreis Göttingen
GIS-gestützte Biomassepotentialabschätzung anhand ausgewählter Kulturen, Triticale und Mais
ISBN 978-3-89821-959-4

Wahib Sahwan

GEOMORPHOLOGISCHE UNTERSUCHUNGEN MITTELS GIS- UND FERNERKUNDUNGSVERFAHREN UNTER BERÜCKSICHTIGUNG HYDROGEOLOGISCHER FRAGESTELLUNGEN

Fallbeispiele aus Nordwest Syrien

ibidem-Verlag
Stuttgart

Bibliografische Information der Deutschen Nationalbibliothek
Die Deutsche Nationalbibliothek verzeichnet diese Publikation in der Deutschen Nationalbibliografie; detaillierte bibliografische Daten sind im Internet über http://dnb.d-nb.de abrufbar.

Bibliographic information published by the Deutsche Nationalbibliothek
Die Deutsche Nationalbibliothek lists this publication in the Deutsche Nationalbibliografie; detailed bibliographic data are available in the Internet at http://dnb.d-nb.de.

∞

Gedruckt auf alterungsbeständigem, säurefreien Papier
Printed on acid-free paper

ISSN: 1614-4716

ISBN-10: 3-8382-0094-2
ISBN-13: 978-3-8382-0094-1

Printed in Germany

Inhaltsverzeichnis

Motivation

Das Untersuchungsgebiet liegt im semi-ariden Nordwesten Syriens und umfasst die ganze Provinz von Aleppo und große Teile vier anderer Hauptprovinzen Syriens (Idlib, Hama, Homs und Raqqa). Im Hinblick auf die Bevölkerungsanzahl zählen diese zu den größten Provinzen Syriens. Aufgrund dessen wird dieses Gebiet intensiv landwirtschaftlich genutzt, welches zur Übernutzung von Grundwasserressourcen und Landdegradierung führte.

In den letzten 20 Jahren nahmen diese Probleme, aufgrund der Klimaveränderung, insbesondere des verringerten Niederschlags, drastisch zu. Daher erfordert diese Lage eine umfassendes Wassermanagment bzw. eine gründliche Beobachtung des geoökologischen Systems. Die Geomorphologie in diesem Gebiet, obwohl sie ein wichtiger Faktor ist und in starker Wechselbeziehung mit dem geoökologischen System steht, bisher sehr wenig betrachtet. Hinzu kommt die mangelnde Verfügbarkeit der digitalen Daten in diesem Gebiet.

Dadurch entstand die Idee zu der vorlegenden Arbeit, fernerkundliche Daten (Landsat und ASTER) in Kombination mit digitalen Geländemodellen geomorphologisch/geomorphometrisch zu analysieren und morphostrukturell zu interpretieren. Die Analyse zielt darauf ab, das Wissen über das geomorphologische Bild des Gebiets zu vervollständigen und Datengrundlage für eine Datenbank zu erstellen. Anschließend lenkte die Arbeit in Richtung der Erstellung einer integrierten hydrogeomorphologischen Datenbank, die als Datengrundlage für weitere Untersuchungen dienen soll.

Schlüsselworte: Geomorphologie, Das digitale Höhenmodell, Fernerkundung, GIS, Hydrogeologie, Syrien.

Key words: Geomorphology, Digital Elevation Model, Remote Sensing, GIS, Hydrogeology, Syria.

Vorwort

In den letzten 30 Jahren hat die Elektronische Datenverarbeitung (EDV) Einzug in die Geowissenschaften gefunden und führte zu großen Fortschritten in den angewandten Geowissenschaften. In der angewandten Geomorphologie führte dies zu wesentlichen Weiterentwicklungen (z.B. Anwendung digitaler Geländemodelle), insbesondere auch dadurch, dass diese Wissenschaft sehr eng mit verschiedenen Disziplinen wie Geologie, Fernerkundung, physische Geographie, Hydrologie, Hydrogeologie etc. zusammenarbeitet und durch die EDV-Entwicklung (insb. das geographische Informationssystem) nun unterschiedliche Informationsebenen zusammengebracht werden konnten. Parallel dazu entwickelte sich die geomorphologische Darstellung bzw. Kartierung weiter.

Hierbei erfuhren die geomorphologischen Beobachtungen mit der zunehmenden Entwicklung der Satellitenfernerkundung große Fortschritte. Die Satellitendaten stellen eine hervorragende Möglichkeit zur Verfügung, die geomorphologischen Merkmale und Prozesse in großen Bereichen der Landoberfläche darzustellen. Andererseits bieten die heute vorhandenen Fernerkundungssysteme die Möglichkeit, den Anschluss an den Detailreichtum und Informationsgehalt von Luftbildern zu erreichen. Der Mangel an Höheninformationen kann heute auch überwunden werden, indem man Satellitenbilder mit digitalen Höhenmodellen kombiniert.

Ein weiterer Forschritt wird durch die Anwendung von Geographischen Informationssystemen (GIS) zur Darstellung und Analyse geographischer Features geboten, wobei die Arbeit mit einer Anzahl von mehreren thematischen Ebenen (layer) und verschiedenen Dateien (Texte, Berichte, Fotos, Tabellen, Bilder usw.) in einer geomorphologischen Datenbank unproblematisch geworden ist. In diesem Zusammenhang ermöglicht die geomorphologische Datenbank eine detaillierte Auswertung mehrerer Daten aus unterschiedlichen Quellen, z. B. wird eine Zusammenführung der räumlich und zeitlich variablen, geologischen Fakten und Daten möglich.

1 Einleitung

1.1 Zielsetzung

Die computergestützte Darstellung geomorphologischer/geologischer Informationen mit Hilfe vom geographischen Informationssystem (GIS) bietet einen breiten Anwendungsbereich. Deshalb hat die vorliegende Arbeit zum Ziel, eine ausführliche, GIS-basierte, geomorphologische Darstellung von Teilregionen Syriens zu generieren. Dabei wird die Mehrzweckfunktionalität des GIS, nämlich die Verwendung des GIS-Werkzeugs zum Speichern, Anzeigen und Analysieren (Verschneiden von Datenebenen) für die Lösung verschiedener Fragestellungen eingesetzt. Dementsprechend beinhaltet die Zielsetzung dieser Arbeit folgende Schwerpunkte:

- Zunächst wird eine GIS-gestützte Georeliefdarstellung durchgeführt, um die geomorphologischen Haupteinheiten der natürlichen Landoberfläche in dem Untersuchungsgebiet im nordwestlichen Syrien auf Basis des digitalen Höhenmodells zu klassifizieren und die geomorphologischen Phänomene mittels der Satellitenbilder von Landsat und von dem *Advanced Spaceborne Thermal Emission and Reflection Radiometer* (ASTER) zu illustrieren. Dabei soll überprüft werden, ob dass digitale Höhenmodell der *Shuttle Radar Topography Mission* (SRTM) verwendbare Informationen für die geomorphologische Darstellung liefern kann. Weiterhin ist zu überprüfen, ob die ergänzende Auswertung von Satellitendaten eingesetzt werden kann.
- Die Verwendung mehrerer Fernerkundungs- und GIS-Verfahren zur Ableitung einer Karte linearer Morphostrukturen unter Berücksichtigung der strukturellen Eigenschaften des Untersuchungsgebietes, um eine Aussage über den tektonischen Bau des betrachteten Gebiets zu treffen.
- Die Erstellung einer GIS-Datenbank durch die Kombination der ausgewerteten Daten mit weiteren Themen des geoökologischen Systems (Boden, Klima, Lithologie, Landnutzung) und Integration dieser Themen, wodurch die Wirkung der Geomorphologie auf das Grundwasserneubildungspotential und die Grundwasserzusammensetzung übersichtlich dargestellt werden soll.

1.2 Methodische Vorgehensweise

Vor der Bearbeitung des eigentlichen Themas wird das bearbeitete Untersuchungsgebiet inklusive der speziellen Themengebiete (KAPITEL 2) dargestellt. In KAPITEL 3 werden kurz die physikalischen und technischen Grundlagen der Fernerkundung aufgezeigt. Die verwendeten Datengrundlagen und ihre Aufbereitung sowie die benötigten Methoden sind in KAPITEL 4 aufgeführt. Der Kern dieser Arbeit, die morphologische Analyse, insbesondere die geomorphologische Darstellung auf Basis der Fernerkundungsdaten (digitale Höhendaten & Satellitenbilder), wird in KAPITEL 5 behandelt. Eine morphostrukturelle Analyse wird in KAPITEL 6 durchgeführt. In KAPITEL 7 werden die geomorphologischen Daten mit den Daten der benachbarten Disziplinen in einer hydrogeomorphologischen Datenbank kombiniert. Die verschiedenen bearbeiteten Themen werden in drei Darstellungen repräsentiert:

1. Vektor-Daten für das Darstellen einzelner Objekte.
2. Rasterdaten für das Darstellen von kontinuierlichen Phänomenen.
3. Referenzen (Verzeichnisse) für die geographische Position.

Es wurden zwei Feldkampagnen in dem Gebiet durchgeführt. Dabei wurden die aufgelisteten Ziele verfolgt:

- Einmessen von Passpunkten für die Verifizierung der Georeferenzierung der Fernerkundungsszenen.
- Erfassen der Geomorphologie.
- Erhebung von örtlichen und momentanen Daten für die Verifikation der Auswertungen und der Klassifikationen.
- Proben nehmen.

Die erste Kampagne fand im April 2004 im westlichen Teil des Untersuchungsgebiets statt. Dieser Teil umfasst das Areal des Missyaf-Plateaus und den Bereich des Toten-Meer-Störungssystems (DSFS). Die zweite Kampagne fand im September und Oktober 2006 im östlichen und südöstlichen Teil statt. Das Areal erfasst die nördlichen Palmyra-Ketten und ihr Vorland sowie einen großen Teil der Basaltfelder von Hama.

2 Charakterisierung des Untersuchungsgebietes

Syrien befindet sich im nordwestlichen Teil der arabischen Halbinsel. Es hat eine Fläche von ungefähr 185.000 Km^2 und liegt zwischen 32° und 37° Nordbreite und zwischen 35° und 42° Langbreite. Das Untersuchungsgebiet dehnt sich im nordwestlichen Syrien von 36° 20' bis 38° 20' E, und 34° 40' bis 36° 45'N (190 km NS * 165 km WE) (Abb. 2-1) aus. Im Süden, Westen und Norden ist das Gebiet von gebirgigen Landschaften geprägt. Die Vegetation im südlichen bis südöstlichen Bereich ist spärlich bis nicht vorhanden. Im Norden und Nordwesten sowie im Westen herrscht eine Ackerlandschaft vor. Das Gebirge im Nordwesten ist zum Teil bewaldet und als Teil des Taurus-Gebirges (Türkei) zu bezeichnen. Die Entwässerung des Gebietes erfolgt größtenteils in abflusslose Becken, die fast den gesamten Raum des Zentralgebiets einnehmen.

2.1 Geologie

Syrien befindet sich an der nordwestlichen Ecke des arabischen Blocks (*Arabian Plate*) und kann in fünf geologische Regionen gegliedert (Abb. 2-2) werden: die südliche Syrien-Plattform, die Palmyra Faltenzone, die Aleppo-Hebung, die westlichen Bergketten einschließlich der Graben-Zone des DSFS, der Mesopotamien-Trog (das Euphrat-Verwerfungssystem).

Die strukturelle Großgliederung Syriens wie auch des Libanon wird im Wesentlichen von vier tektonischen Richtungen beherrscht (WOLFART, 1967): i. N-S Richtung (Ostafrikanische Richtung), hauptsächlich in dem meridionalen Graben Al-Ghab von West Syrien und dem Libanon auftretend, ii. NE-SW Richtung, iii. NW-SE Richtung, und iv. E-W Richtung. Die zweite und dritte tektonische Richtung sind praktisch in ganz Syrien verbreitet. Die vierte hingegen ist vor allem im Nordosten Syriens vorhanden (Abb. 2-2). Im Grunde genommen wird der tektonische Großbau Syriens im Wesentlichen von den Strukturelementen der NW- und NE-Richtung beherrscht, deren Bildung in engem Zusammenhang mit den präexistenten Fugen des Transversalverschiebungssystems stehen dürfte. WOLFART (1967) beschrieb, dass selbst im Bereich der meridionalen Graben-Zone im Westen Syriens diese Regel eine gewisse Gültigkeit besitzt. Als Beweis nannte er den ablenkenden Effekt des Transversalverschiebungssystems auf junge Brüche und vor allem auf die Orientierung des libanesischen Gebirgssystems und des Bekaa-Grabens (Abb. 2-2). Für das betrachtete Gebiet sind die ersten drei Richtungen von größerer Bedeutung.

2.1.1 Geologische Entwicklung des Gebiets

Das Untersuchungsgebiet beinhaltet das Aleppo-Plateau (*Aleppo-Uplift*). Im Westen ist das Becken von Al-Ghab bzw. das DSFS als Grenze zu betrachten und im Nordwesten das Aafrin-Becken bzw. die Bitlis Suture (HEMPTON, 1985). Im Osten lässt sich das Aleppo-Plateau vom Euphrat-Verwerfungssystem abgrenzen. Im Süden und Südosten überschneiden sich teilweise das Aleppo-Plateau und die Palmyra-Ketten. Das Aleppo-Plateau war während des *Paläozoikums* eine von zwei strukturellen Erhebungen in Syrien, Aleppo-Hebung im Nordwesten und Rutbah-Hebung (Rutbah uplift) im Südosten (Abb. 2-2) (BREW et al., 2001).

Im *Mesozoikum* erfuhr das Gebiet mehrere Transgressionen und Regressionen. Demgemäß herrschten auf der Aleppo-Hebung marine bis lagunäre, gebietsweise auch kontinentale Verhältnisse, unter denen es unter anderem zur Ablagerung von Anhydriten oder sogar von Steinsalz gekommen ist. Am *Ende des Mesozoikums* (*späte Kreidezeit*) wurde Syrien von mehreren subsidierenden Bereichen beherrscht. Folglich bildete sich das Aafrin-Becken nordwestlich der Aleppo-Hebung und Ophiolit-Eruptionen traten an dem nordwestlichen Rand auf.

Während des *Paläogens* (*Känozoikum*) erfuhr das Gebiet eine aktive Tektonik. Einerseits wurden Subsidenz-Prozesse sowohl südlich des Aleppo-Plateaus (im Bereich der Palmyra-Ketten) als auch östlich (Euphrat-Graben) dokumentiert. Andererseits erhob sich das Küsten-Gebirge im Westen und das Kurd Dagh Gebirge im Nordwesten. Fazies bezogen, gehen überall in Syrien unmerklich die blaugrauen Mergel und hellen, weißen, kreidigen Mergelkalke der *Oberkreide* in die völlig gleichförmigen Schichten des frühen *Paläogens* über. Diese Schichtenfolge ist in ganz Syrien bzw. innerhalb des Aleppo-Plateaus horizontal homogen.

Das *frühe Eozän* zeigt eine seichtere Fazies als die Fazies im *Paleozän* und in der *Oberkreide*. Diese Fazies ist allgemein karbonat- und kieselhaltig. Im *mittleren Eozän* nahm die Verbreitung der *Paläogen*-Sedimentationen im Aleppo-Plateau allmählich zu. Mächtige Sedimente wurden im Nordwesten abgelagert. Währenddessen wurde der Zawiye, der vorher - mit dem Küsten-Gebirge erhoben - exponiert war, überflutet. Überall in Syrien wurden pelagische, kreidige Mergelkalke und Mergel abgelagert. Doch davon weichten die überfluteten, gehobenen Bereiche (Zawiye) ab. Hier und auch im Südosten wurden Konglomerate und Grünsande in geringer Mächtigkeit und Bankkalke abgelagert. Die merglig-kreidige Sedimentation des *Eozäns* folgt im oberen *Paläogen* von sandigen Nummulitenkalkstein und Sandstein. So hat am *Ende des Paläogen* nach den tektonischen Erhebungen möglicherweise keine marine Sedimentation mehr stattgefunden. Hingegen traten in mehreren Zeiten während des *Neogen* in den verschiedenen Teilen des Gebiets (wie dem Aafrin Becken) marine Bedingungen auf, welche auf die Wirkung der tektonischen Hebung zurückzuführen ist.

Basaltschichten, besonders des *mittleren Miozän*, zeigen vulkanische Tätigkeit an, zu denen gehört das vulkanische Vorkommen südlich des Aleppo-Plateaus. Wie die anderen Mittelmeergebiete zeichnet sich die *Messinzeit* (Eng. *Messinian*) durch die Absetzung von Evaporiten aus. Die stratigraphische Reihenfolge des *Pliozäns* zeigt eine Weiterentwicklung in Richtung der kontinentalen Absetzung mit Basaltvulkanismus.

Nicht nur das Aleppo-Plateau sondern fast ganz Syrien wurde zu Beginn des *Pliozäns* durch die exogenen Kräfte von Verwitterung, Abtragung bzw. Aufschüttung geprägt. Dieser Einebnungsvorgang formte ein Flachrelief, das zum Ausgangspunkt für die heutigen Großformen wurde. Junge Krustenbewegungen während des *Pliozäns* und *Quartärs* führten im Westen zu lokal begrenzten Hebungen, Senkungen und Verbiegungen. Infolgedessen wurde der Grabenbruch von Al-Ghab westlich des Aleppo-Plateaus gebildet. Gleichzeitig kam es in dem Gebiet zu *pliozänem* bis *quartärem* Vulkanismus. Im *Quartär* hatten sich auch die europäischen Eiszeiten und Zwischeneiszeiten in Syrien als Pluvial- bzw. Trockenperioden bemerkbar gemacht. Darauf deuten die limnischen *Pleistozän*-Ablagerungen der großen Gräben v. a. dem Al-Ghab.

2.1.2 Die paläogeographische Entwicklung der Landschaft

Die paläogeographische Entwicklung während der *oberen Kreide* und während des *unteren Tertiärs* hatte schließlich im *Eozän*, gebietsweise auch erst im *unteren Oligozän*, zu einer umfassenden Regression geführt. Darauf deuten die frühen *Eozän* Konglomerate und Grünsande im Zawiye und in den nördlichen Palmyra-Ketten. Das kontinentale Verhältnis sollte nach WOLFART (1967) schon in Syrien gegen Ende des *unteren Tertiärs* bei einem ausgeglichenen Relief fast überall herrschen. Dieser gerichtete Entwicklungstrend wurde mit Beginn des *jungen Tertiärs* angehalten.

Eine moderne Darstellung für die Sedimentationslage und das tektonische Abbild im *oberen Eozän* zeigt an, dass eine Flachwasserfazies herrschte. Gemäß dieser Darstellung lag im *mittleren Miozän* im Vergleich zum *oberen Eozän* eine noch ausgeprägte

Flachwasserfazies vor (Abb. 2-3), so dass ein Salinarbecken östlich des Aleppo-Plateaus gebildet wurde. Nach WOLFART (1967) dehnte sich das Salinarbecken vermutlich nach Westen bis östlich von Homs aus und zwar entlang einer Meeresbucht, die sich als Teil des Euphrat-Beckens im Bereich der tektonischen Palmyra-Faltenzone erstreckte.

Das *Miozän* zeichnet sich durch den abschließenden Übergang zu den kontinentalen Bedingungen in Syrien (BREW et al., 2001) aus, so dass Nordsyrien während des oberen Teils (*Pont*) des *Miozän* definitiv vom Meer auftauchte. Ab diesem Zeitpunkt bildeten sich Berge, wodurch das Relief ausgeprägter wurde (VOÛTE, 1955). WOLFART (1967) deutete auf eine bereits im *Miozän* ausgebildete, nach Nordosten zum Euphrat-Becken gerichtete Abdachung hin, welche sich durch die Verbreitung der kontinentalen Sedimente, durch die generellen Schüttungsrichtungen und durch die an das paläogeographische Bild des *Miozäns* anknüpfenden Überlagerungen bestätigen lässt. Im *obern Miozän* (*Pont*) waren zwei Süßwasserseen vorhanden, einer im Graben von Al-Ghab und der andere in der seichten Depression von Homs (DUBERTRET & VAUTRIN, 1938; VOÛTE, 1955). Lakustrische, tonig-mergelige Ablagerungen des *Pont* kommen im Al-Ghab und bei Homs sowie in der Bekaa-Ebene (südlich von Homs im Libanon) vor. Im Allgemeinen wurde ganz Syrien vermutlich in dem *Pont* von einer schwach reliefierten Ebene charakterisiert. Diese pontische Einebnungsfläche ist in weiten Tälern Syriens bis heute erhalten und sogar überall, wo sie nicht durch nachfolgende Krustenbewegungen verstellt wurde (VAUMAS, 1961). Auf eine Flächenbildung, die offenbar zwischen *Helvet* (*oberen Miozän*) und *unterem Pliozän* erfolge, deutete RÖSNER (1995) in einer Studie über die Entwicklung der Landschaft nördlich Aleppo hin.

Mit Beginn des *Pliozäns* und im *Pliozän* wurde durch kräftige Belebung des Reliefs im Westen eine starke Erosion ausgelöst und die Ausdehnung der aus dem *oberen Miozän* stammenden Seen eingeengt. Im *Pliozän* entwickelte sich ein ausgedehntes recht einschneidendes Entwässerungsnetz, das den Abtragungsschutt der syrisch-libanesischen Gebirge vom Westen nach Osten im Bereich der Palmyra-Ketten verfrachtet hat, worauf die *Neogen*-Konglomerate zurückzuführen sind (WOLFART, 1967).

Die paläogeographischen Verhältnisse des *Pliozäns* dauerten im kontinentalen Bereich bis in das *Altpleistozän* an. Es ist überwiegend von Eintiefung und Talbildung gekennzeichnet. Die Täler wurden sogar in Gebieten mit relativ niedrigem Niederschlag ausgeräumt. Gegenteilig verlief die Entwicklung im *mittleren Pleistozän*. Eine Einebnung der Landoberfläche fand statt, wobei die übertieften Täler sich z. T. mit Abtragungsschutt füllten. Die Mächtigkeit der Talfüllungen könnte beträchtlich größer gewesen sein als heute (VAN LIERE, 1960/61). Im *jungen Pleistozän* wurden die Täler unter Einfluss höherer Niederschlagereignisse erneut vertieft und die größten Teile der *mittleren Pleistozän* Talfüllungen wieder ausgeräumt. Die meisten Wadis der syrischen trockenen Gebiete sind im *Pleistozän* und *Holozän* angelegt und enden in abflusslosen Becken. Es gibt auch die Vermutung, dass manche Wadisysteme im Südwesten Syriens noch älter sind und deren Anlage schon im *Oligozän* erfolgte (BÖSCH, 1949).

Der große See vom Al-Ghab wurde während des *Pliozäns* durch das große Verwerfungssystem (DSFS) in den Graben von Al-Ghab und das Becken von Acharneh (Nordwestlich von Hama) geteilt. Zwei meridional verlaufende Verwerfungen haben Al-Ghab in seiner heutigen Form geprägt. Im Acharneh-Becken traten lokal mehrere Verwerfungen auf, die nicht exakt meridional verlaufen. Die Strukturen und Sedimente, die in dem Acharneh-Becken gefunden wurden, scheinen anzuzeigen, dass die tektonischen Bewegungen in dessen Umgebung vor und nach dem *oberen Miozän* das Acharneh-Becken beeinflussten. Vermutlich gab es während des *Pliozäns* und *Quartärs* keine weiteren wichtigen Bewegungen. Das Acharneh-Becken ist als ein Pull-Apart Becken festgestellt, das älter ist als das Al-Ghab Pull-apart Becken (VOÛTE, 1955). Nordöstlich dieses Bereichs waren innerhalb des Aleppo-Plateaus während des *Quartärs* mehrere seichte Becken bekannt. Nordöstlich von Aleppo befand sich das Becken von Al-Bab, in dem sich die nur 3-4 m mächtigen Schotterfächer mit den lakustrischen Gips-Mergeln im Endseegebiet von Al-Jabboul verzahnen.

Nördlich von Aleppo war ebenfalls ein kleines Becken (Mareaa) vorhanden. In diesem Becken wurden 40-60 m mächtige rote Tone erbohrt, die möglicherweise als Zusammengeschwemmte Verwitterungsreste von Basalten zu deuten sind (WIRTH, 1971). Südlich von Aleppo gab es die Senke von Al-Match, in der dagegen keine nennenswerten fluviatil-limnischen Schichten vorhanden sind. Südlich von Al-Match ist auch die seichte Al-Kharaitch Depression angesiedelt. Die genannten Binnenbecken dürften erst im Laufe des Quartärs entstanden sein (WOLFART, 1967).

2.1.3 Die Paläogeographie des Euphrat und Orontes

Die Anlage des Euphrat, der einer tektonischen Leitlinie, dem Mesopotamischen Trog, folgt, reicht bis ins *Miozän* zurück. In dieser Zeit herrschten zwischen dem Zagros-Gebirge im Osten und dem Aleppo-Plateau im Westen noch lagunäre Verhältnisse. Während des *Pliozäns* hat der Euphrat seine Fracht auf eine Breite von ca. 100 km abgesetzt, die das gleiche Alter wie die ältesten Schuttfächer im Westen Syriens haben (WOLFART, 1967).

Zum Euphrat entwässerten möglicherweise im *Altpleistozän* das Einzugsgebiet des heutigen Orontes und das Einzugsgebiet des Aafrin ebenso wie die heute abflusslosen Becken nördlich der Palmyra-Ketten (VAUMAS, 1957 & 1961). Entsprechend dieser Auffassung floss ein Ur-Orontes aus der Gegend von Homs nach Nordosten durch das Gebiet der Al-Kharaitch- und Al-Jabboul-Depression zum Euphrat bis zum Ausbruch der Basaltlaven nördlich von Hama und südöstlich der Al-Jabboul. Nach Entstehung der Basaltdecken im *oberen Pliozän* (*Villafranchien*) war der Fluss an den Südostrand der Basaltdecke abgedrängt, entwässerte jedoch noch in etwa gleicher Richtung durch die beiden o. g. Depressionen und durch das Wadi von Khannasser zum Euphrat. Unter dem Einfluss der jungen tektonischen Absenkungen entlang des Verwerfungssystems des Toten Meeres entstanden drei große pleistozäne Binnenseen im Umkreis von Homs, im Al-Ghab und bei Antakya (Amigk in der Türkei). Erst im *jungen Pleistozän* dürfte sich der jetzige Lauf des Orontes ausgebildet haben, der die genannten drei Seen anzapfte und ihre Becken zum Mittelmeer hin entwässerte. Infolgedessen ist das Gewässernetz zwischen Euphrat und Orontes in mehrere abflusslose Becken zerfallen.

Die Klärung der flussgeschichtlichen Entwicklung der größten syrischen Flüsse (Euphrat, Orontes) war das Ziel detaillierter Untersuchungen von VAUMAS (1957), VAN LIERE (1960/61) u. a.

2.1.4 Lithostratigraphische Einheiten

Das betrachtete Gebiet liegt zum großen Teil innerhalb des Aleppo-Sedimentbeckens. Das Becken wird durch eine Reihe von verschiedenen hauptsächlich marinen Ablagerungen gefüllt. Anhand der geologischen Karten 1:200.000 (siehe Datengrundalge) können folgende lithostratigraphische Einheiten unterschieden werden:

- ***Die Oberkreide-Ablagerung*** besteht aus Kalkstein, Mergel und Dolomit sowie untergeordnet aus Ton und kieselhaltigen Gesteinen. Die Gesteine sind am Gefälle der nördlichen Palmyra-Ketten und im Westen des Gebiets zu finden. Eine 5m mächtige Schicht von Gips liegt an der Basis des *Coniacs*. Die weit verbreitete aufgeschlossene Ablagerung gehört dem *Maastricht* an und befindet sich ebenfalls im Zentrum des Gebiets.
- ***Die Paläogen-Ablagerung*** setzt sich hauptsächlich aus kreidigen und lehmigen Kalksteinen und untergeordnet aus Mergel zusammen. Diese Ablagerung enthält manchmal dünne Linsen und Schichten von silifiziertem Kalkstein, die im *unteren Eozän* häufiger als im *Mittleren* zu finden sind.
- ***Die Neogen-Ablagerung*** wurde hauptsächlich durch die Ablagerungen des unteren *Miozäns* (*Helvet*) vertreten. Diese bestehen aus monotonen Schichten des organischen und organisch-detrogenen Kalksteins und zwischengelagerten Basaltsschichten. Der Kalkstein ist grob, von hellgrauer oder grauer Farbe und drastisch gebankt. Die *Helvetien* Ablagerungen sind im Nordteil des Gebiets weit verbreitet. Zum oberen *Miozän* gehören die Basaltvorkommen, die ein altes geebnetes Relief überlagern, das aus den *Paleozän* und *Helvetien* Ablagerungen besteht. Der Basalt ist stark an seiner Oberfläche geklüftet.
- ***Die Quartär-Ablagerungen*** bestehen aus den lakustrischen, alluvialen und proluvialen Ablagerungen und befinden sich in den Depressionen und einigen Tälern. Die proluvialen Ablagerungen werden z. B. am Fuß des Jebel El Hess in einem 1-2 km verbreiteten Gürtel gefunden und werden durch alluviale und lakustrische Ablagerungen zur Mitte der Senken ersetzt. Die proluvialen Ablagerungen bestehen aus schlecht sortierten Schotter des Basalts, des Kalksteins und des Feuersteins in einer gipshaltigen Lehmmatrix. Die lakustrischen Ablagerungen bestehen aus gipshaltigen Lehm und zwischengelagerten Gipsschichten und –linsen.

2.2 Hydrographie

Nach WOLFART (1967) lässt sich Syrien hydrographisch in drei Zonen gliedern und zwar West-, Zentral- und Nordost-Syrien, womit das Tafelland nördlich der Palmyra-Ketten zur Zentralzone gehört. Nordöstlich des Gebiets liegt der wichtigste Fluss in Syrien der Euphrat mit seinem großen See. Entlang dem westlichen Rand fließt, einerseits von Süden nach Norden der Orontes innerhalb des Al-Ghab Beckens, andererseits der Aafrin vom Norden in der Türkei nach Südwesten. Die Täler des Aafrin und Orontes weisen westlich der Stadt Aleppo gleichmäßiges Gefälle zum Mittelmeer auf.

Die Basaltdecken bzw. die Ebenen des nordsyrischen Gebietes sind von mehreren breiten Tälern durchgetrennt, die bis zu 100–150m Tiefe aufweisen, und entwässern entweder zum Euphrat oder in abflusslose Depressionen (Sebkhas). Diese sind im Allgemeinen die einzigen natürlichen stehenden Gewässer, die in den syrischen Trockengebieten vorkommen können. Die wichtigste Sebkhas hier sind Al-Jabboul, Al-Match und Al-Kharaitch. Außer dem Sebkha von Al-Jabboul fallen die anderen Sebkhas im Sommer trocken.

2.3 Hydrogeologie

Der Grundwasserspiegel lag bis vor einigen Jahren, vor der Ausbreitung der intensiven und grundwasserabsenkenden Pumpbewässerung in den Ackerebenen West- und Nordsyriens, meist nur wenige Meter unter der Oberfläche. Bis Mitte des 20. Jahrhunderts konnte man überall in Syrien das Grundwasser durch Brunnen erschließen. Nach WOLFART (1967) sind Grundwasserkörper in regionaler Verbreitung lediglich im Bereich der Jezireh vorhanden. WOLFART meinte, dass in anderen Gebieten die besten Möglichkeiten zur Grundwassergewinnung sich in den Grundwasser-Sammlersystemen bieten, und zwar vor allem im Vergitterungsbereich lineament-tektonisch bedingter Kluftscharen. Die Vergitterungsbereiche der Lineamente bilden immer Senkungsfelder und wirken daher im Prinzip wie ein Vorfluter. Hinsichtlich der geringen Niederschläge und der illegalen intensiven Nutzung sinkt der Grundwasserspiegel Jahr für Jahr ab, womit die Wasserversorgung und die Bewässerung des Ackerlands in Frage gestellt werden. Hydrogeologische Untersuchungen von BURDON (1961) ergaben zum Beispiel für das Gebiet von Salamiyeh (südwestlich des Untersuchungsgebiets), dass vermutlich nur 5% der über dem Grundwasserspiegel liegenden Flächen bewässert werden dürften (WIRTH, 1971).

Hydrogeologisch in der regionalen Skala spielen der verkarstete Kalkstein und Dolomit der *Oberkreide* (*Cenoman*, *Turon*, *Santon* und *Campan*) im Westen von Syrien, Libanon und Jordanien eine sehr wichtige Rolle.

Im Gebiet von Aleppo bilden diese Karbonatgesteine einen tieferen Grundwasserleiter, der durch einen mächtigen Mergel überlagert wird. Über diesem Grundwasserleiter liegt ein weiterer Grundwasserleiter, der aus Kalkstein und mergligen Kalkstein des *Paläogens* besteht (WAGNER & GEYH, 2000). Andere vereinzelte Grundwasserleiter befinden sich lokal in mehreren Teilen des Gebiets (Tab. 2-1).

Tab. 2-1: Stratigraphische Formationen und Grundwasserleiter Nordwest-Syriens

<table>
<tr><th colspan="2">Stratigraphie</th><th>Grund-wasser-Leiter</th><th>Lithologie</th><th>Mächtig-keit (m)</th><th>Hydrogeologische Eigenschaften</th></tr>
<tr><td>Quartär</td><td></td><td rowspan="7">Obere</td><td rowspan="2">Lehm, Klastische Ablagerungen & Gips</td><td rowspan="2">10-50</td><td rowspan="2">Grundwasserleiter mit geringer Ergiebigkeit</td></tr>
<tr><td rowspan="4">Neogen</td><td>Pliozän</td></tr>
<tr><td>Oberes Miozän</td><td>Basalt</td><td>5-30</td><td>Lokale schwebende Grundwasserleiter</td></tr>
<tr><td>Torton</td><td>Mergel, Kies und Kalkstein</td><td>10-20</td><td>Lokale schwebende Grundwasserleiter</td></tr>
<tr><td>Helvet</td><td>Verkarstete Kalkstein</td><td>5-50</td><td>Grundwasserleiter</td></tr>
<tr><td rowspan="3">Paläogen</td><td>Oligozän</td><td>Mergelige Kreide, Kreide und Kalkstein</td><td>40-100</td><td>Hauptgrund-Wasserleiter</td></tr>
<tr><td>Eozän</td><td>Nummulitische verkarstete Kalkstein</td><td>0-100</td><td>Diskontinuierlicher Grundwasserleiter</td></tr>
<tr><td>Paleozän</td><td rowspan="3"></td><td rowspan="3">Mergel, Kreide und Feuerstein</td><td rowspan="3">0 - >460</td><td rowspan="3">Aquiclude</td></tr>
<tr><td rowspan="3">Obere Kreide</td><td>Maast-richt</td></tr>
<tr><td>Campan</td></tr>
<tr><td>Ceno-man - Turon</td><td>Tiefe</td><td>Verkarstete Dolomite und Kalkstein</td><td>250-350</td><td>Hauptgrundwasserleiter</td></tr>
<tr><td>Untere Kreide</td><td>Alb – Abt</td><td></td><td>Mergel</td><td>>50</td><td>Aquiclude</td></tr>
</table>

2.4 Klima

Syrien, mit seiner geographischen und klimatischen Lage, wird den Subtropen-Ländern zugeordnet. Im Allgemeinen sind die Sommer heiß und trocken und die Winter mild bis kühl und verhältnismäßig feucht. Sowohl der Sommer als auch der Winter dauert ungefähr vier Monate. Die Kernmonate des Sommers sind Juli und August. Die zweite Mai- und die erste Oktoberhälfte hat in vielen Fällen noch sommerliche Witterung. Gegensätzlich sind Januar und Februar Kernmonate des Winters. Im Winter wird Syrien hauptsächlich von den Zyklonen beeinflusst, die über dem Mittelmeer gebildet werden oder vom atlantischen Ozean kommen. Diese Zyklonen sind mit zunehmender Bewölkung, absinkenden Temperaturen, Niederschlag, und kaltem nordwestlichem oder nordöstlichem Wind begleitet. Demzufolge wird sowohl die Ein- wie die Rückstrahlung vermindert. Außerdem ist das Klima von Syrien im Winter manchmal auch von einem Ausläufer der sibirischen Antizyklonen beeinflusst, der für das kalte wolkenlose Wetter verantwortlich ist. Demgegenüber liegt Syrien im Sommer im Bereich der subtropischen Trocken- und Passatzonen. Dies bedeutet, dass das trockene und warme Sommerwetter von großer Beständigkeit ist. Hierfür ist wolkenloses Wetter mit hohen Lufttemperaturen und der Herrschaft trockener südwestlicher Winde typisch für den Sommer. Die Bewölkung im Sommer ist im Gegensatz zum Winter sehr gering, welche für eine starke Sonneneinstrahlung tagsüber und eine kräftige nächtliche Abstrahlung verantwortlich ist und zu hohen Temperaturdifferenzen im Tagesgang führt. Die meisten Niederschläge fallen in den Kernmonaten des Winters. Die geographische Verteilung der Niederschläge wird durch die orographische Gestaltung stark beeinflusst. Die Niederschläge nehmen von Westen nach Osten des Lands ab (Abb. 2-4). Im Gegensatz zum westlichen Landesteil (Küstengebirge) haben die Niederschläge im Osten episodischen Charakter. Die Luftfeuchtigkeit verringert sich unter den orographischen Einfluss von Westen nach Osten. Entsprechend ist die mittlere jährliche Verdunstung in den östlichen Bereichen des Landes viel höher als in westlichen Bereichen (insb. im Vergleich zu den Küstengebieten).

Die jährlichen Niederschläge im betrachteten Gebiet variieren zwischen ca. 150 mm nördlich der Palmyra-Ketten und ca. 600 mm nordwestlich von Aleppo. Dieser Niederschlag beruht darauf, dass dieses Gebiet im Nordwesten und im Westen durch die ozeanischen Klimabedingungen beeinflusst wird, während in Richtung Südosten der Einfluss des kontinentalen Klimas allmählich zunimmt.

2.5 Böden

Überall in Syrien bzw. in dem betrachteten Gebiet werden die Böden vor allem durch vier Faktoren bestimmt: Ausgangsgestein, Klima, Bodengenese und menschliche Einwirkungen. Unter dem Einfluss des letzten Faktors entwickelten sich die westlichen Teile des Gebiets wegen der Degradierung oder Vernichtung der Waldbestände zu nackten Karstflächen. Diese Teile waren vermutlich bis zur Zeit der römisch-byzantinischen Antike von mächtigen Böden überdeckt (WIRTH, 1971). Östlich von dieser s. g. Einöde, in den Beckenlandschaften von Aleppo und in der Gegend von Homs bis Hama befinden sich rote bis dunkelrötliche kalkreiche tiefgründige Böden besonderer Fruchtbarkeit (Grumusole) in größeren zusammenhängenden Flächen. Diese Böden haben sich vor allem über den Mergeln des Senons und Alttertiärs während eines wohl feuchteren und wärmeren Klimas ausgebildet. Nach VAN LIERE (1960/61) sollen diese Böden während ihrer Bildung einen Entkalkungsprozess erfahren haben; der jetzige Kalkgehalt sei auf jüngere äolische Ablagerung von Kalkstaub zurückzuführen. VAN LIERE vermutete, dass es sich um Reliktböden bzw. umgelagerte fossile Böden handelt.

Der zweite Bodentyp wird durch vulkanische Böden des Jebel Hiss und Jebel Shbith sowie Basalt von Hama gebildet. Die Böden östlich und südöstlich des betrachteten Gebiets bis zum Euphrat im Osten sind über der miozänen Gips- und Anhydritformation gebildet. Die geomorphologische Lage dieser Böden in den Binnenbecken mit relativ hochstehendem und mit Salzen belastetem Grundwasser begünstigt die Gips- und Salzanreicherungen. Diese Böden sind teilweise mit Gipskrusten bedeckt. Auch bei reichlicher Bewässerung bieten diese Böden ungünstige Wuchsbedingungen und mindern damit den Ertrag.

Mit den oben genannten Bodentypen findet man vergesellschaftete Yellow Soils nämlich auf ebeneren Flächen und Plateaus, insbesondere in dem Bereich zwischen den Basaltplateaus bzw. den abflusslosen Becken und den Palmyra-Ketten im Süden. Während die Böden im Basaltgebiet kalkarm bis kalkfrei sind, ist diese Art von Böden wie Grumusole als kalkhaltig zu bezeichnen. Diese Böden erreichen eine mittlere Entwicklungstiefe und sind charakterisiert als braune bis gelbe schluffig-lehmige lockere Böden.

2.6 Vegetation und Landnutzung

Die Vegetation in dem Gebiet ist wie auch in allen anderen Bereichen Syriens durch anthropogene Eingriffe verändert und drastisch degradiert worden. Hierzu hat auch die Klimaänderung beigetragen. Gebirgige Bereiche in dem betrachteten Gebiet waren in der Vergangenheit flächenhaft bewaldet. Doch sogar auf den topographischen Karten von 1940 (siehe Datengrundlage), die auf den von der französischen Mandatsregierung erstellten Karten basieren, sind Merkmale für Wald auf dem Plateau von Missyaf und der nördlichen Palmyra-Ketten zu finden. PABOT (1956) berichtete von vereinzelten alten Gehölzformationen auf den Höhen des J. Bilass inmitten der syrischen Wüstensteppe.

Die pflanzengeographische Gliederung von Syrien lässt das Gebiet in vier Zonen umfassen (Abb. 2-5). Bezüglich des Ackerbaus liegt ein großer Bereich des Untersuchungsgebiets im Südosten aufgrund des klimatisch bedingten Bewuchses in einem typischen Nomadengebiet. Nach Westen und Nordwesten, in Richtung des kultivierten Lands Syriens, dehnt sich der Ackerbau aus. Bewässerungsfelder und Regenfelder sind überall vorhanden. Historisch waren Regenfelder weit verbreitet (WIRTH, 1971). Demgegenüber hat sich bewässerte Landwirtschaft erheblich seit der Erfindung der Dieselpumpe verbreitet. Während im Südosten und im Zentrum des betrachteten Gebiets der Regenfeldbau und der Bewässerungsanbau in Wadi-Gärten vorherrschen, dominieren im Westen und Nordwesten die bewässerten Felder neben Pistazien, Ölbaum- und Weinkulturen. In den Wadi-Gärten wird überwiegend Gemüse (Zwiebeln, Tomaten, Gurken, u. a.) angebaut. Die lokale landwirtschaftliche Produktion hier reicht jedoch meistens nur für den Eigenbedarf der Bauernfamilien aus. Nach Westen ist eine Intensivierung der Landwirtschaft zu beobachten.

Als Wintergetreide ist hier der Anbau von Weizen und Gerste verbreitet. Sommerkulturen sind vor allem Baumwolle und Melonen bzw. Wassermelonen, gefolgt von Tomaten, Paprika und Gurken etc. Diese können als Bewässerungs- oder Regenfluren eintreten. Auch der Kartoffelanbau ist überall weit verbreitet. Im Zentrum des Gebiets ist die Intensivierung der Landwirtschaft aufgrund der zunehmenden Degradation im Bereich der Vegetation und der Böden sehr bedenklich. Infolge der unsicheren Klimaverhältnisse führt dies zu unabwägbaren Risiken, da eine künstliche Bewässerung wegen der hydrologischen Situation nicht sinnvoll ist.

3 Fernerkundungs-Missionen

Fernerkundung basiert auf der Technologie der Photogeologie, die seit 1930 etabliert ist. Satellitenmissionen, Neu- und Weiterentwicklung der analogen und digitalen Aufnahmesysteme sowie die Fortschritte in der elektronischen Datenverarbeitung ermöglichen heute eine Erderforschung ausgehend von Höhe der Flugzeugflüge bis zum Orbit der geostationären Satelliten mit verschiedenen Auflösungen. Die Satellitensysteme können aus einer größeren Entfernung berührungsfrei die Reflexionen elektromagnetischer Wellen der Erdoberfläche und auf ihr befindlicher Objekte messen. Aus diesem Datenmaterial können dann je nach Fragestellung und diesbezüglich eingesetzter Messtechnik Informationen abgeleitet werden. Die Wellenbereiche des elektromagnetischen Spektrums gehen von dem für den Menschen visuell sichtbaren Bereich (VIS) über das nahe Infrarot (NIR) und das thermale Infrarot (TIR) bis hin zu Radarsystemen. Die optischen Systeme, die das sichtbare Licht bis zum Infrarot erfassen, brauchen freie Sicht, sie können Wolken nicht durchdringen (Abb. 3-1). Diese stören dagegen nicht die abbildenden Radarsysteme, die allerdings den Nachteil nicht so detaillierter Abbildungen haben. Im Allgemein werden die Sensoren so gebaut, dass sie für einen bestimmten Wellenlängenbereich innerhalb eines atmosphärischen Fensters sensibilisiert sind.

3.1 Landsat-Mission

Seit 1960 werden Wettersatellitensysteme für die Überwachung der Erdoberfläche benutzt. Allerdings sind diese nicht für das ausführliche Kartieren der Landoberfläche optimiert. Der erste Satellit, der spezifisch dafür gedacht war, wurde von der USA-Weltraumbehörde NASA 1972 in Form der Landsat-Mission (Landsat-1) betrieben. Seitdem stehen den Geowissenschaftlern digitale Satellitenbilddaten über nahezu sämtliche Regionen der Erde zur Verfügung. Die Sensoren der Landsat-Mission wurden dadurch entwickelt, dass sie den visuellen Bereich und den Spektrumsbereich des thermalen Infrarots abdecken und zur Erdbeobachtung eingesetzt werden.

Bis Ende 1983 waren die Landsat-1 bis Landsat-3 im Einsatz, welche mit dem optomechanischen MSS (der multispektrale Scanner) ausgerüstet sind. Der MSS nimmt Strahlung mit 4 Kanälen im sichtbaren Bereich (VIS) und im Bereich des Nahen Infrarots (NIR) auf. Ab Juli 1982 wurde die zweite Generation mit Landsat-4 und -5 betrieben. Neben dem MSS hat diese Landsat-Generation einen neuen Sensor an Bord, der in seiner spektralen und räumlichen Auflösung verbessert wurde. Dabei handelt es sich um den TM (*Thematic Mapper*), ein ebenfalls optomechanisches System (Tab. 3-1). Die jüngste Generation der Landsat-Serie ist der Landsat-7 Satellit, der mit dem *Enhanced Thematic Mapper* (ETM+) ausgestattet ist. Dieser Sensor besitzt eine räumlich höhere Auflösung im thermalen Infrarot (TIR) und einen zusätzlichen panchromatischen Kanal höherer Auflösung im sichtbaren Spektralbereich (VIS).

Die multispektralen Eigenschaften der Landsatdaten ermöglichen den Einsatz von Landsatbilder in mehreren Bereichen. In der Tabelle 3-2 sind die Hauptnutzungsbereiche von Aufnahmen der einzelnen Spektralkanäle des ETM+ aufgelistet.

Eine detaillierte Darstellung der Aufnahmeprinzipien der Landsat-Mission ist ausführlich z.B. in KRONBERG, 1985, SABINS (1997) und RICHARDS & JIA (1999) beschrieben. Ausführungen zu den strahlungstheoretischen Grundlagen in der Fernerkundung finden sich z.B. bei KRAUS (1990).

Tab. 3-1: Eigenschaften der drei Serien von Landsat

Serien	Serie 1			Serie 2		Serie 3
Landsat	**1**	**2**	**3**	**4**	**5**	**7**
Start Datum	23.07.72	22.01.75	05.03.78	16.07.82	01.03.84	15.04.99
Status	Bis 06.01.78	Bis 05.02.82	Bis 31.03.83	Bis 15.06.01	Im Dienst	Im Dienst
Sensoren	MSS			MSS, TM		ETM+
Spek. Kanäle	4			7		7 + Pan.
MS-Auflösung	Ca. 80*80m			30*30m		30*30m
Auflösung- Pan.	-			-		15*15m
Szenengröße	185*185 km			185*172 km		185*170km
Flughöhe	907 – 915 km			705 km		705 km
Wiederholrate	18 Tage			16 Tage		16 Tage
Spek. Kanäle 1.	0,5-0,6 µm			0.45 - 0.53 µm		0.45 - 0.52µm
2.	0,6-0,7 µm			0.52 - 0.60 µm		0.52 - 0.60µm
3.	0,7-0,8 µm			0.63 - 0.69 µm		0.63 - 0.69µm
4.	0,8-1,1 µm			0.76 - 0.90 µm		0.75 - 0.90µm
5.				1.55 - 1.75 µm		1.55 - 1.75µm
6.				10.40 - 12.50µm		10.4 - 12.50µm
7.				2.08 - 2.35 µm		2.08 - 2.35µm
8.						0.52 - 0.90µm
Orbit	Polar, Sonnensynchron					
*Der 6. Spektralkanal beim TM ist TIR und hat eine räumliche Auflösung von 120*120 m.*						
*Der 6. Spektralkanal beim ETM+ ist TIR und hat eine räumliche Auflösung von 60*60 m*						
Sensoren der Landsat 4 waren zwischen 0.07.87 und 15.06.01 außer Dienst.						
Der Landsat 6 ging beim Start verloren.						

Tab. 3-2: Landsat TM Bandanwendungen (nach Kappas, 1994 & Jones, 1987)

TM Band	Spektral - Typ	Charakteristische und geomorphologische Anwendungen
1	Sichtbares Blau (VIS)	Studien in Küstenbereiche des mit Sedimenten belasteten Wassers bzw. Ermittlung der Sedimentquellen, bathygraphische Studien & Boden/Vegetation Differenzierung.
2	Sichtbares Grün (VIS)	Ermittlung der Pflanzenvitalität und pedologische Studien.
3	Sichtbares Red (VIS)	Lithologische Trennung eisenhaltiger Gesteine, strukturelle Untersuchungen und Pflanzdifferenzierung (Chlorophyll).
4	Infrarot 1 (NIR)	Geobotanische Studien (Biomassenkartierung), Wasserkörperabgrenzung bzw. Feuchtigkeitsbeobachtung.
5	Infrarot 2 (SWIR)	Boden- & Vegetationsfeuchtenmessung bzw. Kartierung, lithologische Kartierungen und Trennung Wolken/Schnee.
6	Thermal Infrarot (TI)	Lithologische thermale Kartierung (Sedimente & siliceoushaltigen Gesteine), Grundwasserstudien und Bathygraphie.
7	Infrarot 3 (SWIR)	Unterscheidung von Mineralen (OH- Tonmineralen) bzw. Gesteinen (Karbonat) und hydrothermale Kartierung.

3.2 ASTER –Mission

ASTER (*Advanced Spaceborne Thermal Emission and Reflection Radiometer*) ist eines der fünf wissenschaftlichen Instrumente der Terra Plattform. Dieser Satellit wurde am 18. Dezember 1999 von der NASA gestartet. Das in Japan gebaute Instrument zeichnet seit dem Februar 2000 Daten auf. Es umrundet in einem nahpolaren Orbit die Erde in einer Höhe von 705 km (Tab. 3-3). Das Sensorsystem besteht aus drei Sensoren (Abb. 3-2). Der VNIR Sensor (*Visible and Near Infrared Radiometer*) besitzt drei Kanäle mit einer Auflösung von 15m. Der SWIR Sensor (*Short Wave Infrared Radiometer*) hat eine geometrische Auflösung von 30m in sechs Spektralbereichen. Der dritte Sensor ist der TIR (*Thermal Infrared Radiometer*), der aus fünf Kanälen mit einer geometrischen Auflösung von 90m besteht. Eine ASTER-Szene deckt eine Fläche von 60 x 60 Kilometer ab. Zwecks Ermittlung der Karten, der Temperaturverteilung, der Emissivität, der Reflektion und der Höhenverteilung sammeln die 14 Bänder Daten. Sie ermöglichen dadurch ein gutes Verständnis für die Wechselwirkung zwischen der Biosphäre, der Hydrosphäre, der Lithosphäre und der Atmosphäre. Der Nahinfrarot-Kanal 3 ist doppelt vorhanden. Der erste Kanal 3N (Nadir) bildet wie die übrigen auch die Erdoberfläche senkrecht unter der Plattform ab. Der zweite Kanal 3B nimmt dieselbe Fläche etwas später um 27,6° rückwärts gedreht auf. Auf diese Weise entsteht aus den beiden im Band 3 aufgenommenen Levels 1A Daten ein Stereobild, das durch Nutzung geeigneter Computerprogramme zur Berechnung eines Digitalen Höhenmodells (DHM) herangezogen werden kann.

Tab. 3-3: Die Eigenschaften der ASTER Bänder

Charakteristikum	VNIR	SWIR	TIR
Spektralraum	Band 1 0.52 - 0.60 μm	Band 4 1.600 - 1.700 μm	Band 10 8.125 - 8.475 μm
	Band 2 0.63 - 0.69 μm	Band 5 2.145 - 2.185 μm	Band 11 8.475 - 8.825 μm
	Band 3N 0.76 - 0.86 μm	Band 6 2.185 - 2.225 μm	Band 12 8.925 - 9.275 μm
	Band 3B 0.76 - 0.86 μm	Band 7 2.235 - 2.285 μm	Band 13 10.25 - 10.95 μm
		Band 8 2.295 - 2.365 μm	Band 14 10.95 - 11.65 μm
		Band 9 2.360 - 2.430 μm	
Auflösung	15m	30m	90m

3.3 SRTM -Mission

Die *Shuttle Radar Topography Mission* (SRTM) startete im Herbst 1999. Dabei handelte es sich um ein Gemeinschaftsprojekt zwischen USA (NASA-JPL, NIMA),

Deutschland (DLR) und Italien (ASI). Das Ziel des Projekts war, die Topographie der gesamten Erdoberfläche dreidimensional mit Hilfe von Radarsensoren zu kartieren.

Das Radarsystem der SRTM-Mission besteht aus zwei Einheiten X-SAR und SIR-C. Die Erste ist das in deutsch-italienischer Kooperation entwickelte X-SAR-Radar, welches im s. g. X-Band bei einer Wellenlänge von 3,1 cm bzw. einer Frequenz von 9,6 Gigahertz arbeitet. Die Zweite ist das amerikanische SIR-C-Radar. Dieses arbeitet im C-Band bei einer Wellenlänge von 6 cm bzw. einer Frequenz von 5,3 Gigahertz. Die SRTM umrundet auf einer Höhe von 233km unseren Planeten. Die Bahnneigung der Umlaufbahn gegenüber dem Äquator beträgt 57 Grad. Mit dieser Bahnneigung können Gebiete zwischen 60 Grad Nord und 56 Grad Süd erreicht werden. Während das Shuttle in seiner Umlaufbahn kreist, dreht sich die Erde weiter und so werden nach und nach alle Kontinente überflogen. Das amerikanische C-Band-Radar tastet den Erdboden in 225km breiten Streifen ab und erfasst somit die gesamte überflogene Landfläche. Das deutsch-italienische X-SAR-System nimmt 50km breite Streifen der Erdoberfläche auf und kartiert damit 40 Prozent der überflogenen Landfläche, aber dafür mit einer deutlich besseren Höhen-Auflösung. Die SRTM-Mission beruht auf der Interferometrietechnik. Diese Technik beschäftigt sich mit der Phaseninformation der Rückstreuung. Die Phase ist sehr sensitiv gegenüber Entfernungsänderungen zwischen dem Objekt und der Aufnahmeplattform. Für eine interferometrische Verarbeitung müssen mindestens zwei Datensätze eines Zielgebietes vorliegen. In den zwei Aufnahmen wird dasselbe Bodensegment aus unterschiedlichen Perspektiven aufgezeichnet. Aus diesen Aufnahmen können interferometrische Phasenunterschiede errechnet werden, die unter anderen zur Generierung von Höhenmodellen verwendbar sind. Zur detaillierten Beschreibung des Prinzips der SAR-Interferometrie sei z.B. auf BAMLER & HARTL (1998) verwiesen.

Entsprechend wird zwischen einer Repeat- und Single-Pass-Interferometerietechnik unterschieden. Bei dem Repeat-Single-Pass handelt sich um die SAR-Interferometrie, die eine relativ junge Disziplin zur Erfassung der Erdoberfläche darstellt. Zahlreiche interferometrisch gewonnene Höhenmodelle basieren auf SAR-Daten der Satelliten ERS-1 und -2. Die Umlaufbahnen beider Satelliten wurden als Tandemmission konzipiert, so dass im Abstand von wenigen Tagen ein Gebiet zweimalig mit unterschiedlicher Geometrie erfasst wird (dual- oder repeat-pass interferometry). Höhenmodelle aus ERS-1/-2-Daten unterliegen Ungenauigkeiten, da die Radarrückstreuung vor allem durch unterschiedliche atmosphärische Bedingungen während der beiden Aufnahmen beeinträchtigt wird.

Das Problem einer zeitlichen Dekorrelation der Daten entfällt hingegen bei SRTM-Mission. Hier war der erste Einsatz einer weltraumgestützten Einpass-Radarinterferometrie (Single-Pass-Interferometer), womit die Erde erstmals gleichzeitig von zwei Antennen aufgenommen wurde. Um zwei Radarbilder von zwei leicht verschiedenen Positionen zu erhalten, ist eine Antenne in der Ladebucht untergebracht und die zweite ist am Ende eines 60 m langen Masts angebracht. Die Unterschiede in den aufgenommenen beiden Bildern erlauben es, die Höhenkurven des abgebildeten Gebietes zu berechnen (Abb. 3-3). Gegenüber optischen Stereobildern und anderen früheren Verfahren hat die SRTM einen entscheidenden Vorteil, dass sie unabhängig von Bewölkung und Tageslicht arbeitet, womit die Erzeugung digitaler Höhenmodelle der gesamten Erde in einem einheitlichen Maßstab und in sich homogen ermöglicht wurde. Beispielsweise in dem Fall der Repeat-Pass-Interferometerietechnik wurde die Rückstrahlung wegen der Änderungen an Vegetationslage, Bodenfeuchte und Luftmassen beeinflusst, welche bei einer so kurzen SRTM-Mission beseitigt sind.

Die bereitgestellten SRTM-Daten werden in zwei Versionen angeboten. Eine ist SRTM-1 mit einer Auflösung von einer Bogensekunde (30m) in Länge und Breite bei 3601 und 3601 Pixeln. Die Zweite SRTM-3 (C-Band) wurde aus den SRTM-1 erzeugt mit einer Auflösung von 3 Bogensekunden (90m) bei 1201 x 1201 Pixel. Die Höhendarstellung erfolgt in Metern bis auf 6 Meter Genauigkeit. Die SRTM-3 steht durch eine Internetseite von USGS für die ganze Welt georeferenziert und kostenlos zur Verfügung. Das Referenzellipsoid ist WGS84. Die Daten liegen als Kacheln vor und werden als 16-bit signed integer Datensatz (Zahlbereich von –32768 bis 32767) in einem binären Datenformat .HGT (heightfield) abgelegt. Jede Kachel des DHMs hat nach der Geokodierung eine Größe von 1 Grad sowohl in Längen- als auch in Breitengradrichtung. Die Dateinamen beziehen sich auf die Länge und Breite der unteren linken Ecke des Datenfeldes, bei (N35E037) sind die Koordinaten des Pixels 35° geographische Breite und 037° geographische Länge.

Es gibt einige wenige Problemzonen mit größeren Ungenauigkeiten der SRTM-Daten. Diese sind zum einen Wasserflächen, die wegen ihrer glatten Oberfläche sehr geringe Intensitäts- und Kohärenzwerte aufweisen, was zu einem Versagen der SAR-

Interferometrie führt. Fehlpixel bedingt durch Wasser oder Eis haben den Höhenwert -32768. Deshalb sind Küstenlinien in SRTM-Daten unscharf dargestellt und größere Wasserflächen erscheinen uneben. Problemzonen können auch in der Nähe von sehr hellen Radarzielen entstehen, da dann bei der SAR Prozessierung eine Überstrahlung in benachbarte Pixel in Azimutrichtung stattfindet. Dies führt in den betroffenen Bereichen zu Artefakten, Dekorrelation und Versagen der SAR-Interferometrie. Wald- und Gebäudehöhen (Vegetationsdecke, Bebauung) sind mit den SRTM-Daten erfasst. Infolgedessen sind die aus den SRTM-Messungen abgeleiteten Produkte in der Regel Digitale Oberflächenmodelle (DOM) zu bezeichnen. Diesem liegt zugrunde, dass das Radar-Signal nur wenige Meter in die Vegetationsdecke eindringt (Abb. 3-4).
Durch Vergleich der Genauigkeit der SRTM Daten mit anderen Daten konnte nachgewiesen werden, dass die SRTM-Höhendaten im offenen freien Gelände über gute Genauigkeit verfügt. Sie können deshalb die Hauptaufgabe der Höhenmodelle in vollem Umfang erfüllen. Im Untersuchungsgebiet sind die anthropogenen Einflüsse auf das Relief und die Vegetationsbedeckung aufgrund ihrer Geringmächtigkeit in Bezug auf den Untersuchungsmaßstab vernachlässigbar. Dementsprechend kann das von SRTM für das Gebiet erzeugte Modell als DHM bezeichnet werden.

3.4 Einsatz von Fernerkundungsdaten in den Geowissenschaften

Die Fernerkundungsdaten finden seit mehreren Jahren eine verstärkte Anwendung in verschiedenen geowissenschaftlichen Teilgebieten. Mit der Entwicklung von neuen Sensoren standen unterschiedliche Möglichkeiten der Erdbeobachtung und Analyse für Disziplinen wie Geographie und Geologie bzw. Geomorphologie zur Verfügung. Mit ihrer Fähigkeit, ausgedehnte Gebiete der Erdoberfläche synchron zu erfassen, bieten die Fernerkundungsdaten ein wertvolles Instrument beim Studium geomorphologischer/geologischer Züge der Erdoberfläche. Im Gegenteil zu den Luftbildern, die nur kleinere Gebiete erfassen können, ermöglichen die Fernerkundungsdaten die Erkundung der großen geomorphologischer/geologischen Strukturen durch die Kombination verschiedener Relief-, Vegetations-, Mineralisations- und weiterer Merkmale (Photogeologische Kriterien) (Abb. 3-5). Sie sind damit dafür geeignet, große geomorphologische/geologische Einheiten zu erfassen; Gesteine zu klassifizieren; vulkanische Gegenden zu kartieren; Mineral, Erdöl und Quellen zu erkundigen; Geomorphologische Karten zu erstellen und regionalgeologische Strukturen zu erkennen.

Die erste große Entwicklung zur Anwendung von Fernerkundung in der Geomorphologie war mit dem Einsatz multispektraler Scanner (passive Systeme) verbunden. Sowohl die einzelnen Bänder als auch die Kombination von mehreren Bändern enthalten viele Informationen über die Geomorphologie. Hierbei können mittels der Fernerkundungsdaten die großräumigen Bauelemente der Erdoberfläche bis zu solchen globalen Dimensionen identifiziert werden, welche mittels anderer Methoden (Feldforschung oder Luftbilder) nur schwierig in ihrer Gesamtausdehnung beurteilt werden können.

Aktive Aufnahmesysteme sind ebenfalls für geomorphologische Fragestellungen sehr dienlich. Diese Systeme sind in mehreren Situationen von Vorteil, z. B. in Gebieten, wo Wolkenbedeckung und Aerosole oder Vegetation die Oberfläche verdecken. Die höhere Eindringtiefe der Mikrowellenstrahlung in das zu untersuchende Gestein bei aktiven Aufnahmesystemen kann hier auch von Vorteil sein.

Zu den geomorphologischen/geologischen Anwendungen zählt die geomorphologische Darstellung bzw. Kartierung aus Fernerkundungsdaten. Dafür hat sich die ursprünglich für den Zweck der Landnutzungsplanung entwickelte Landsat-Mission als äußerst nützlich erwiesen (DRURY, 1998). Die multispektrale Aufnahmeweise der Landsat-Sensoren gestattet es, in vegetationsarmen, semiariden oder ariden Gebieten eine Differenzierung von direkt zu Tage tretenden Gesteinseinheiten anhand ihrer charakteristischen spektralen Signaturen vorzunehmen (LIST, 1969). Zu dieser Anwendung gehört auch die Analyse von Flussnetzsystemen, die in kleineren Maßstäben regional mit multispektralen Daten wie Landsatdaten durchgeführt werden können.

Die Anwendung dieser Daten für die geomorphologischen/geologische Auswertung war erfolgreich, obwohl die Multispektralsensoren der Landsat-Serie aufgrund der Position im elektromagnetischen Spektrum und der spektralen Bandbreite ihrer Aufnahmeempfindlichkeit nur Identifizierungen einzelner Mineralgruppen, wie Hydroxide, Fe-Verbindungen und Karbonate zulassen. In den Fällen, in denen die spektralen Eigenschaften von Gesteinseinheiten durch die Bildung von gering mächtigen Böden bzw. Regolith oder durch oberflächliche Hartkrustenbildungen maskiert sind, werden aufgrund der Beziehung zwischen oberflächlichen Verwitterungsbildungen und unterlagernden Lithologien Rückschlüsse auf die Verbreitung und Lagerung von Gesteinseinheiten gezogen. Auch indirekte naturräumliche Faktoren wie die Verbreitung unterschiedlicher Vegetationsarten werden als Hinweise auf die Geologie eines

Untersuchungsgebietes genutzt. Neben den Kriterien, die bei der geomorphologischen/ geologischen Auswertung von Luftbildern zur Interpretation von Objekten herangezogen werden - wie z.B. dem Grauton, der Textur und dem Homogenitätsgrad einer Oberfläche oder dem Erkennen von linearen Merkmale, enthalten die Fernerkundungsdaten wie Landsat und ASTER mit ihrer spektralen Information weitere wichtige Interpretationsfaktoren, z. B. durch gezielte Bildverarbeitungsprozesse können Variationen im Reflexionsverhalten oberflächennaher Objekte hervorgehoben werden.

Höhendaten zur Erstellung eines digitalen Höhenmodells (DHM) werden aus Radar-Interferometrie und aus direkten Höhenmessungen mit LIDAR und RADAR gewonnen. Die Verwendung von digitalen Höhenmodellen (DHMs) eröffnet im Hinblick auf die geologische/geomorphologische Darstellung bzw. Kartierung zahlreiche Anwendungsmöglichkeiten. Insbesondere in Gebieten, deren Morphologie durch geologische Faktoren wie der unterschiedlichen Verwitterungsbeständigkeit von Gesteinseinheiten sowie durch strukturgeologische Elemente bestimmt wird, stellt die genaue digitale Wiedergabe der Topographie in einem DHM die Grundlage für eine morphotektonische Analyse dar.

Eine weitere Möglichkeit besteht in der Kombination von digitalen Höhenmodellen mit Fernerkundungsdaten. Durch die Integration der digitalen Höhendaten in einem Geographischen Informationssystem (GIS) ist es möglich geworden, geländeabhängige Prozesse zu modellieren, zu analysieren und zu visualisieren. Dabei können z. B. wichtige geomorphometrische Parameter (Wölbung, Hangneigung, Exposition) berechnet werden. Die Bedeutung dieser geomorphometrischen Parameter liegt darin, dass sie in Wechselwirkung mit den geomorphologischen Prozessen stehen. Die Prozesse verändern die geomorphologischen Merkmale und diese wiederum regeln die Prozesse, z. B.: Je steiler ein Hangabschnitt ist, umso intensiver ist die Abtragungswirkung des rinnenden Wassers. Andererseits differenzieren die Hangneigung und die Exposition das Strahlungsklima und den Bodenwasserhaushalt, die wiederum andere Prozesse im Landschaftshaushalt regeln.

Zur Interpretation von Luftbildern und digitalen Bildverarbeitung von Satellitenbilddaten für geologische Fragestellungen sei auf KRONBERG (1985), BERGER (1994) und DRURY (2001) verwiesen.

4 Datengrundlage und die digitale Aufbereitung

Das Untersuchungsgebiet umfasst die ganze Provinz von Aleppo und große Teile vier anderer Hauptprovinzen Syriens (Idlib, Hama, Homs und Raqqa). Als Datengrundlagen stehen verschiedene Karten und Landsatszenen zur Verfügung, darüber hinaus SRTM Daten mit einer Auflösung von 90 m für das gesamte Gebiet. Diese Daten werden in den Tabellen 4-1, 4-2 und 4-3 dargestellt. Für die Durchführung dieser Arbeit sowohl für die Auswertungen und Interpretationen als auch für die Geländeuntersuchungen ist die Bereitstellung dieser Daten eine grundlegende Voraussetzung. Dies gilt uneingeschränkt ebenso für die Realisierung aller anderen geländebezogenen Tätigkeiten dieser Arbeit, wie die Probenahme.

4.1 Die topographischen und geologischen Karten

Die Ausdehnung des Untersuchungsgebiets ist hauptsächlich von drei topographischen Karten im Maßstab 1:200.000 Aleppo II, Hama IX und Salamiyeh XX abgedeckt. Das Schichtlinien-Intervall der Karten beträgt 20m. Kleinere Bereiche befinden sich auf den Karten III, XXI, XIII, XIV und XV (Abb. 2-1). Diese dargestellte Aufteilung ist mit den geologischen Karten im Maßstab 1:200.000 identisch (Tab. 4-1).

Tab. 4-1: Grundlagekarten für das Untersuchungsgebiet

Karten	Maßstab	Herst.-Datum	Hersteller
Topographische	1:200.000	1938 - 1940	Deutschland
Topographische	1:200.000	1961 - 1984	Sowjetunion
Geologische	1:200.000	1964	Sowjetunion
Geomorphologische	1:1.000.000	1963	Sowjetunion
Bodenkarte	1:1.000.000	1980	ACSAD
Lithologie Einheiten	1:500.000	1982	Sowjetunion
Hydrogeologie und Zonensanierung	1:500.000	1982	Sowjetunion
Obere Grundwasserleiter	1:1.000.000	1964	Sowjetunion
Landnutzung (Aleppo)	1:200.000	2003	Landwirtschaftsminister. (Syrien)

Die topographischen Karten im Maßstab 1:200.000, die zwischen 1940-1941 in der Abteilung Kriegskarten und Vermessungswesen im Auftrag vom Generalstab der deutschen Wehrmacht hergestellt wurden, wurden georeferenziert und als Rasterdaten in der Datenbank gespeichert. Die Grundkartenwerke für diese Karten waren die französischen topographischen Karten von 1920 mit dem projizierten Koordinatensystem Syrian Lambert (Deir ez Zor) mit dem Referenzellipsoid Clarke 1880. Die aktuellsten topographischen, arabisch beschrifteten Karten Syriens, wurden zwischen 1972 und 1984 vom syrischen militärischen Vermessungsamt hergestellt. Diese Karten stammen aus den russischen Karten, die auf Basis von Luftbildern 1963 erstellt wurden, und haben die Gauß-Krüger Projektion mit dem geometrischen Datum Pulkovo 1942. Diese Karten wurden von dem Originalpapier eingescannt und georeferenziert bzw. als Rasterdaten gespeichert. Die topographischen Karten wurden für die Geokodierung von den Satellitenbildern, die Entwässerungsnetzbeschreibung und die Unterstützung der morphologischen Auswertung der Satellitenbilder und des digitalen Höhenmodells benutzt. Für die Beschreibung der geologischen Aspekte (die Lithologie, das Alter und die Struktur) in der geomorphologischen Datenbank wurden die geologischen Karten im Maßstab 1:200.000 ebenfalls vom originalen Papier eingescannt und als georeferenzierte Rasterdaten gespeichert (siehe Anhang 1 und 2). Diese Karten wurden 1963 von demselben russischen Team bearbeitet, das die o. g. topographischen Karten erstellt hat. Ein Vergleich zwischen den optimierten Landsatdaten und den geologischen Karten ergibt das folgende Ergebnis: die verschiedenen lithologischen Einheiten sind viel genauer auf Basis der Satellitenbilder als auf der geologischen Karten 1:200.000 zu identifizieren (Abb. 4-1). Deswegen war bei der geomorphologischen Auswertung eine Kombination der beiden Daten in der Datenbank äußerst notwendig.

4.2 Das digitale Höhenmodell

Neben den oben genannten topographischen Karten standen ferner digitale Höhendaten von SRTM zur Verfügung. Diese Daten sind in Form des Rasterformats gespeichert bzw. bearbeitet und besitzen eine geometrische Auflösung von 90m.

Die SRTM-Daten, die im Internet für das Gebiet freigeschaltet sind, waren bis zum 21.07.2005 noch in einem vorläufigen Bearbeitungszustand. In den alten Daten existieren einige Datenlücken. Mehrere Methoden und Interpolationsverfahren für das Ausfüllen derartiger Lücken wurden in der Literatur (OLAYA, 2004) beschrieben. Am 21.07.2005 wurden die angefertigten Daten (Version-2) von der NASA freigeschaltet.

Zum Beginn der Arbeit waren für das betrachtete Gebiet die alten SRTM-Daten (Version-1) vorhanden. In diesen Daten kommen wenige Lücken vor, was auf die Homogenität des Gebiets deutet. Das Programm SAGA wurde eingesetzt, um die Lücken zu schließen (Abb. 4-2). Ein lückenloses Modell wurde von mehreren Kacheln erzeugt (Tab. 4-2). Das Koordinatensystem des angefertigten Modells ist auf UTM mit dem geometrischen Datum WGS84 umgestellt.

Tab. 4-2: Die verwendeten SRTM-Daten

Breite	Länge
N35	E036, E037 und E038
N36	E036, E037 und E038

Die SRTM-Daten wie auch alle Radardaten weisen trotz der Homogenität von Flächen eine körnige Struktur auf. Dieser sogenannte Speckle entsteht durch Interferenzen, die bei der Rückstreuung der kohärenten Mikrowellen an den Objekten der Auflösungszelle entstehen (HILDEBRANDT, 1996; HAGG, 1998), d. h. es handelt sich hier um eine systemimmanente Erscheinung, die durch die Arbeitsweise eines Radarsystems entsteht. Um eine Reduzierung des Speckle zu erreichen, wurde der multidirektionale *Lee*-Filter im SAGA-Program mit einem 3*3 Kernel verwendet. Mit der Verwendung dieses Filters können die linearen Strukturen wie Täler (Abb. 4-3), Kanten und Hangneigung beibehalten werden (LEE, 1980; OLAYA, 2004).

Das erzeugte digitale Höhenmodell wurde verwendet, um das Entwässerungsnetz sowie die Einzugsgebiete mittels der GIS-Extension ArcHydro zu extrahieren. Allerdings ergab das Modell bei der ersten Anwendung des ArcHydro Moduls hinsichtlich der Entwässerungsnetzextraktion einen übermäßigen Fehler. Das Arc-Hydro konnte keine Fließrichtung (Flow Direction) im Zentrum des Gebiets erfassen (Abb. 4-4). Der Grund ist, dass die spezifischen Algorithmen in flachen Bereichen die Fließwege nicht erzeugen können, insbesondere, wenn die relativen Höhen gering sind, was der Fall im betrachteten Gebiet ist. Um das Problem zu beseitigen, wurde der Algorithmus von JENSON & DOMINGUE (1988) verwendet. Mittels dieses Algorithmus können sehr kleine Justierungen in flachen Bereichen (d.h. Zellen, in denen die niedrigsten Nachbarn die gleiche Höhe haben) erreicht werden. Diese Funktion wird in dem Software-Paket TAS (Terrain Analysis System) von der Universität Manchester angeboten (LINDSAY, 2005).

Dieser Fehler war bei den ersten nicht korrigierten, freigeschalteten SRTM-Daten (Version-1) vorhanden. Bei Verwendung von den angefertigten Daten (Version-2) wurde derselbe Fehler beobachtet. Deswegen wurde auf die Verwendung der neueren SRTM-Daten verzichtet.

4.3 Die Satellitendaten

Für die Studie standen mehrere Satellitendaten (Landsat und ASTER) von verschiedenen Aufnahmezeitpunkten zur Verfügung. Auf Grund der großen Erstreckung ist die Erfassung des Untersuchungsgebietes nur mit vier Landsatszenen möglich (Abb. 2-1). Der größte Bereich (70% des Gebiets) ist durch die Szenen 173035 und 174035 abgedeckt. Die Szene 173036 erfasst nur ca. 20% der Fläche. Die Restfläche (10%) befindet sich auf der Szene 174036 (Tab. 4-3).

Tab. 4-3: Tabelle der verwendeten Satellitendaten

Path-Raw	TM-Datum	ETM-Datum	ASTER
173-35	30.07.1990	18.08.2000	
173-36	12.06.1990	18.08.2000	
174-35	01.10.1987	22.06.2000	
174-36	26.05.1987	22.06.2000	
173-35	-	-	05.10.2003
173-36	-	-	05.10.2003
173-36	-	-	25.03.2005

Die Satellitenrohdaten können erst nach der digitalen Bildverarbeitung zum Einsatz gebracht werden. Die Bildverarbeitung zielt auf die Differenzierung jener Geländeobjekte und Geländegegebenheiten in den Bildvorlagen sowie der kontrastreichen und lagegenauen Wiedergabe ab, wodurch die Interpretation der Satellitendaten viel rationeller und vertrauenswürdiger sein kann. Unter der digitalen Bildverarbeitung versteht man alle rechnergestützten Verfahren der Bearbeitung, Verbesserung und Auswertung von digitalen Bilddaten. Das Prinzip der digitalen Bildverarbeitung beruht darauf, dass die Werte der einzelnen Bildelemente (Pixel) über mathematische Gleichungen in neue Bildelemente überführt werden, welche als Transformationsfunktionen bezeichnet werden.

Die gebräuchlichsten Verfahren sind die geometrischen und radiometrischen Korrekturen (Bildvorbearbeitung), Bildverbesserungen und Klassifikationen. Da es sich in dieser Arbeit um die geomorphologische morphostrukturelle Erfassung geht, wobei die visuelle Auswertung von gewissenhaft aufbereiteten Bildprodukten besser geeignet ist als die digitale Klassifizierung (LIST et al., 1990), wurden hier Bildvorbearbeitung und Bildverbesserungen viel mehr betont als die aufwendige digitale Klassifizierung.

4.3.1 Bildvorbearbeitung (*Pre-Processing*)

Die Rohdaten der Satellitenbilder haben systematische und nichtsystematische Fehler, welche mittels mehrerer Verfahren korrigiert werden können. Die Daten sind erst nach der Durchführung der Bildkorrektor praktisch einsetzbar sein.

4.3.1.1 Geometrische Korrektur

Die Satellitendaten als digitale Rasterbilder weisen eine spezifische Bildmatrix auf, die aus quadratischen, durch einen Grauwert gekennzeichneten Bildelementen bestehen. Diese Bildelemente werden in einem orthogonalen Koordinatensystem dargestellt, dessen Nullpunkt in der linken oberen Ecke liegt. Diesem zu Folge werden die Pixel in einem Satellitensystem ohne geographische Zuordnung zu einer Kartendarstellung aufgenommen.

Die Korrektur des o. g. nichtsystematischen Fehlers durch eine Georeferenzierung ist unerlässlich, um die Bildkoordinaten in geographische Landeskoordinaten zu transformieren und zu projizieren, welche die Grundvoraussetzung für alle geometrischen Operationen in einem GIS ist. Eine solche Entzerrung führt zu einer problematischen Zuordnung der Grauwerte mit dem jeweiligen Pixel, da die Bildelemente des korrigierten Ausgabebildes sich nicht deckungsgleich mit den Bildelementen des Eingabebildes überlagern lassen (Abb. 4-5).

Das oben dargestellte Problem kann durch den Arbeitsschritt des „*Resamplings*" aufgelöst werden. Insgesamt stehen drei verschiedene Methoden für diesen Bildbearbeitungsprozess zur Verfügung, die die Feinheiten der Objektstrukturen mehr oder weniger gut wiedergeben. Die rechnerisch einfachste Methode ist das Verfahren der nächsten Nachbarschaft („*nearest neighbour*"), bei der jeweils der Grauwert des Pixels aus dem Eingabebild übernommen wird, das dem transformierten Pixel am nächsten liegt. Die anderen zwei Methoden sind die bilineare und die bikubische Interpolation. Sie rufen beachtliche Grauwerteänderungen hervor. Deswegen wurde die o. g. „*nearest neighbour*" Methode verwendet.

Die Georeferenzierung der Satellitenbilddaten erfolgte mit Hilfe des Programms ENVI (*Environment for Visualizing Images*), als „Image to Image", womit die bereits georeferenzierten Landsatdaten als Basis verwendet wurden. Die Landsatdaten basieren auf dem UTM–Koordinatensystem (*Universal Transversal Mercator*) mit dem Kartendatum World Geodätischen System 1984, welches in allen neuen Karten Syriens verwendet wird. Die ASTER Daten wurden in Level 1A ausgeliefert, d. h. ohne jegliche Korrekturen. Obwohl das Programm von ENVI diese Daten automatisch geometrisch korrigieren kann, wurden diese Daten auch als „*Image to Image*" auf Basis der Landsatdaten georeferenziert, um eine qualitativ hochwertige Überdeckung zwischen allen Daten zu schaffen. Das Untersuchungsgebiet, ebenso wie die vier verwendeten Satellitenszenen, liegt in der UTM-Zone 37N, welche von Vorteil für diese Arbeit ist, da man geometrisch keine Schwierigkeiten wegen des Wandelns zwischen zwei UTM Zonen eingehen muss.

4.3.1.2 Atmosphärische Korrektur

Die Absorptions- und Streuprozesse in der Atmosphäre beeinträchtigen den Transport der Solarstrahlung entlang ihres Weges von der Sonne zur Erdoberfläche und von der Erdoberfläche zum Sensor. Je nach Wellenlänge und Zusammensetzung der Atmosphäre wird das am Sensor gemessene Signal verändert. Generell wird Strahlung kürzerer Wellenlängen stärker gestreut als langwellige Strahlung. Eine besonders starke Streuung erfolgt daher im ultravioletten und blauen Anteil des Sonnenlichtes. Deswegen wird die Qualität der Analyse der Erdoberfläche sowie ihrer Prozesse mit Satellitendaten durch Kenntnis um den Zustand der Atmosphäre zum jeweiligen Aufnahmezeitpunkt bestimmt. Für eine absolute Atmosphärenkorrektur müssen die verschiedensten atmosphärischen Parameter wie Temperatur, Luftdruck, -feuchte, Aerosolkonzentrationen, etc. zum Aufnahmezeitpunkt flächendeckend und in hoher Dichte vorhanden sein. Für die meisten vorhandenen Szenen für das Untersuchungsgebiet sind diese Daten jedoch nicht erhältlich. Das Untersuchungsgebiet hat klimatisch einen ariden Charakter, womit eine einfache Bildkorrektur (Dunstkorrektur) durchgeführt werden kann, um den Einfluss atmosphärischer Bedingungen zu eliminieren (CHAVEZ, 1989).

Die Methode der Dunstkorrektur basiert auf der Annahme, dass sich im Bild dunkle Objekte (z.B. Gewässer, dunkle Schatten) befinden, die so gut wie keine Rückstrahlung besitzen. Dementsprechend geht der Minimumwert im Histogramm dieser Objekte gegen Null. Ist dies nicht der Fall, so wird der Versatz, der sich in einem Histogramm ergibt, durch die atmosphärische Streuung hervorgerufen. Infolgedessen beruht die Korrektur des atmosphärischen Einflusses auf der kanalweisen Subtraktion des jeweiligen Minimalwerts vom gesamten Histogramm, so dass das gesamte Histogramm in Richtung Nullpunkt verschoben wird (JENSEN, 1996). Der Nachteil der angewandten Methode besteht darin, dass die vereinfachte Annahme, dunkle Objekte verfügen über keine Reflektanz, nicht vollständig mit der Realität übereinstimmt. Zudem berücksichtigt die Methode nur die additive Komponente der atmosphärischen Streuung. Die multiplikative Komponente (*transmittance*) bleibt unberücksichtigt.

4.3.2 Bildverarbeitung

Thematische und physikalische Interpretationen aus den von Satellitensystemen aufgenommenen Reflexions- und Textur-Parameter-Daten lassen Rückschlüsse auf die physikalische und morphologische Beschaffenheit der Objekte in einem Gebiet zu. Die Werte der Reflexions- und Textur-Parameter können mit zielgerichteten verschiedenen Bildverarbeitungsverfahren hervorgehoben und extrahiert werden. Die Zuordnung von Fernerkundungsdaten kann durch visuelle oder digitale Klassifizierung vorgenommen werden. Bei dem geomorphologischen/geologischen Einsatz wird die visuelle Auswertung der Fernerkundungsdaten angestrebt. Im Folgenden werden einige Bildverarbeitungsverfahren, die in dieser Studie durchgeführt wurden, erklärt.

4.3.2.1 Farbkomposition

Bei der Verarbeitung von Fernerkundungsdaten, vor allem bei der Aufbereitung von Multispektraldaten, wird das Farbsystem der drei Bänder in verschiedenartiger Weise benutzt. Der Vorteil von Farbdarstellungen liegt in der synoptischen Darstellbarkeit von verschiedenen spektralen Informationen. In der Farbenlehre gibt es verschiedene Farbdarstellungsmöglichkeiten. Die RGB- (Red, Green, Blue) und IHS- (Intensity Hue Saturation) Darstellung sind in der Fernerkundung die gebräuchlichste Verfahren.

Die Farbdarstellungsmöglichkeiten (RGB Darstellung) von n vorhandenen Bändern ergeben sich wie folgt:

$M = n!/(n-3)!$ (Gleichung 4-1)

Daher ergibt sich von 6 Bändern der TM-Landsatdaten eine Anzahl von 120 Kanalkombinationsmöglichkeiten. Aufgrund der unterschiedlich starken Korrelation der einzelnen Kanäle untereinander hat jede Kombination der Kanäle einen anderen Informationsgehalt. Der höchste Informationsgehalt wird erreicht, wenn die am geringsten korrelierten Kanäle verwendet werden. Farbkompositen aus kaum miteinander korrelierten Kanälen zeichnen sich durch einen hohen Kontrast aus.

Die RGB Farbdarstellung wird im Fachbereich der Fernerkundung Falschfarbendarstellung (*Falce Color Composite*) genannt, da die dargestellten Daten meist nichts mit den natürlichen Farben des visuellen Spektrumsbereichs zu tun haben. Diese Falschfarbendarstellung (FCC) dient damit gewissermaßen nur als „Übersetzung" der Bilddaten in eine für das Auge erfassbare Farbe. Die Farbmischbilder müssen nicht zwingendermaßen aus den Rohdaten erstellt werden. Eine Vorverarbeitung durch Ratiobildung, Hauptkomponententransformation oder Grauwertmanipulation ist sogar teilweise ratsam, um eine kontrastreiche Wiedergabe spezieller, gewollter Informationen zu erreichen und die Erkennbarkeit der Gegebenheiten zu verbessern.

Das zweite wichtige Farbmodell ist der IHS (*Intensity Hue Saturation*) Farbraum, der auch als HSB (*Hue, Saturation, Brightness*) bekannt ist. In ihm wird Farbe nicht als Mischung aus drei Grundfarben wie bei RGB Darstellungen definiert, sondern durch den Farbton (*Hue*) als vordefinierten Wert, in Kombination mit einem Wert für die Sättigung (*Saturation*) und einem weiteren für die Helligkeit (*Intensity*). Die Sättigung beschreibt dabei den Anteil von Grau im Farbgemisch. Sättigung mit einem

Wert von Null bedeutet, dass gar keine Farbe sondern nur ein Grauton dargestellt wird. Die Helligkeit beschreibt die Lage des Farbtons auf einer Skala von Weiß bis Schwarz. Dieses Farbmodell ist für weitergehende Bildverarbeitungsschritte wie Bildfusion von großer Bedeutung.

4.3.2.2 Bildfusion

Die Bildfusion von Datensätzen kann vor allem bei Bilddaten mit unterschiedlicher spektraler bzw. räumlicher Auflösung zu Ergebnissen führen, die für eine geologische/geomorphologische Interpretation hilfreich sind. Häufig werden multispektrale Landsatdaten mit räumlich höher auflösenden Bilddaten optischer Sensoren (z.B. SPOT-PAN oder ETM+-PAN) kombiniert, um die Vorzüge beider Sensortypen in einem neuen Datensatz wiederzugeben (KAUFMANN, 1989; ZUMSPREKEL & PRINZ, 2000). Voraussetzung für die Anwendung der Bildfusion ist eine möglichst genaue Georeferenzierung beider Bilddaten.

Das verwendete Programm ENVI bietet mehrere Fusionsmethoden (*Sharpening*) an. In dieser Arbeit wurden neben HSV (*Hue, Saturation, Value*) oder HSI auch PC (*principal components transformation*) und CN (*Color Normalized*) verwendet (Abb. 4-6).

Das Prinzip bei dem Verfahren von IHS (*Intensity Hue Saturation*) besteht darin, einen Intensity-Layer zu einem vorhandenen RGB-Bild hinzuzufügen und ein höher auflösendes Bild in diesen Layer hinein zu laden (Abb. 4-7). Bei diesem Modell wird die entstandene Intensität (Schwarz-Weiß-Informationen) durch die höher auflösenden panchromatischen Daten ersetzt, und durch die Rücktransformation in den ursprünglichen RGB-Farbraum - mit den Parametern Intensität aus Grauwerten sowie Farbton und Sättigung aus den Multispektraldaten - erhält man das transformierte Bild. Dadurch benutzt das IHS-Farbmodell die Größen Intensität (*Intensity*) von Schwarz bis Weiß, Farbton (*Hue*) entsprechend der Wellenlänge und Farbsättigung (*Saturation*) von grau bis Vollton (BÄHR & VÖGTLE, 1991).

Das PC Verfahren auch PCS (*Principal component substitution*) basiert auf die Ersetzung eines Bands mit dem Band, das eine höhere Auflösung hat, ohne Spektralenverzerrung zu verursachen. Danach wird eine umgekehrte Transformation durchgeführt. Folglich werden die Multispektraldaten automatisch zur Pixelgröße mit der höchsten

Auflösung durch die Anwendung von Techniken der nächsten Nachbarschaft, bilinearen oder bikubischen Interpolation transformiert.

Die CN Methode verwendet eine mathematische Kombination eines farbigen Bildes mit Daten der hohen Auflösung. Jedes Band im farbigen Bild wird mit einer Ratio der hohen Auflösungsdaten multipliziert, die durch die Summe der Farbenbänder geteilt werden.

In einer geomorphologischen Studie in der Wüste von Saudi Arabien haben AL-JUAIDI et al. (2003) die verschiedenen Fusionsverfahren getestet. Sie fanden heraus, dass das beste Verfahren für die visuelle Auswertung die PCS ist.

4.3.2.3 Kontrastverstärkung

Die Strahlungswerte der Rohdaten häufen sich meist in einem gewissen Bereich der Grauwertskala, womit nur ein geringerer Wertebereich durch die 256 Grauwerte dargestellt wird. Deshalb erscheint ein Bild arm an Kontrast. Um einen hohen Kontrast zu erzeugen, muss die gesamte Breite des zur Verfügung stehenden 8-bit dynamischen Bereichs (256 Grauwerten) genutzt werden. Die Abbildung (4-8) zeigt am Beispiel der Rohdaten der Landsatszene ETM+ 173036 die Grauwertverteilung verschiedener Kanäle.

Das aus diesem Grund kontrastarme und damit schwierig zu interpretierende Bild kann durch eine Kontraststreckung wesentlich verbessert werden (Grauwertstretch). Es gibt mehrere Grauwertstretchverfahren. Für die Interpretation der linearen Strukturen wie Verwerfungen, Schichtstufen und lithologischen Grenzen eignet sich vor allem die Streckung. Die Linear-Streckung dehnt gleichmäßig die Minimal- und Maximalwerte im Bild über dem gesamten vorhandenen Ausgang aus, um die gesamten Unterschiede bezüglich der Graustufen im Bild zu erhöhen (Abb. 4-9).

Die Root-Verbesserung ist auch sehr nützlich. Sie drückt die Strecke der höheren Werte (Helligkeit) zusammen und erweitert die Strecke der niedrigeren Werte (Schwärzung), dadurch können mehr Details in den dunkleren Bereichen eines Bildes (in dem Basaltfelder des Untersuchungsgebiets) unterschieden werden, während ein beliebiges Detail in den helleren Bereichen noch behalten bleibt (Abb. 4-10).

4.3.2.4 Hauptkomponententransformation

Das Verfahren der Hauptachsentransformation (*principal component analysis* PCA oder *Principal Component Transformation* PCT) kann zur Bildverbesserung eingesetzt werden und kann gleichzeitig der Datenreduktion dienen (KRONBERG, 1985). Hierbei handelt es sich um eine mathematische Transformation, die neue Bilder erzeugt. Dabei wird eine Berechnung von stochastisch unabhängigen Faktoren durchgeführt, mit denen sich die Datenmatrizen als Linearkombination dieser Faktoren in neue Datenmatrizen (Hauptkomponenten) unter Erhalt der Gesamtvarianz transformieren lassen. Auf diese Weise bilden die neuen erzeugten Bilder ein neues spektrales Koordinatensystem für die Daten (GILLESPIE et al., 1986). Im Gegensatz zu den ursprünglichen Daten weisen sie damit keine linearen Abhängigkeiten mehr voneinander auf. Durch d. o. Transformation wird die Varianz jeder Variablen durch die ermittelten Hauptkomponenten erklärt. Die erste Hauptkomponente erhält den größten Teil der Gesamtvarianz und die zweite Hauptkomponente den größten Teil der Varianz, die von der ersten nicht erklärt wird (da sie orthogonal zur ersten ist) usw. Diese Eigenschaft kann zur Verbesserung von Kanten bei der Auswertung geologischer Strukturen dienen (SANDER, 1996).

Die Zahl der Ausgangskanäle ist identisch mit den Eingangskanälen, d. h. bei einer Landsatszene werden somit sechs PCA-Kanäle errechnet. Der erste neue Bildkanal weist den größten Anteil an erklärter Varianz auf, den niedrigsten Anteil im letzten Kanal. Auf diese Eigenschaft bezieht sich die Datenreduktion bei diesem Verfahren, weil ihre Anwendung die Möglichkeit bietet, auf diese Weise eine Satellitenbildszene ohne relevanten Informationsverlust auf weniger Kanäle zu reduzieren.

Dieses Verfahren hängt von verschiedenen Faktoren wie Jahreszeit, Landschaftstyp, Bodenbedeckung, gewähltem Ausschnitt usw. ab, welche in Satellitenbildern unterschiedliche Ergebnisse erzielt werden können. Hierbei spielt auch die Materialkorrelation eine große Rolle (SCHOWENGERDT, 1997), z. B. wenn ein Gebiet im Satellitenbild recht homogen von Vegetation bedeckt ist, kommt es durch das ähnliche Spektralverhalten zur räumlichen Korrelation zwischen den Bildpunkten. Bei dem geologischen Einsatz ist der wichtigste Faktor die Gesteinshelligkeit (KRONBERG, 1985), womit einige lithologische Einheiten, die in den Originalbildern unbemerkt bleiben, in dem produzierten Bild sichtbar gemacht werden können. Deswegen eignet sich die HKA für die Differenzierung geologischer Einheiten sehr gut (KENEA, 1997).

4.3.2.5 *Quotientenbilder (Ratiobilder)*

Zur Unterscheidung verschiedener Oberflächenmaterialien lassen sich aus Satellitendaten durch rechnergesteuerte Manipulationen Ratioszenen aus verschiedenen Spektralbändern herstellen. Auf diesen Ergebnisbildern können alle redundanten Informationen eliminiert und verdeckte Hinweise hervorgehoben werden. Diese arithmetische Verknüpfung kann zwischen zwei oder mehreren Kanälen sein. Sie kann mit einem Datensatz durchgeführt werden, aber auch mit Daten verschiedener Aufnahmezeitpunkte. In dieser Arbeit wird vorwiegend auf die Division zweier Kanäle eingegangen. Das Ratio-Verfahren kann als reines Reduktionsverfahren gesehen werden. Ratiobilder werden erzeugt, indem die gesamten Intensitäten zweier Spektralkanäle Pixel für Pixel durcheinander dividiert werden. Die Grauwerte des neuen Bildproduktes stellen kein Maß für die Reflexionsintensität dar, sondern das Verhältnis der Helligkeit zweier Kanäle. Die Ratiobildung kann zu einer kontrastreicheren und informativeren Darstellung des Bildinhaltes führen. Durch die Division werden Albedo- und Beleuchtungsunterschiede unterdrückt, deswegen lässt sich eine Verringerung der topographischen Einflüsse erzielen. Allerdings hat diese Verarbeitung vor allem in der Geologie Nachteile, die in einer Verschlechterung des Signal-Rausch-Verhältnisses liegen.

Die erstellten Ratiobilder können in Farbkompositen weiterverarbeitet werden, oder auch als zusätzlicher Inputkanal in eine automatische, rechnergestützte Klassifikation einfließen. Die erfolgreiche Informationsgewinnung mit Hilfe der Ratiobildung hängt zu einem großen Teil von den verwendeten Kanälen ab. Die Kanäle, die zur Ratiobildung ausgesucht werden, sollten so gewählt sein, dass der eine innerhalb und der andere außerhalb der spektralen Region liegt, in der das Zielobjekt ein Minimum oder ein Maximum an Reflexionsintensität besitzt (VINCENT, 1997). Die Wahl der optimalen Kanäle kann mit Hilfe der Signaturanalyse der originalen Bilddaten erfolgen. Die Ratiobilder finden vor allem in der Geologie verbreitete Anwendung, da sie manchmal geringfügige Reflexionseigenschaften von Materialien der Erdoberfläche verstärken können (GOETZ et al., 1975; WILLIAMS, 1983). Durch die Anwendung der Ratioverfahren können bestimmte existierende Absorptionsbanden eines Materials lokalisiert werden, da die Reflexion zweier Wellenlängenbereiche verglichen wird, z. B. Tonminerale können z. B. mit der Ratio TM 5/7 differenziert werden (HILDEBRANDT, 1992).

Die meisten Ratio-Bildungen sind meistens für die Flächenabgrenzung nach quantitativen Kriterien gut geeignet, insbesondere um die Information für die visuelle Interpretation hervorzuheben.

4.3.2.6 Filtertechniken

Durch die Anwendung von Filtertechniken können im Grunde genommen erwünschte oder unerwünschte Information getrennt oder erwünschte Information hervorgehoben werden (DE LANGE, 2006). Dabei handelt es sich um lokale Operationen, weil die Werte von Rasterzellen in Abhängigkeit von umgebenden Pixeln verändert werden. Diesen Operationen dienen zahlreiche unterschiedliche Algorithmen, die sich für verschiedene Verarbeitungsziele eignen.

Die Filteroperationen werden oft zur Bildverbesserung eingesetzt. Einige Operationen wie Tiefpassfilter (*low pass filter*) haben eine Glättung oder Kontrastausgleich zu Folge. Solche Filter können zur Verminderung des Rauschens oder zur Beseitigung lokaler Fehler (Werteninterpolation) verwendet werden. Andere Operationen wie Hochpassfilter (*high pass filter*) haben den Effekt, dass die hohen Frequenzen in den Bildern hervorgehoben werden. Hochpassfilter dienen unter anderem zur Betonung von Kanten. Diese genannten Filter können unter den Begriff lineare Filter eingestuft werden. Die lineare Filterung kann auch in einer ausgesuchten Richtung eingesetzt werden, welche besonders in der Geologie zur Verfolgung geologischer Strukturen nützlich ist. So entstand der Begriff der morphologischen Filter und Kantendetektoren wie Laplace und Sobel, die die Bereiche starker Grauwertänderungen als Kanten hervorheben. Außerdem gibt es statistische Filter (Median und Gaussian etc.) und adaptive Filter (Frost, Lee), die vor allem das „Rauschen“ entfernen.

Die Filteroperationen basieren auf sich bewegende Filter-Fenster (*moving windows*), die vom Ursprung der Rastermatrix ausgehend (in der Regel links oben) über die Zellen und in einzelnen Schritten jeweils den Wert des gerade in der Mitte befindlichen Pixels berechnen. Die Größe des Filterfensters (Filtermatrix) beeinflusst die Erkennbarkeit der Strukturen. Die großen Fenster können für die Aufteilung großflächiger Bereiche wie Landnutzung und Geologie verwendet werden. Demgegenüber eignet sich das kleine Fenster eher für die Betonung von Lineamenten (Abb. 4-11). Während die ersten unter dem Problem der geringen Trennschärfe leiden, betonen die zweiten systematisch unerwünschten Informationen, wie zum Beispiel anthropogene Strukturen.

5 Darstellung der Geomorphologie des Gebiets

Für die geomorphologische Darstellung bzw. Untersuchung stehen mehrere Methoden zur Verfügung (Tab. 5-1). Durch die Anwendung von einer dieser Methoden kann eine spezifische geomorphologische Karte erstellt werden. Demgegenüber führt die Kombination zweier oder mehrerer dieser Methoden zu einer allgemeinen geomorphologischen Darstellung bzw. Analyse, die eine umfassende Illustration ergeben kann.

Tab. 5-1: Die Methoden der geomorphologischen Untersuchung (Demek, 1982)

Analyse	Beschreibung
Morphologisch	Sie schließt auch die **morphometrische** Analyse ein und besteht aus: der Festlegung der Grenzen und Dimensionen der einzelnen Reliefelemente, der Bestimmung der Komponenten der komplexen Reliefformen, der Ermittlung der Beziehungen zwischen den einzelnen Reliefelementen, des Charakters ihrer Vergesellschaftung und des Arealgefügemusters ihrer Anordnung.
Morphofaziell	Es handelt sich um die Beziehung zwischen dem Relief und den entsprechenden Ablagerungen. Sie verlangt Laboruntersuchungen zur Bestimmung des Alters der Ablagerungen.
Morpho-strukturell	Die Methode befasst sich mit der Beziehung zwischen den Reliefformen und der geologischen Strukturen. Eines der wichtigsten Verfahren dabei ist die Auswertung von Luft- und Satellitenbildaufnahmen.
Morphoneotektonisch	Diese Methode ist auf den Zusammenhang der Reliefformen mit jungen Krustenbewegungen gerichtet. Sie sollte stets aus dem Studium der gesamten geologischen Geschichte des Untersuchungsgebiets ausgehen. Sie verlangt die Berücksichtigung der jungen und alten Bewegungen, ihrer Arten, Trends und Intensitäten.
Morphogeographisch	Hier geht es um die Beziehung des Reliefs zu anderen Geosphären der Erde (Atmosphäre, Hydrosphäre, Kryosphäre und Biosphäre).
Morphodynamisch	Sie beschäftigt sich mit den Erläuterungen der Dynamik der gegenwärtigen endogenen und exogenen Vorgänge und verlangt damit die folgenden Verfahren: i. Geländeaufnahmen an bestimmten Stellen (geodätische Messungen etc.), ii. Prognosen katastrophenartiger Ereignisse auf Basis der statistischen Analyse der Intervalle ihres Auftretens und iii. Experimentelle Untersuchungen und Auswertungen von Luft- und Satellitenbilder, die vor und nach den bestimmten Ereignissen aufgenommen wurden.
Paläogeomorphologisch	Sie führt zur Erfassung des Reliefs vergangener geologischer Zeiten, wobei die Analyse des gegenwärtigen Reliefs eine besondere Berücksichtigung der Umgestaltungsstadien präexistenter Erdoberflächen in das gegenwärtige Relief verlangt.

Die geomorphologische Untersuchung konzentrierte sich während der ersten Hälfte des 20. Jahrhunderts auf die Klassifikation und die Geschichte der Landschaft. Damals wurde die Studie der Geomorphologie auf die regionale Skala der Physiographie benannt (BLAIR, 1986). In der zweiten Hälfte entwickelte sich die Studienrichtung, die sich mit den Prinzipien der Mechanik und der Fließdynamik der spezifischen geomorphologischen Prozesse (fluviale und äolisch etc.) beschäftigt (STRAHLER, 1952). Bis Mitte der 70iger Jahre verwendeten die Geomorphologen verschiedene Typen topographischer Karten, um die Hauptmerkmale der Erdoberfläche zu beschreiben, weil sie Informationen über die Morphometrie und Morphographie des Georeliefs enthielten. Durch die Betrachtung der topographischen Karten können viele Landformen verschiedener Größen unterschieden werden. Doch sie schließen nicht alle wichtigen geomorphologischen Landformen ein, insbesondere diejenigen Formen, die zu klein im Vergleich zu ihrem Maßstab sind. Neben der morphometrischen und morphographischen Anwendung können die topographischen Karten nach Ansicht von KLIMASZEWSKI (1982) für die genetische Analyse wie Interpretation der Landschaftsformen eingesetzt werden, obwohl sie keine Informationen über das Alter und den Ursprung der Landformen enthalten.

Die geomorphologischen Studien wurden mit zunehmender Verfügbarkeit der Fernerkundungsdaten verschiedener Auflösung nicht mehr nur einfach durchgeführt, sondern es entwickelte sich die Tendenz, integrierte Darstellungen zu verwenden, um ein besseres Verständnis von der Geomorphologie zu ermöglichen (BLAIR, 2003). Mittels der Fernerkundung lassen sich vier Arten der geomorphologischen Untersuchungen differenzieren: die morphometrischen, die morphographisch/genetischen, die morphodynamischen und die geomorpho-ökologisch ausgerichteten Untersuchungen (VERSTAPPEN, 1977). Jeder Typ kann sich in bestimmter Weise die Fernerkundung zu Nutze machen. Vor allem dienen die Fernerkundungsdaten auf Grund ihres großen Vorteils, Daten in Makroskalen zu liefern, als Grundlage für die geomorphologische Kartierung. Die Qualität und Verteilung der Daten, die aus der Fernerkundung basieren, sind viel detaillierter als die Daten, die durch traditionelle geomorphologische Beobachtungen und Vermessungen gesammelt werden können. Darüber hinaus ermöglicht der Vergleich der Satellitenbilder aus verschiedenen Jahreszeiten eine Vorstellung über Art und Intensität geomorphologischer Prozesse (Morphodynamik) in großen Gebieten.

5.1 Geomorphometrische Analyse des Arbeitsgebiets

Die Geomorphometrie beschäftigt sich hauptsächlich mit den habituellen und räumlichen Formen des Georeliefs sowie deren Eigenschaften. Sie ist nach DIKAU (1988) als quantitative Geomorphologie zu verstehen. Mit der exakten Definition der geomorphographischen Kennzeichnung des Oberflächenreliefs (ROESCHMANN & LEHMEIER, 1993) werden die Teilbereiche der Geomorphometrie und Geomorphographie eng zusammengeführt. Die Geomorphographie im engeren Sinn ist die Beschreibung von Erdformen mit qualitativen Methoden. Meist wird auch die Geomorphometrie in die Definition mit einbezogen, so dass Geomorphographie als Beschreibung der Erdformen mit qualitativen und quantitativen Methoden definiert werden kann. Die Charakteristik und quantitative Beschreibung der Landschaftsmerkmale wurde in der Veröffentlichung von PENCK (1894) als Orographie und Orometrie bezeichnet. In seiner Arbeit „Morphologie der Erdoberfläche“ hat PENCK (1894) diese Wissenschaft unter den Begriffen Morphographie und Morphologie erläutert. Nach EVANS (1972) lässt sich die Geomorphometrie in Disziplinen der allgemeinen und speziellen Geomorphometrie gliedern (Abb. 5-1). Die allgemeine Geomorphometrie (*general geomorphometry*) umfasst die Messung und Analyse der Charakteristika des Georeliefs, die auf jede kontinuierliche Oberfläche anwendbar ist. Die spezifische Geomorphometrie (*specific geomorphometry*) beinhaltet die Messung und Analyse spezifischer Reliefformen, die durch eindeutige Definitionen von räumlich benachbarten Reliefformen abgrenzbar sind. Beispiel hierfür ist die Analyse der Form von Entwässerungsnetzen oder Einzugsgebieten. Die wichtigsten Parameter in der Geomorphometrie nach EVANS (1980) sind Höhen und deren Statistik, Hangneigung (Gradient), Exposition und Krümmung (Kurvatur, Wölbung). Andere Parameter wie Höhenverteilung (Reliefenergie, Rauheit) und Hydrologische Maße (Flussdichte, Länge der Abflusspfade) werden auch in bestimmten Fällen herangezogen. Die statistische Darstellung der generellen geomorphometrischen Attribute (EVANS, 1980) wurde verwendet, um das Georelief sowohl auf lokale als auch auf regionale Skala zu kennzeichnen (MARK, 1975). Die Zahlengewinnung für die geomorphometrischen Darstellungen (zahlenmäßige Erfassung) der Landformen wurde zu Beginn, je nach Maßstab der topographischen Karten, entweder durch Messungen im Gelände oder auf der Karte, welche viel Arbeitsaufwand erfordert, durchgeführt. Diese wurde durch den Einsatz von Höhenmodellen, die seit Ende der siebziger Jahre verwendet wurden, vielfach erleichtert.

Unter der Bezeichnung Digitales Höhenmodell (DHM) Eng. *Digital Elevation Model* (*DEM*) versteht man eine vereinfachte digitale Beschreibung des Georeliefs. Das digitale Höhenmodell besteht aus einer Menge dreidimensionaler Koordinaten in gitterförmiger Anordnung. Weniger gebräuchlich ist der Begriff des Digitalen Geländemodells (DGM) *Eng. Digital Terrain Modell* (*DTM*). Wobei der Datensatz des DHMs sich auf die Speicherung von Höhenwerten beschränkt, kann das DGM die Repräsentation topologischer sowie semantischer Informationen wie Beschreibung von Geländekanten, Dämmen, Gräben etc. einschließen (WEIBEL & HELLER, 1991). Das bedeutet im Fall des DGMs, dass einzelnen Punkten eine geländespezifische Bedeutung zugeordnet werden kann, oder dass Punkte miteinander in Beziehung gesetzt werden, um lineare, im Gelände vorkommende Strukturen zu modellieren. Ebenso können für einzelne Punkte auch sekundäre Informationen wie Neigung (*Slope*) oder Exposition (*Aspect*) gespeichert sein. Das DHM als dreidimensionales System mit XYZ-Daten ist demzufolge ein Oberflächenmodell mit einer einzigen Z-Koordinate an einem Punkt. Es wird daher häufig als "2.5D-Datenmodell" bezeichnet, da eine echte dritte Dimension als Tiefenfunktion nicht vorhanden ist (WEIBEL & HELLER, 1991). Die Anwendung der DGM- oder DHM-Daten hat eine Neuorientierung in der Reliefanalyse zur Folge. Dadurch sind die Disziplinen der Hydrogeomorphologie, der Geomorphometrie (quantitative Geomorphologie) und der Morphostruktur bzw. Morphotektonik bedeutend entwickelt.

5.1.1 Ermittlung der Einzugsgebiete und Subeinzugsgebiete

Das Einzugsgebiet stellt eine geomorphogenetische Einheit der geomorphologischen Prozesse, insbesondere des fluvialen Erosionsreliefs, dar. Es ist eine der topographischen Einheiten, die für die geomorphologische und geomorphometrische Charakterisierung des Georeliefs sehr gut geeignet ist. Die Betrachtung des Einzugsgebiets bildet in zahlreichen Studien die Basiseinheit vieler geomorphologischer und geomorphometrischer Analysen (CHORLEY, 1969; HORMANN, 1971). Auf Grund des starken Georeliefeinflusses auf Fließgewässer und auf den festländischen Wasserkreislauf wurden hydrologische Einzugsgebiete aus der geomorphologischen Sicht mehrfach untersucht. Hinzu kommt die große Rolle der geomorphometrischen Indizes des Einzugsgebiets wie die hypsometrische Kurve und das hypsometrische Integral, die sehr nützlich für das Kennzeichnen bestimmter Eigenschaften eines Gebiets sein können, z. B. Niveau der tektonischen Tätigkeiten (KELLER & PINTER, 2002).

Die Ableitung von Einzugsgebieten erfolgte vor dem Einsatz digitaler Höhenmodelle auf manuellem Weg. Zumeist wurden die benachbarten Einzugsgebiete auf Basis visueller Analysen topographischer Karten abgegrenzt. Der Verlauf von Isohypsen und Gerinnen ermöglicht die Kennzeichnung der Wasserscheiden und Mündungspunkte von Einzugsgebieten. Mit der zunehmenden Verfügbarkeit digitaler Höhendaten begann die Entwicklung von Algorithmen zur computergestützten Ableitung hydrologisch relevanter Informationen (MOORE et al., 1991), wie Fließrichtung, Fließakkumulation und Einzugsgebiete. Diese Algorithmen sind zurzeit standardmäßig in geographischen Informationssystemen implementiert. Die Weiterentwicklung der Algorithmen vor allem zur Verbesserung hydrologischer und hydrogeologischer Modellierungen ist Gegenstand gegenwärtiger Forschung. Die Geomorphometrie von Einzugsgebieten etablierte sich damit als beachtliche Forschungsrichtung innerhalb der Geomorphologie. Dieser bedient sich der klaren und einfachen Definition der Einzugsgebiete bzw. der Wasserscheiden.

In dem betrachteten Gebiet lässt die Hydrographie in Verlauf und Abgrenzung sowohl von der strukturellen Gliederung als auch von der orographisch-morphologischen Beschaffenheit enge Abhängigkeiten erkennen (WOLFART, 1967). Im Bezug darauf, ist die Betrachtung des hydrologischen Einzugsgebiets in dieser Arbeit als geomorphologische Untersuchungseinheit von Bedeutung, vor allem für die regionale Darstellung und Visualisierung des Georeliefs. Deswegen wurde zu Beginn der Darstellung die Hauptwasserscheide ermittelt und danach das Untersuchungsgebiet in Teileinzugsgebiete unterteilt. Die zwei Hauptwasserscheiden, die das Gebiet in drei hydrographische Becken (Orontes, Aleppo, Euphrat) gliedert, wurden ermittelt. Es ist ersichtlich, dass diese Darstellung viel genauer als die alte Definition für diese Becken sein kann. Allerdings ist diese Betrachtung sowohl für die hydrologischen als auch für die geomorphologischen Untersuchungen sehr allgemein und unvollständig. Diese Beurteilung lässt sich ausdrücklich für das hydrographische Becken von Aleppo bestätigen, weil hier drei Bereiche zu unterscheiden sind, die verschiedene geomorphologische und hydrologische Eigenschaften haben, insbesondere im Bezug auf die vorherrschenden geomorphologischen Prozesse. Diese Teileinzugsgebiete sind: das Teileinzugsgebiet des Al-Jabboul, das Teileinzugsgebiet von Qoueiq und das Teileinzugsgebiet Al-Match und von Al-Kharaitch (Abb. 5-2).

Im Westen lassen sich auch zwei Teileinzugsgebiete unterscheiden: das Subeinzugsgebiet von Aafrine im Nordwesten und das Subeinzugsgebiet vom mittleren Orontes im Südwesten. Im Osten ist das Gebiet praktisch ausschließlich als Euphrat Einzugsgebiet zu kennzeichnen. Dennoch lässt sich ein Subeinzugsgebiet in der nordöstlichen Ecke benennen. Es entwässert in Richtung des Al-Sajour, der seinerseits in den Euphrat mündet.

Topographische Profile in W-E-Richtung (ihre Positionen in Abb. 5-2) können das Georelief und die Lage der Wasserscheiden deutlicher sichtbar machen. Eindeutig lässt sich der große Unterschied zwischen dem Vorflutniveaus der inneren Einzugsgebiete (bei Qoueiq ca. 240m ü. NN, im Norden von Al-Jabboul ca. 300m ü. NN) und der westlichen Einzugsgebiete (Orontes sowie Aafrin ca. 100-180m ü. NN) erkennen. Im Gegenzug sind kaum Unterschiede zwischen dem Niveau des im Osten angrenzenden Euphrat-Tals und demjenigen des Einzugsgebiets von Al-Jabboul praktisch festzustellen.

Im Süden kann das Georelief durch zwei Profile (Missyaf und Al Sàan) dargestellt werden (Abb. 5-3). Das Profil von Missyaf stellt das Georelief östlich und westlich des Orontes dar. Der westliche Teil des Profils durchquert das Plateau von Missyaf. Der östliche Teil des Profils zeigt, wie das Georelief über eine lange Strecke kleine Hangneigungen (das Vorland von Palmyra-Ketten) aufweist und erst in den Palmyra-Ketten eine gewisse Höhe (mehr als 900m ü. NN) erreicht. Das Profil Al Sàan überquert das DSFS und das Orontes-Tal im Westen und das Vorland der Palmyra-Ketten im Osten.

Der Zentralbereich des Gebiets wurde mittels zweier Profile (Khan Shaykhun, Khanasir) dargestellt (Abb. 5-4). Sie kreuzen den Zawiye und repräsentieren seinen Steilhang im Westen sowie seine sukzessive Abdachung nach Osten. Weiter nach Osten lässt sich die Landschaft der abflusslosen Becken (Al-Matah und Al-Jabboul) und Basaltdecken von Hama, dem Shbith und Elhass zeigen. Nördlich von der Stadt Aleppo kann die Landoberfläche mittels des Profils von Al-Bab dargestellt werden. Dieses Profil weist im Westen wie die anderen Profile einen steilen Hang zum Aafrin-Tal auf, der unter Wirkung der Verwerfung von Aafrin (ein Teil vom DSFS) entstand. Nach Osten durchquert das Profil das Qoueiq Tal und das hügelige Land des Al-Bab Plateaus (Abb. 5-4).

5.1.2 Die Ermittlung der geomorphometrischen Parameter

Die aus dem digitalen Höhenmodell ableitenden Reliefparameter, insbesondere Höhe (mittlere absolute Höhe, relatives Relief) und Hangneigung, stellen numerische Wertebereiche dar, die bezüglich einer Interpretation für den Geomorphologen direkt einsetzbar sind. Sie können im Hinblick auf die digitale Georeliefanalyse für eine Vielzahl von Aufgabenstellungen als geomorphometrische Größen verwendet werden. Hierzu zählt zunächst die Klassifizierung, Kennzeichnung und Visualisierung der räumlichen und elementaren Struktur und Georeliefgestalt. Im Folgenden werden diese Aspekte kurz erläutert und eingesetzt, um die Hauptreliefeinheiten zu beschreiben. Die Ableitung der geomorphometrischen Parameter erfolgte im ArcGIS (ArcMap), speziell mit dem Erweiterungstool 3D-Analyst.

5.1.2.1 Die Höhe (relatives Relief, absolute Höhe)

Die Höhe in Meter ü. NN (die absolute Höhe) oder als relative Höhe im Bezug zum niedrigsten Punkt des jeweiligen Untersuchungsgebiets kann als Indikator für die potentielle Energie betrachtet werden. Dieser geomorphometrische Parameter wurde bereits am Ende des 19. Jahrhunderts verwendet.

In der Literatur findet man mehrere Definitionen für das relative Relief. Die meisten Autoren bezeichneten es als die Höhendistanz vom Gipfel zu einem benachbarten Talboden. Manche Autoren wie BARSCH & CAINE (1984) drückten es als Höhendistanz in Meter pro Quadratkilometer aus. Dieser Begriff wurde bereits von PENK (1894) analog zur Abgrenzung von Hügel und Berg eingeführt. Im deutschsprachigen Raum wurde der Begriff des relativen Reliefs lange Zeit als Reliefenergie bezeichnet. PASSARGE (1921) unterschied auf Basis des relativen Reliefs die Typen Flachland (ca. 50 m), Hügelland (50 - 200 m), Bergland (200 - 500 m), Mittelgebirge (500–1000 m) und Hochgebirge (> 1000 m). Die absolute Höhe bezieht sich auf den Meeresspiegel. Es wurde auch wie das relative Relief in vielen alten Publikationen zur Charakterisierung und Abgrenzung von den Georeliefeinheiten (RITTER, 1817; PENCK, 1894; PASSARGE, 1921; HAGEDORN & POSER, 1974) verwendet. PASSARGE (1921) unterschied auf Basis der absoluten Höhe in die Kategorien Tiefland, Mittelland, Hochland, und Alpenland (Tab. 5-2). Eine Kombination des relativen Reliefs und der absoluten Höhe zur Abgrenzung von Relieftypen nahm PASSARGE nicht vor.

In der Tat dient der Parameter der absoluten Höhe nur als zusätzlich kennzeichnendes Attribut und muss mit anderen Parametern kombiniert werden, um das Georelief genau zu segmentieren. Der Parameter der absoluten Höhe kann dennoch in dem Untersuchungsgebiet verwendet werden, um eine primäre Klassifizierung bzw. Visualisierung für das Georelief zu vermitteln. Im Bezug auf das alte Muster von PASSARGE (1921) für die Reliefgliederung auf Basis dieses Parameters ist das ganze Untersuchungsgebiet gewissermaßen als Mittelland zu bezeichnen. Die tektonischen Becken vom Al-Ghab und ein Teil des Aafrine Flusstals im Westen lassen sich nicht unter dem Begriff Mittelland zusammenfassen, sondern sind laut des Musters unter der Kategorie Tiefland aufzugliedern. Zur Vereinfachung der Georeliefdarstellung wurde das Gebiet auf Basis der absoluten Höhe in neun Klassen unterteilt (Abb. 5-5).

Tab. 5-2: Die geomorphologische Klassifikation auf Basis der absoluten Höhe

PASSARGE (1921)		**HAGEDORN (1974)**	
Höhe (m ü. NN)	Georelief	Höhe (m ü. NN)	Georelief
0 – 200	Tiefland	0 – 30	Schwaches (Flachland, Ebene)
200 - 1500	Mittelland	30 – 200	Mäßiges (Hügelland)
1500 - 3000	Hochland	200 – 1000	Mittleres (Bergland, Mittelgebirge)
> 3000	Alpenland	> 1000	Starkes (Gebirgsland, Hochgebirge)

5.1.2.2 Die Hangneigung

Hangneigung (Länge des Gradienten) ist die Neigung in Richtung der größten Höhenänderung des betrachteten Punktes zu den Nachbarpunkten oder Angabe des Winkels von der Horizontalen zum Bezugspunkt in Grad, Promille oder Steigung. Der Parameter der Hangneigung ist die wichtigste Größe für die Kennzeichnung von der Georeliefgestalt. In der Veröffentlichung von DEMEK et al. (1982) ist eine gute Klassifikation der Hangneigungswinkel in Gruppen und Bereichen (Tab. 5-3) zu finden. Dabei wurden mehrere Relieftypen genannt, deren Hangneigung in einem bestimmten Bereich liegt, z. B. für den Hangneigungsbereich (1° - 3°) wurden die Terrassen-, Kammflächen und die Hochflächen der Zwischentalbereiche erwähnt.

Die Hangneigungsanalyse neben dem oberen Höhenmuster und deren Verteilung ermöglicht eine sehr gute Diskretisierung des räumlichen Georeliefs in Einheiten, die mit den anderen Konzepten dieser geomorphologischen Darstellung in einer engen Beziehung stehen. Um die differenziert morphologische Ausprägung möglichst repräsentativ abzubilden, wurde eine eigene Hangneigungsunterteilung entwickelt. In dem betrachteten Gebiet ergab sich eine maximale Hangneigung von 46,615°. Daraus wurden insgesamt sieben Hangneigungsklassen (0° - 2°, 2 -4°, 4 - 8°, 8 - 16°, 16 - 32°, 32 - 40°, 40 - 46,615°) unterschieden, die die Ausprägung der Reliefelemente, insbesondere die Schichtstufen, gut widerspiegeln. Diese lässt die Schichtstufen nordöstlich von Aleppo und im Norden sowie Nordwesten von den Palmyra-Ketten deutlich erkennen.

Tab. 5-3: Hangneigungstypen (Demek et al., 1982)

<table>
<tr><th colspan="3">Winkelgrade</th><th rowspan="2">Bezeichnung</th></tr>
<tr><th>Gruppen</th><th colspan="2">Bereiche</th></tr>
<tr><td>0°</td><td>0°</td><td>0°</td><td>Ebene (eben)</td></tr>
<tr><td rowspan="3">1° - 7°</td><td rowspan="2">1° - 3°</td><td>1°</td><td rowspan="3">Flachhang (flach)</td></tr>
<tr><td>2° - 3°</td></tr>
<tr><td>4° - 7°</td><td>4° - 7°</td></tr>
<tr><td rowspan="3">8° - 25°</td><td rowspan="2">8° - 15°</td><td>8° - 11°</td><td rowspan="3">mäßig geneigter Hang (mäßig geneigt)</td></tr>
<tr><td>12° - 15°</td></tr>
<tr><td>16° - 25°</td><td>16° - 25°</td></tr>
<tr><td rowspan="3">26° - 60°</td><td>26° - 35°</td><td>26° - 35°</td><td rowspan="3">Steilhang (steil)</td></tr>
<tr><td rowspan="2">36° - 60°</td><td>36° - 45°</td></tr>
<tr><td>46° - 60°</td></tr>
<tr><td>61° - 90°</td><td>61° - 90°</td><td>61° - 90°</td><td>Wand (wandig)</td></tr>
<tr><td>90°</td><td>90°</td><td>90°</td><td>Überhang (überhängig)</td></tr>
</table>

Die Häufigkeitsverteilung der Hangneigung dient in der Geomorphologie einer ersten Beschreibung des Georeliefcharakters eines Gebietes. Auf Basis der Form der Histogramme lassen sich erste Aussagen über die Werteverteilung der Variablen treffen. Die statistische Analyse der Hangneigung (Abb. 5-6) zeigt eindeutig an, dass ein größerer Teil des betrachteten Gebiets eine Hangneigung unter 40 Grad hat. Landschaftsformen mit einem Hangneigungsgradienten über 40 Grad (Steilhänge) treten in einer begrenzten Anzahl auf. Sie befinden sich in Bereichen, in denen die tektonischen Aktivitäten das Gebiet stark beeinflussen. Diese sind insbesondere im Westen festzustellen, wo meist junge, oft noch anhaltende tektonische Bewegungen verbunden mit einer komplexen geologischen Struktur zusammenwirken und zu dieser oben beschriebenen besonders starken Hangneigung führen. Die starke Hangneigung ist auch in den Bereichen, wo der Basalt die Landoberfläche verhüllt (Basaltdecken), zu beobachten. Darüber hinaus sind vereinzelte Steilhänge auch bei aufgesetzten Schichttafeln und einigen Zeugenbergen anzutreffen.

5.1.3 Die Darstellung der morphologischen Haupteinheiten

Die Ausgliederung und Abgrenzung sowie die kartographische Darstellung der Georeliefeinheiten ist in der Literatur als geomorphologische Regionalisierung bezeichnet. Diese beruht auf die Typisierung und Klassifizierung der Georeliefformen nach einer der o. g. geomorphologischen Darstellungen (DEMEK, 1976).

Das Untersuchungsgebiet wurde von WOLFART (1967) als Tafelland bezeichnet, in dem wie oben erwähnt flache Schichtlagerungen vorherrschen. Das Gebiet unterlag während der verschiedenen geologischen Zeiten mehreren Einebnungsprozessen (Kapitel 2.1.2). Das Zentrum des Untersuchungsgebiets ist von Rumpflandschaften geprägt, die durch fehlende tektonische Aktivitäten und lang anhaltende Erosion mit Ablagerungen in abflusslosen Becken entstanden sind.

Die Darstellung von dem Georelief (Haupteinheiten) wurde mittels der computergestützten Visualisierungsverfahren des digitalen Höhenmodells durchgeführt. Solche Verfahren sind zurzeit sehr gebräuchlich geworden, weil geographische Softwarepakete mit unterschiedlichen Techniken das dreidimensionale Georelief (3D) perspektivisch visualisieren können. Diese Techniken schließen die Anwendung von den Höhenlinien (Abb. 5-7) und dem geschummerten Reliefmodell etc. ein (KRAAK & ORMELING, 2003).

Das geschummerte Reliefmodell ist sehr „populär“ und am gebräuchlichsten, weil es subtile Variationen des Georeliefs hervorhebt und ihre realistische Beschreibung und Deutung erlaubt (BRASSEL, 1974; HORN, 1981; ONORATI et al., 1992). Dabei wird die Beleuchtung des Reliefs aus einer wählbaren Richtung und Höhe über dem Horizont simuliert. Das geschummerte Reliefmodell und die Höhendaten können mit thematischen Informationen, beispielsweise der Wölbung oder der Hangneigung, verschnitten werden und ermöglichen dadurch eine erste Interpretation von berechneten geomorphometrischen Parametern (THELIN & PIKE, 1991). Daher findet das merte Reliefmodell eine verstärkte und verbreitete Anwendung in der geomorphologischen Analyse v. a. in der Morphotektonik und der Extraktion der Strukturen im regionalen Maßstab (SMITH & CLARK, 2005). Diese Bedeutungen werden bei der Ermittlung von linearen Elementen in einem anderen Teil (Kapitel 6.2.1) dieser Arbeit diskutiert. Das Modul ArcScene in dem geographischen Informationssystem ArcGIS bietet die Möglichkeit, alle o. g. perspektivischen Darstellungen von Landoberflächen auf Basis des digitalen Höhenmodells durchzuführen. Es erlaubt zusätzlich die Verknüpfung von den Satelliten- oder Luftbildern mit den digitalen Höhendaten (Abb. 5-8).

Per Tastatur oder Maus ist eine Navigation im Darstellungsraum möglich. Somit ist das digitale Höhenmodell in der Verbindung mit Satellitenbildern sehr nützlich für Vorstellungen und Hervorhebungen der großen Strukturen, welche ansonsten photogeologische Interpretationen und Feldbeobachtungen erfordern. Diese Methode wird für Analysen und Darstellungszwecken der strukturellen Geländeeigenschaften stets verwendet. Sie bietet bei vielen Schritten dieser Arbeit einen ausdrucksvollen Ersatz der vorörtlichen Angabe.

Durch Betrachtung der obigen Darstellungen und die Anwendung des Rasterrechners können die morphologischen Haupteinheiten des Georeliefs gekennzeichnet werden. Die morphologischen Einheiten mit einer absoluten Höhe ≥200m und einer Hangneigung ≥15% wurden berechnet. Diese Berechnung ergibt Rasterdaten mit zwei Werten (0 und 1), die durch Konvertierung als Shapefile gespeichert wurden. Polygone mit dem Wert „Null“ wurden gelöscht, weil sie den oben genannten Parametern nicht entsprechen. Die festgehaltenen Polygone mit dem Wert „Eins“ segmentieren die morphologischen Haupteinheiten. Diese thematische Karte kann auf Satellitenbildern oder anderen Rasterdaten wie das klassifizierte digitale Höhenmodell überlagert werden, um die weitere Beschreibung zu unterstützen (Abb. 5-9).

Unter Berücksichtigung dieser Visualisierung und der Geologie des Untersuchungsgebiets lassen sich die in der Tabelle (5-4) aufgelisteten morphologischen Reliefeinheiten unterscheiden.

Tab. 5-4: Georelief-Einheiten des Untersuchungsgebiets

Kategorie	Höhe (m ü. NN)	Georelief-Einheiten	Geologie
Tiefland	0 - 200	•Tektonische Becken	Auffüllung von quartärer Ablagerung
Mittelland	200 - 400	•Täler der Hauptflüsse •Senke	Auffüllung von quartärer Ablagerung
	400 – 700	•Hügelige horstartige Plateaus •Zeugenberge (Plateaureste)	Kalksteinbänke Basaltdecken
	700 – 1000	•Horstzone und Bergland	Kalksteinbänke

5.1.3.1 Täler der Hauptflüsse

Hierzu gehören die Täler von Orontes, Aafrin, Qoueiq, El-Sajour und Euphrat. Ein Teil des Orontes (der obere) befindet sich außerhalb des betrachteten Gebiets. Der mittlere Orontes fließt im Südwesten des Untersuchungsgebiets mäandrierend durch sein Tal. Sein Niveau liegt hier etwa zwischen 275m (Profil 1) und 225m, während es direkt westlich dieses Bereichs im Becken von Al-Ghab bei ca. 170m liegt. Der Orontes hat hier steil abfallende Uferwände von beträchtlicher Höhe geschaffen. Im Süden lässt sich eine scharfe Umbiegung des Orontes nach Nordwesten beobachten. Die schluchtähnliche Gestalt und die scharfe Umbiegung des Tals deuten zweifellos auf eine tektonische Wirkung hin.

Die Morphologie des Tals von Aafrin sowie des Tals von Euphrat ist bereits oben auf dem Profil von Al-Bab zu erkennen. Auf Grund, dass es sich bei diesen beiden Flüssen um Grenzen des betrachteten Gebiets handelt, werden sie hier nicht weiter behandelt. Während diese beiden Flüsse sowie der Orontes über das ganze Jahr Wasserzufluss haben, fällt der Qoueiq auf syrischem Territorium zeitweise trocken, weil er zurzeit bereits auf der türkischen Seite gestaut wird. Der Fluss Qoueiq entspringt an der Flanke des türkischen Taurusgebirges und durchquert das betrachtete Gebiet annähernd meridional. Zwischen der türkischen Grenzen und der Stadt Aleppo fließt er mäandrierend, ohne ein ausgeprägtes Tal zu bilden, auf einer weiten Ebene. Nördlich der Stadt Aleppo (ca. 10km) zeigt er den Charakter eines Schlucht-Tals. Hier treten die Plateauränder zusammen und verengen das Tal bis auf 300m Breite. Die Umbiegung und der eindeutige Schluchtcharakter südlich von Aleppo sind wie bei dem Orontes auf tektonische Einflüsse zurückzuführen.

5.1.3.2 Die topographischen Senken

Die topographischen Senken treten in den abflusslosen Becken: i. Salzsee von Al-Jabboul, ii. das Endsee von El-Match und iii. das Sabkha von Al-Kharaitch auf (Abb. 5-7). Die Morphologie dieser Becken sowie die Morphologie ihrer Grenzen lassen sich nicht unabhängig von der tektonischen Tätigkeit interpretieren. Nach WOLFART (1967) sanken (Kapitel 2.1.2) diese Becken am Ende Pliozän/Anfang Pleistozän in einer Zeit großer tektonischer Aktivität ein und bildeten die strukturelle Grundlage für die Entstehung quartärer Seen sowie den überwiegend endorheischen Abflüssen (Kapitel 2.1.2). In Richtung dieser Becken entwässern alle Wadis des inneren Arbeitsgebiets.

5.1.3.3 Die Kalkstein-Plateaus

Gebiete mit Plateaucharakter lassen sich in drei Bereiche erkennen: Missyaf, Zawiye & Samaan sowie Al-Bab (Abb. 5-9). Das Plateau von Missyaf liegt südwestlich des Untersuchungsgebiets zwischen dem Orontes bei Hama und des DSFSs bzw. der Küstengebirge. Das Niveau des Plateaus ist ca. 450m Meereshöhe. Im Vergleich zu seiner Umgebung ist hier ein unruhiges Relief zu beobachten.

Das Plateau von J. Zawiye und J. Samaan dehnt sich nördlich vom Missyaf sowie östlich der Ebene vom Al-Ghab aus. Die höchste absolute Höhe erreicht im J. Zawiye 939m und im J. Samaan 870m. Das Georelief weist hier ausschließlich nach Westnordwesten orientierte steile Hänge auf. Nach Osten senken sich die Plateaus sanft ab, wobei sie zu einem Schollenland zu zählen sind.

Das Al-Bab Plateau liegt östlich vom J. Samaan zwischen der Stadt Aleppo und dem Euphrat in einem Niveau von 400m bis zu 600m. Durch die Betrachtung der dreidimensionalen Darstellung kann das Plateau als Pediplain bezeichnet werden, da es sich in mehrere Einzelflächen gliedern lässt (Abb. 5-10). Im Osten geht das Plateau mit leicht unebenen Reliefexpressionen schrittweise in die Euphratebene über.

5.1.3.4 Die Basalt-Plateaus

Die Georeliefformen sind stellenweise über große Areale des Untersuchungsgebiets durch basaltischen Vulkanismus geprägt. Drei riesige Basaltfelder lassen sich in dem Gebiet unterscheiden. Das Shbith (160km^2) und das El Hess (8800km^2) trennen die o. g. abflusslosen Becken voneinander (Abb. 5-9). Das dritte Basaltfeld dehnt sich östlich von Hama nach Norden bis zum Zentrum des Arbeitsgebiets aus und grenzt die Senke von Al-Kharaitch im Westen ab. Auf den topographischen Profilen stellen sich die Lavafelder als flache, schwach zertalte Tafeln dar. Im Süden östlich von Hama ragen sie in einer bis zu 300m hohen Stufe über ihr Umland auf. Im Norden östlich von Maarret el Nouman geht das Basaltfeld von Hama ohne sichtbare Geländestufen in das umliegende tertiäre Tafelland über.

5.1.3.5 Das Bergland

Georeliefformen mit bergigen Charakteren sind im Südosten des Untersuchungsgebiets zu beobachten. Das bergige Georelief im Südosten gehört den nördlichen Palmyra-Ketten an. Sie ragen hier bis zu 1000m über NN. Das Georelief ist durch weitgespannte Hochflächen und breite Höhenrücken geprägt, die eine leichte Abdachung nach Norden besitzen. In den Profilen lassen sich deutlich schluchtähnliche Täler erkennen (Abb. 5-3), die das Bergland zerschneiden. Starke Zertalung und Schichtstufen prägen weiterhin das Georeliefbild am Fuß dieser Höhen.

5.2 Ermittlung der Geomorphologie mittels Satellitenbilder

Die Ermittlung der geomorphologischen Karte ist das wichtigste Arbeits- und Darstellungsmittel bei geomorphologischen Untersuchungen, weil sie einerseits die Möglichkeit zu einer flächendeckenden quasi quantitativen Aussage geben und andererseits die konkrete Verbindung zu Nachbardisziplinen herstellen kann. Diesbezüglich sollte eine ausführliche geomorphologische Darstellung bzw. Kartierung die Landformen mit Informationen über die Lithologie und Hydrographie kombinieren (KLIMASZEWSKI, 1990).

Seitdem die Fernerkundungstechnologie zum Einsatz gebracht wurde, wurden Kartierungsverfahren in großem Maße geändert. Zurzeit haben Fernerkundungstechniken eine große Bedeutung gewonnen und sind ein wesentlicher Bestandteil eines Kartierungsprogramms geworden, besonders im Hinblick auf regionale Niveaus. Die geokodierten Satellitendaten in Form von fotographischen Drucken (Bilder) dienen den Feldgeologen und Feldgeomorphologen als sehr gut geeignete Datenquelle. Nach LIST et al. (1990) kann eine Satellitenaufnahme im weitesten Sinne als topographisches und geologisches Kartieren verstanden werden. Nach ABER et al. (1993) sind Landsatbilder ideale Quellen der Informationen für die geomorphologischen Karten in den mittleren Maßstäben von 1:100.000 oder kleiner. In diesem Rahmen lassen die Satellitenbilder sich nicht nur zur Erstellung einer Basiskarte benutzen, sondern viel wichtiger als Anwendung für die systematische Erfassung geomorphologischer Daten. Auf Grund dessen wurde diese im folgenden Kapital berücksichtigt.

Die lithologischen Hauptbestandteile der morphologischen Einheiten sind Kalkstein, Kreide, Mergel, Basalt und quartäre Ablagerungen. Für die Beschreibung bzw. die Kartierung der Geomorphologie der o. g. morphologischen Einheiten gelten sowohl die visuellen als auch digitalen Auswertungsverfahren der Satellitenbilder als vollständige erfolgreiche Methode.

Für eine ausführliche Ergänzung der oben durchgeführten morphologischen Darstellung war die Anwendung von mehreren Verfahren notwendig, um eine vollständige Beschreibung der verschiedenen geomorphologischen Phänomene zu erreichen.

5.2.1 Auswahl der Kanalkombinationen und der Bilder

Die Auswahl der optimalen Bandkombinationen für die Beschreibung bzw. Kartierung der Geomorphologie wurde einleitend durch das rechnergestützte Verfahren auf dem statistischen Weg verwirklicht. Diesem dient das berühmte rechnergestützte Verfahren von CHAVEZ et al. (1982), das als *Optimum-Indexfaktor* (OIF) bezeichnet wird. Das Verfahren beruht auf eine Berechnung eines statistischen Werts. Es berechnet mit Hilfe der Standardabweichung und der Korrelationskoeffizienten die informativste Kanalkombination des spektralen Datensatzes. Dementsprechend wurden die drei signifikantesten Kanäle mit Hilfe des Faktors (OIF) von den Eingabebildern ausgehend errechnet (Tab. 5-5). Der OIF wurde u. a. in den Arbeiten von DWIVEDI (1992) und HILDEBRANDT (1992) erfolgreich verwendet.

Diese Werte wurden als Leitfaden für die Überprüfung von mehreren Kombinationen verwendet (Abb. 5-11). Dabei wurde berücksichtigt, dass die Kanäle des sichtbaren Spektrums (1, 2 und 3), und die Kanäle des Mittleren Infrarots (5 und 7) untereinander relativ stark miteinander korreliert sind (MULDERS, 1987). Infolgedessen ergab sich die Beobachtung, dass die informativste Darstellung in der Regel einen Kanal aus dem MIR (TM-5 oder TM-7) beinhaltet.

Für die Interpretation der Satellitenbilder wurden auch Hauptkomponentenbilder aus den sechs multispektralen Kanälen des Landsat ETM+ Systems herangezogen. Die Kombination RGB der ersten drei Kanäle dieser produzierten Daten war sehr nützlich für die Diskriminierung der lithologischen Einheiten insbesondere im Bereich der Palmyra-Ketten, wodurch die verschiedenen lithologischen Einheiten der Kreidezeit sowie ihre Verwitterungsprodukte kontrastreich dargestellt werden können. Die Zurücktransformation dieser HKA-Daten in das ursprüngliche Koordinatensystem (Kapitel 4.3.2.4), was auch als inverse HKA bekannt ist (WILLIAMS, 1983), ergibt Daten mit einer verbesserten Farbauflösung, da das Rauschen der höheren Hauptkomponente nicht mehr auftaucht.

Tab. 5-5: OIF-Verteilung für RGB-Kombinationen der verwendeten Landsatdaten

Kanale- Kombinationen	**Optimum-Indexfaktor-Werten**			
	174035	**174036**	**173035**	**173036**
123	9,137	8,347	5,261	7,071
124	9,119	8,224	5,418	6,760
125	8,627	8,381	5,600	7,023
127	8,615	8,091	5,543	6,793
234	9,399	8,879	6,051	7,336
235	8,813	8,945	6,056	7,593
237	8,812	8,722	6,184	7,358
345	8,806	9,421	6,483	7,715
347	8,786	9,169	6,597	7,483
457	8,252	9,125	6,298	7,412
134	9,201	8,834	6,043	7,207
135	8,622	8,932	6,092	7,468
137	8,578	8,630	6,032	7,234
145	8,612	8,802	6,189	7,148
147	8,634	8,573	6,305	6,922
157	8,041	8,637	6,100	7,169
245	8,888	8,865	6,112	7,282
247	8,901	8,623	6,224	7,054
257	8,297	8,655	5,995	7,297
357	8,111	9,132	6,223	7,722

5.2.2 Mosaikbildung

Für die geomorphologische Beschreibung auf Basis der Satellitendaten war als erstes eine Mosaikbildung erforderlich, um ein für das ganze Untersuchungsgebiet flächendeckendes Raster hervorzurufen. Im Kapitel 3.2 wurde erwähnt, dass das Untersuchungsgebiet von vier Subszenen abgedeckt ist. Eine unmittelbare Mosaikbildung von den vorhandenen Subszenen auf Pixelebene ist unmöglich, da die Szenen nicht direkt hintereinander bei demselben Überflug aufgenommen wurden. Darüber hinaus besitzen die vier Satellitenszenen unterschiedliche Bildeigenschaften bezüglich atmosphärischer Verhältnisse, Vegetation, Geometrie usw.

Bei der Mosaikbildung war vor allem die Korrektur der Fehler notwendig, die unter Einfluss des Sonnenstands und Erde-Sonne-Abstands entstehen, wodurch die topographischen und atmosphärischen Effekte eliminiert werden können (LILLESAND & KIEFER 2000). Die Angleichung der Bildeigenschaften der unterschiedlichen Aufnahmen konnte erst nach der Anwendung mehrerer Verfahren (geometrische und atmosphärische Korrektur sowie Histogrammanpassung) erreicht werden.

Auf diese Weise war die Mosaikbildung von den vier ETM+ Szenen auf Kartenebene möglich. Diese Szenen bestehen aus zwei Szenen des Path 173 von 18.08.2000 (173035 & 173036) und des Path 174 von 22.06.2000 (174035 & 174036). Die Vegetationsabdeckung im westlichen Bereich des Gebietes (Path 174) ist viel ausgedehnter als im Östlichen, welche eine unterschiedliche Reflexion verursacht. Diese störenden Faktoren konnten durch die Normalisierung und Histogrammanpassung beseitigt werden.

Für die Mosaikbildung wurde die Kanalkombination 741 ausgewählt (Siehe Anhang 3). Dieser Entscheidung liegt zugrunde, dass die Hauptgesteine in dem Untersuchungsgebiet Karbonatgesteine, Basalte und ihre Verwitterungsprodukte sind. Der ETM+ Kanal 7 (SWIR) deckt die Absorptionsbänder von Hydroxylionen und Karbonaten ab und dient als ein Indikator für Tonminerale. Außerdem ermöglicht er eine Separation zwischen sandigen und tonigen Flächen. In dem Bereich des Kanals 4 wird die Strahlung durch die Vegetation stark reflektiert und durch Wasser absorbiert. Diese erhöht den Kontrast zwischen den unverhüllten Gesteinen, der Vegetation und den Böden (insbesondere den feuchten Böden). Zusätzlich ruft der ETM+ Kanal 1 einen höheren Kontrast zu ETM+ Kanal 4 hervor, weil die Strahlung in seinem Bereich von der Vegetation und den Fe-Oxiden absorbiert wird (GRIPPEN, 1989). Darüber hinaus hat diese Kanalkombination den Vorteil, Objekte dem Auge vertrauten Farbtönen wiederzugeben, wobei Wasser in Blau, Vegetation in Grün und Gesteine in Rot-, Gelb- und Brauntönen dargestellt sind. Mehrere Autoren wie KAUFMANN & PFEIFFER (1986) und KENEA (1997) sind der Ansicht, dass diese Kombination für die geologische Auswertung lithologischer und struktureller Eigenschaften in ariden Gebieten von größerer Bedeutung ist.

5.2.3 Die geomorphologische Auswertung der Satellitendaten

Für die Visualisierung und Abgrenzung der geomorphologischen Eigenschaften in dem Gebiet wurden mehrere Kanalkombinationen und Produkte verschiedener Fernerkundungsverfahren überprüft. Dabei wurde festgestellt, dass sich einige Kanalkombinationen und Produkte dafür als empfehlenswert bezeichnen lassen. Von sehr gutem Nutzen waren vor allem die Produkte der Ratioverfahren.

Das weit verbreitete geomorphologische Phänomen im Zentrum des Untersuchungsgebiets, bevorzugt in den abflusslosen Becken, sind die versalzten Flächen. Für die Abgrenzung dieser Erscheinung eignet sich eine RGB-Kombination der Ratiobilder 3/1, 5/7 und 3/5 besonders gut, da Salz und versalzte Flächen türkisgrün sowie Wasser dunkellila bis blau dargestellt werden. Bei der Anwendung von dem thermalen Kanal 6 des Landsat TM und den Kanälen 1 und 7 war sogar eine Trennung zwischen verschiedenen Graden der Versalzung möglich, z. B. in der Umgebung von dem Al-Jabboul werden die versalzten Oberflächen mit ansteigendem Salzgehalt gelb bis tiefrot abgebildet (Abb. 5-12).

Die Verbreitung von den Schwemmfächern zwischen den abflusslosen Becken und den Palmyra-Ketten erfordert die Suche nach einer Kombination, die eine gute Trennung zwischen den anstehenden Gesteinen und Lockersedimenten ermöglicht. Unter Berücksichtigung, dass dieses Areal wüstenähnlich ist, womit die Reflektion sehr hoch sein kann, wurde auch hier das Ratioverfahren verwendet. Dadurch konnte der Einfluss des Lichteffekts unterdrückt werden. Ein sehr gutes Resultat ist durch die RGB-Kombination der Ratiobilder 3/5, 3/1 und 5/7 oder 3/1, 5/7 und 3/5 gelungen. Dabei wurden auch die lithologischen Unterschiede in den einzelnen Formationen teilweise hervorgehoben. Durch diese Kombination konnten sogar die aktiven Schwemmhalden am Fuß der Palmyra-Ketten erkannt werden (Abb. 5-13).

Die Lavafelder lassen sich wie bei der geomorphometrischen Auswertung deutlich auf Satellitenbildern kennzeichnen. Es bietet sich hier meistens ein starker Kontrast zwischen den von dem Basalt abgedeckten Felder und ihrer Umgebung sowohl im Westen, wo der Basalt den Kalkstein abdeckt, als auch in den inneren Bereichen, wo der unter dem Basalt liegenden Mergel erodiert ist und lässt die Basaltdecken steil in Schichtstufenform ragen.

Doch innerhalb dieser Decken sind Verwitterungsprodukte in Mulden, Wannen oder sanft eingetieften Täler zusammengeschwemmt, und dehnen sich innerhalb der Lavafelder mit einem geringen Kontrast zu dem Basalt aus. Dieser Kontrastmangel wird durch eine dünnen Auflage von Böden und Verwitterungsprodukten verursacht. Deswegen wurden verschiedene Verfahren durchgeführt, um den Kontrast dieser Flächen bei der Kennzeichnung einzuschärfen (Abb. 5-14). Dadurch konnten Verwitterungsprodukte auf den Satellitenbildern charakterisiert werden. Nach ihrer Textur in den Satellitenbildern bestehen sie aus feinen Materialen. Diese wurde während der Geländearbeit in der Region bestätigt. Die Beobachtungen der Basaltfelder lassen feststellen, dass die Verwitterung bis heute nur recht unvollkommene Arbeit innerhalb der Lavadecken leisten konnte, und dass sie meistens öde steinübersäte Flächen *Pavement* bilden.

Die Kalksteinplateaus sind allgemein als nackte öde Landschaft zu bezeichnen. Trotz ihrer geringen Reliefenergie wurden die Verwitterungsprodukte hier abgespült. In diesen Bereichen ist die Verbreitung von fast allen Karst-Lösungsformen (Karren, Dolinen, Uvalas, Poljen, Höhlen, Karstschlote usw.), die nach ROTHER (1993) zum Mediterranen zählen, zu erwarten. Doch durch die Auswertung der vorhandenen Satellitenbilder lassen sich wegen der relativ kleinen Auflösung nur einige Karstformen erkennen. Die typische Karstoberflächenform „Doline“ ist nicht immer direkt aus Satellitenbilder festzustellen. Indirekt kann die Auswertung von den Klüften (Lineamenten) vor einer Geländearbeit verwendet werden, um in Bereichen mit strukturell bedingten Dolinen vorauszusetzen. Dieser Fall wurde auf dem Plateau von Missyaf aufgezeichnet. In der Vorort-Beobachtung konnten in einem Tal 14 linear verteilte Dolinen gezählt werden. Eine Doline war neu gebildet und hatte eine Größe von etwa 2*2 und eine Tiefe von 3m. Die Uvalas und die Poljen sind die Charakterformen des Karsts, die sich gut auf den Satellitenbildern von dem betrachteten Gebiet unterscheiden lassen. Sie sind überall in dem Gebiet mit mehreren Größenordnungen beobachtet worden. Insbesondere im Westen bilden die Poljen in der öden Karstlandschaft einen guten Kontrast aus, in denen ein bemerkbarer Ackerbau zu beobachten ist. Mit der Verwendung des thermalen Kanal TM6 konnten sogar die frischen Verkarstungsflächen unterschieden werden, wobei diese Flächen hellgelb dargestellt wurden.

Das Georelief im Vorland der Palmyra Ketten, die keine jungen tektonischen Erhebungen erfuhren, ist durch Schichtstufen belebt. Auf Satellitenbilder lassen sich diese Schichtstufen ermitteln. Die Anwendung von dem morphologischen Filter (z. B. *Sobel*) in dem fast vegetationsfreien Bereich lässt die Schichtkanten bzw. die geologischen Strukturen ausdrücklich dargestellt werden. Für die Kartierung solcher geomorphologischer Feinheiten (Schichtstufen und Schichtkämme) spielte der panchromatische Kanal (15m Auflösung) von Landsat ETM+ eine große Rolle. Durch die Bildfusion dieses Kanals mit den anderen Kanalkombinationen von Landsat konnten die Bildelemente von 30*30m auf 15m verkleinert werden, womit die Erkennbarkeit morphologischer Details besonders verbessert wurde (Abb. 5-27).

6 Morphostrukturelle Darstellung und Analyse

Der Begriff der Morphostruktur beinhaltet die gesetzmäßig bestehende Einheit von tektonischem Bau (die jungtektonischen oder tiefen Strukturen) und lithologischer Zusammensetzung der Erdkruste einerseits und Gestalt des Georeliefs, seinen Formen, andererseits (DEMEK et al., 1982). Infolgedessen müssen die Georeliefformen eines Untersuchungsgebiets in ihrem Zusammenhang zur tektonischen Gesamtstruktur des Gebietes studiert werden. Dabei sollte unterschieden werden zwischen s. z. aktiven und passiven Morphostrukturen. Bei der ersten Form (aktiv) handelt es sich um die Einheit jung tektonischer Strukturen und Dynamik mit dem zugleich endogen und exogen geformten Relief, welche sich am Rand des Untersuchungsgebiets im Bereich des DSFS befinden. Die zweite Form (passiv) repräsentiert die Einheit zwischen dem Relief und tektonisch-lithologischen Verhältnissen, die als Ergebnis älterer Prozesse der Erdkrustenprägung charakteristische Reliefformung in den inneren Bereichen des Untersuchungsgebiets veranlassen.

Die morphostrukturelle Analyse der Landformen beruht auf der Untersuchung der regelhaften Beziehungen, die zwischen dem Georelief und den jung tektonischen oder tiefen Strukturen bestehen. Dieser Analyse stehen die Fernerkundungsmethoden zur Verfügung, die schnelle und verhältnismäßig preiswerte Informationen geben können. Die Fernerkundungsaufnahmen können Kenntnisse über die Struktur und die geologisch-tektonische Geschichte eines großflächigen Gebietes wiedergeben (LIST et al., 1990; Akman & Tüfekçi, 2004). Ihre Auswertung kann mit den klassischen geologischen Geländeuntersuchungen ergänzt werden, um den Verlauf der Strukturen im Untergrund festzustellen. Das wichtigste Verfahren dabei ist die Analyse der morphologischen Merkmale insbesondere der Lineamente, die in vielen Studien zur Untersuchung der geologischen Strukturen und Tektonik verwendet wurden (HOBBS, 1912; FRISCH, 1997). Diese Anwendung ist zu einem grundlegenden Werkzeug in den tektonischen Analysen mittels der Luftbilder durch die stereoskopische Auswertung (Photogeologie) und anderen Fernerkundungsdaten geworden (SIEGAL & GILLESPIE, 1980; SALVI, 1995; DRURY, 2001).

Weiterhin wird die Analyse der topographischen Karten und die Verwendung graphischer und statistischer Verfahren benutzt, welche zurzeit durch Einsatz des digitalen Höhenmodells erleichtert wird. Diese führt zur Entwicklung der tektonischen digitalen Geomorphologie. Dieser Begriff entsteht durch die Integration von drei Bestandteilen: i. die Strukturgeologie, ii. die Geomorphologie und iii. die digitale Geländeanalyse (JORDAN et al., 2003 und JORDAN, 2003). Ein bedeutendes Ziel dieser Disziplin ist die Gewinnung der morphotektonischen Merkmale von digitalen Höhenmodellen.

Die Interpretation der Landformenmorphologie hinsichtlich der Strukturgeologie ist gut etabliert (PROST, 1994; BURBANK & ANDERSON, 2001; KELLER & PRINTER, 2002). Diese Arbeiten haben die Georeliefformen, die auf Verwerfungswirkungen basieren, diskutiert.

Diese Fragestellung hier beruht grundlegend auf der Erfassung der Richtung der linearen Elemente und ihrer Zuordnung zu der Tektonik. Neben der Darstellung der Auswertungsergebnisse soll in diesem Kapitel auch Bezug genommen werden auf den zusammenhängenden tektonischen Baustil.

6.1 Statistisch morphostrukturelle Analyse

Die morphostrukturelle Analyse erfuhr eine bedeutsame Entwicklung durch den Einsatz des digitalen Höhenmodells (SIMPSON & ANDERS, 1992; BYRD, 1994; COLLET et al., 2000) und der Fernerkundungsdaten oder durch die Kombinierung der beiden Daten (FLORINSKY, 1998; CHOROWICZ, 1999). ONORATI et al. (1992) untersuchte die regionale Tektonik in Italien durch die Berechnung der Hangneigung und Exposition. JORDAN et al. (2005) präsentiert eine Prozedur der digitalen tektonischen Geomorphologie, die auf das Extrahieren der morphotektonischen Strukturen zielt. Die geomorphometrischen Parameter vor allem die Exposition und Hangneigung sind meistens im Zusammenhang mit der räumlichen Variabilität der Morphotektonik bzw. der Tektonik und der Lithologie sehr kontrovers diskutierende Einflussgrößen. Somit können sie für die Beschreibung der Morphostrukturen aussagekräftig sein. Demgemäß wurde in dieser Studie die Exposition zuerst berechnet und analysiert, um sie im weiteren Verlauf mit der Hangneigung zu kombinieren.

Die Exposition (Gradient) bezeichnet die Lage eines Hanges in Bezug auf die Einfallsrichtung der Sonnenstrahlen. Die Expositionsrichtung kann zahlenmäßig angegeben werden als Richtung der Flächennormale in Grad, bezogen auf die Nordrichtung (in Alt-Grad 0° - 360°). Auf diese Weise repräsentieren der minimale und maximale Wert die gleiche Exposition (Zirkular-Verteilung). Das heißt, weit auseinander liegende Wertebereiche, wie beispielsweise 5° und 355°, liegen bezüglich ihrer Exposition sehr nahe beieinander. Die Zuordnung der Exposition erfolgte nach acht Expositionsklassen, die eine Breite von jeweils 45° aufweisen.

Im gesamten Untersuchungsgebiet ist eine leichte Dominanz der Exposition nach Nordwesten oder Südosten (26,98%) und nach Westen oder Osten (24.79%) zu verzeichnen (Abb. 6-1). Demgegenüber sind die Exposition nach Norden oder Süden mit 23.60 % am seltensten vertreten (Tab. 6-1). Mit Berücksichtigung der anderen Georeliefattribute und der geologischen und paläogeographischen Entwicklung des Untersuchungsgebiets kann die statistische Auswertung des o. d. Wertespektrums bei der Georeliefanalyse bedingt verwendet werden, um primäre Aussagen zu treffen. Das Auftreten von theoretisch möglichen Hängen in alle Richtungen kann (aus der strukturellen Ansicht) bestätigen, dass sich die im Kapitel (2.3) erwähnte Tektonik in dem Gebiet widerspiegelt. Folglich ist der hohe Prozentanteil der nach Westen exponierten Hänge, auf die Wirkung des jungen DSFS zurückzuführen.

Tab. 6-1: Expositionshäufigkeit

Exposition	**Anzahl der Pixel**	**Prozent (%)**	**Richtung**
N oder S	856659	23.60	E-W
NE oder SW	894033	24.63	NW-SE
E oder W	899755	24.79	N-S
NW oder SE	979136	26.98	NE-SW
Das gesamte Untersuchungsgebiet besitzt 3629583 Pixel.			

Durch Einsatz des Rasterrechners (*Raster Calculatur*) konnte jede Richtung mit den Hangneigungsrasterdaten überschnitten werden, wobei der Hangneigungswert über 1° kalkuliert wurde. Die Landoberfläche mit Hangneigung weniger als 1° wurde als flaches Land eingestuft. Die Ergebnisse wurden auch in ArcGIS mit den Funktionen *Boundary Clean* und *Majority* gefiltert, um die vereinzelten Pixel (nachbarlose Pixel) zu beseitigen (Abb. 6-2).

Der Vergleich zwischen den aus geologischen Karten digitalisierten Verwerfungen und den resultierten Rasterdaten zeigt, dass entlang der bekannten Verwerfungen eine Art von linearen Verteilungen der Pixel mit den gleichen Geländewerten zu beobachten ist. Diese lineare Verteilung ist auch in anderen Bereichen zu finden, welche als Indikator für lineare morphostrukturelle Merkmale verwendet werden kann, insbesondere mit der Kombination anderer Kriterien wie das geschummerte Reliefmodel.

Mit dieser Beobachtung und mit der Annahme, dass die Exposition für die Beschreibung der Morphostrukturen aussagekräftig sein könnte, kann festgestellt werden, dass die nach Nordost verlaufenden linearen Strukturen dominant sind (Tab. 6-1). Dieser statistische Zusammenhang zwischen der Tektonik und der Exposition wird auch durch die Analyse der Lineamente nachgeprüft.

6.2 Visuelle Ermittlung der linearen Merkmale

Die Auswertung der geomorphologischen Phänomene im Sinne der geologischen Strukturen ist gut von PROST (1994) und KELLER & PINTER (2002) beschrieben. In diesem Rahmen hat die visuelle Interpretation der Morphostrukturen anhand von Lineamenten mit der zunehmenden Verwendbarkeit der Fernerkundungsdaten an Popularität gewonnen. Dieser Einsatz verlangt eine klare Definition des Begriffs Lineamente. O'LEARY et al. (1976) diskutierten den Ursprung und die Verwendung der Begriffe linear, Lineation und Lineamente. Sie haben den Begriff Lineamente in einem wesentlichen geomorphologischen Sinn definiert, wobei ein Lineament als kartierbare lineare bis kurvilineare Eigenschaft einer Oberfläche definiert ist, deren Teile in einer geraden oder leicht gebogenen Beziehung zueinander stehen. Nach CLARK & WILSON (1994) sind gerade lineare Elemente auf der Erdoberfläche erkennbar, die geologische und/oder geomorphologische Phänomene widerspiegeln. Im Sinne der digitalen Modellierung ist ein Lineament eine ununterbrochene Reihe von Bildelementen (Pixel), die ähnliche Geländewerte haben (KOIKE et al., 1998). KRONBERG (1977) bezeichnet in der Luft- und Satellitenbildinterpretation die Schnittlinien mit der Erdoberfläche, die in Abhängigkeit vom Einfallen der Kluft- und Störungsflächen kurvilinear, unregelmäßig oder - bei steilstehenden Störungen - geradlinig verlaufen, ohne Genesebezug neutral als „Photolineationen". Nach PROST (1994) können Satellitenbildinterpretationen zur Erfassung bruchtektonischer Großstrukturen vollkommenere und bessere Daten liefern als Geländeuntersuchungen. In den geomorphometrischen Analysen können die linearen Phänomene ausschließlich eine geometrische Herkunft haben, womit sie eine Änderung in der Geländehöhe wie ein Tal, eine Kammlinie oder Neigungsbrechung darstellen.

In dem folgenden Kapitel werden zunächst die Kriterien wie die Topographie, Morphologie und Drainage durch den Einsatz des digitalen Höhenmodells verwendet, um die Lineamente festzustellen. Die Ergebnisse werden mit den Satellitenbildern kombiniert und überprüft, dabei werden auch die Kriterien der Photogeologie/Photo-Geomorphologie eingesetzt.

6.2.1 Ermittlung von Lineamenten durch Einsatz des DHM

Die Anwendung von digitalen Höhenmodellen hat sich durch zahlreiche Studien als eine gute Methode etabliert, um die linearen und/oder morphostrukturellen Georelief-formen und strukturelle Grenzen zu verfolgen bzw. zu kartieren sowie räumliche Verhältnisse der Strukturen aufzudecken und zu analysieren (z.B., MURPHY, 1993; WDOWINSKI & ZILBERMAN, 1997; GOLDSWORTHY & JACKSON, 2000; GANAS et al., 2001; VYSOTSKY et al., 2002 & JORDAN, 2003). Dabei wurde das geschummerte Reliefmodell (*shaded relief model*) allein oder kombiniert mit anderen geomorphometrischen Parametern wie Hangneigung, Krümmung, Fließlänge und anderen Aspekten des digitalen Höhenmodells verwendet. Das geschummerte Höhenmodell wurde für die Visualisierung der linearen morphologischen Merkmale in Glazialgebieten (LIDMAR-BERGSTRÖM et al., 1991) und entlang bekannter Verwerfungen erfolgreich eingesetzt (LEEDER & JACKSON, 1993; PIKE, 2000; GANAS et al., 2001; GANAS, 2002; OGUCHI et al., 2003). Das Nützlichste bei diesem Modell ist die eingängige Verwendung einer idealisierten Lichtquelle für die Diagnose der Morphologie, die die Betonung der strukturellen Elemente oder die Unterbrechung in der Topographie ermöglicht (PIKE, 1992). Dies geschieht in Abhängigkeit von der gewählten Sonnenhöhe und Richtung. Ein Nachteil dieses Modells liegt darin, dass einige lineare Merkmale bei einem bestimmten Beleuchtungsazimut wenig visualisierbar sind (*Azimuth-Biasing*). Das erfordert eine Änderung des Beleuchtungsazimuts, um die Visualisierung zu verbessern (LIDMAR-BERGSTRÖM et al., 1991). Auf der anderen Seite bezieht sich der Vorteil dieser Methode auf diese Funktion (ONORATI et al., 1992), wodurch eine Untersuchung der Strukturen mit einem benutzerspezifischen Azimut und bestimmter Sonnenhöhe möglich ist (SMITH & CLARK, 2005), d. h. die morphologischen Strukturen in einem Gebiet können von allen Himmelsrichtungen ausgewertet werden (Abb. 6-3).

Das betrachtete Gebiet ist durch ein einfaches Georelief charakterisiert, das im Zentrum sehr flach ist. Aus diesem Grund war eine vertikale Exaggeration (5*) notwendig, um die Identifikation der morphologischen Elemente zu verbessern. Unter Berücksichtigung, dass die geologischen Strukturen eine Tendenz nach NE-SW, NW-SE und N-S haben, wurden verschiedene Modelle mit einer Beleuchtung von SE, SW, NE und NW erstellt. Dabei war die Sonnenhöhe konstant mit einem Wert von 45°.

Bei der Auswertung der linearen Strukturen wurden zunächst die bereits auf geologischen Karten festgestellten Verwerfungen verfolgt. Danach wurden die anderen linearen morphologischen Elemente, die möglicherweise eine strukturelle Bedeutung haben, ermittelt (Abb. 6-4).

Das DHM wurde für die Extrahierung des Entwässerungsnetzes verwendet. Diese Methode hat gegenüber der Digitalisierung des Entwässerungsnetzes von den topographischen Karten für die regionale Analyse den Vorteil, dass es bei kombinierten Analysen mit dem DHM zu 100 % kompatibel ist, da es aus ihm generiert wird. Dadurch sind die linearen Morphostrukturen, die auf Basis der Analyse des Entwässerungsnetzes beruhen, viel einfacher zu interpretieren bzw. mit anderen Auswertungen genauer zu kombinieren.

6.2.2 Ermittlung von Lineamenten auf den Satellitenbildern

Der visuellen Kennzeichnung der Lineamente in Satellitenbildern stehen nach zahlreichen Studien verschiedene Kriterien, die sich auf die Bildeigenschaften oder auf die in den Bildern auffälligen morphologischen Merkmale beziehen, zur Verfügung. Zu den Ersten gehört die Bildfarbe, -beschaffenheit, -ton oder –muster. Zu den Zweiten zählen die eckigen Brüche in den Entwässerungsmustern, gerade Bachsegmente, lineare Klippen, Eskarpments etc. (LATTMAN & PARIZEK, 1964). Alle diese Eigenschaften wurden während der Auswertung berücksichtigt.

Für die Satellitenbildinterpretation standen mehrere Satellitenbilder zur Verfügung (Tab. 3-2). Die Bilder wurden in unterschiedlichen Zeiten mit unterschiedlicher Sonnenlage bzw. unterschiedlichen klimatischen Bedingungen aufgenommen. Diese hat bedeutende Vorteile, u. a. die mögliche Auswertung eines Bereichs bei unterschiedlichen Schattensituationen, wobei die potentielle Verbergung der morphologischen Strukturen unter Schatten minimiert werden kann. Hierbei waren die Funktionalitäten des ArcGIS Programms, mehrere Bilder verschiedener Szenen bzw. Kombinationen übereinander zu legen bzw. nacheinander aufzurufen, für die Analyse sehr produktiv.

Die Ermittlung der Lineamente und der linearen Strukturen in mehreren Bereichen des Gebiets war nicht einfach und zum Teil kompliziert. Dazu tragen zum einen die sehr schlechten Aufschlussverhältnisse bei, zum anderen die speziellen lithofaziellen Gegebenheiten des Gebietes. Es treten insbesondere die gleichen Typen von Vulkaniten und Sedimenten innerhalb der von der Kreide bis ins jüngste Tertiär reichenden Schichtfolge auf. Hinzu kommen häufige Verzahnungen oder Abdeckungen der vulkanischen und sedimentären Einheiten. Dadurch wird es oft sehr schwer, lithofazielle bzw. stratigraphische Leithorizonte zu fixieren und über größere Entfernungen zu verfolgen. Infolge dessen war bei dieser Arbeit wie in der photogeologischen Kartierung die Ermittlung der Lineamente auf den o. g. indirekten Kriterien angewiesen. Hierbei wurden mehrere Fernerkundungsverfahren verwendet, um die Interpretation zu erleichtern. Die Linear-Streckung (2%) wurde lokal eingesetzt. Das *Sobel* und *High-Pass* Filterverfahren stellt sich als sehr nützlich heraus, insbesondere nach der Bildfusion. Die Methode des Richtungsfilters wurde in mehrere Richtungen durchgeführt, wodurch die Lineamente in mehreren Teilen deutlich hervorgehoben worden konnten. In dem gleichen Maße war das PCA-Verfahren (*Principal Component Analysis*) sehr hilfreich (Abb. 6-5).

Neben den farbigen Satellitenbildern, die bei den geomorphologischen/lithologischen Auswertungen vorteilhaft waren, wurden bei der Auswertung von den Lineamenten auch Schwarz-Weiß-Aufnahmen verwendet. Die Gründe für diese Anwendung sind einerseits ein möglicher schärferer Kontrast und andererseits eine höhere Konzentration des Analysten, da Farben ablenken können.

In Bereichen mit einer Quartärabdeckung wurden als Lineamente die dunklen oder hellen Linien im Boden und die Ausrichtungen der Vegetation interpretiert. Diese Zonen lassen sich nach Ansicht von ROLAND (1973) erklären. Nach seiner Meinung sind die Klüfte und Störungen Schwächezonen, in denen die Verwitterung verstärkt ansetzen kann. Die starke Wirkung der Erosion durch fließendes Wasser in Kluftbereichen bildet Entwässerungssysteme unterschiedlicher Größe und Form. Längere Verläufe der Wadis können deshalb indirekt als Lineamente interpretiert werden. In Bezug darauf ließen die Satellitenbildbetrachtungen vermuten, dass sich zumindest die großen parallel bis subparallel oder rechtwinklig zueinander verlaufenden Wadis störungsorientiert gebildet haben.

Für die Auswertung der strukturell bedingten Wadis wurde auch das Ratioverfahren verwendet. Eine hervorragende Hervorhebung des Entwässerungsnetzes wurde durch die Ratio-Kombination 7/5, 5/4 und 3/1 erreicht (Abb. 6-6). Entscheidend hierfür war, dass der Einfluss der Lichteffekte unterdrückt werden konnte.

6.3 Richtungsverteilung der Lineamenten

Die ausgewerteten Lineamente sind im zweidimensionalen Koordinatesystem (XY) ohne Angaben der Richtung gespeichert. Die für die statistische Auswertung der Daten notwendigen Streichrichtungen wurden durch die Anwendung der Extension *Easy Calculate* in ArcGIS ermittelt. Diese Richtungsdaten wurden als Datei im Textformat exportiert und konnten so in dem Tektonik-Programm StereoNet weiterverarbeitet werden. Die Ergebnisse der Auswertungen sind in Form von bidirektionalen Rosendiagrammen dargestellt (Abb. 6-7). Durch diese Darstellung ergeben sich im Untersuchungsgebiet drei signifikante Tendenzen. Die dominierende Tendenz der Lineamente ist die ± NE-SW Richtung. Die Zweite ist ± NW-SE und die Dritte ± N-S gerichtet.

Zum Vergleich der auskartierten Lineamente mit den Literaturdaten ist es zu Beginn wichtig, die alte Hypothese der rhegmatischen Scherzone zu erklären. Diese Hypothese schlägt vor, dass die Kruste der Erde durch ein regelmäßiges System von orthogonalen Verschiebungsbrüchen, die aus globalen Druckbedingungen in der Erdgeschichte resultieren, zerbrochen wird. Diese Hypothese wurde von WOLFART (1967) für die Erklärung der orographisch-morphologischen Gestaltung der Oberfläche im Nordwesten Syriens verwendet. Seine Annahme beruht darauf, dass durch Untersuchung des Entwässerungsnetzes rhegmatische Kluftscharen ermittelt werden können, deren Kreuzungswinkel häufig etwas unter 90° liegt. Auf dieser Basis sei der Hauptteil des Gebiets zwischen dem Euphrat und Al-Ghab Graben im Bereich einer großen Zonale (Bekaa-Zonale), die südwestlich von Damaskus im spitzen Winkel von ca. 20° auf die südlichen Palmyra-Ketten trifft und sich über 430 km nach Nordosten erstreckt. Er vermutete, dass die Intensität der Bekaa-Zonale nach NE abnimmt. Dieser zur Folge konnten nach seiner Meinung im Vergitterungsbereich mit der Aleppo-Hebung südlich von Aleppo seichte Senken entstehen (Al-Jabboul, El-Matah und Al-Kharaitch). Diese Senken seien an rhegmatische Zonen gebunden, die im peripheren Bereich der Senken am gerichteten Verlauf einzelner Talzüge zu erkennen sind.

Zum Erklären der Verschiebungsdifferenz zwischen dem südlichen Teil des DSFS, der eine Verschiebung in Höhe von 105km zeigt, und dem nördlichen Teil, der nur eine Verschiebung in Höhe von 25km markiert, wurden mehrere Modelle vorgeschlagen. Der nördliche Teil liegt nördlich von der Abzweigung der Palmyra-Ketten. Diese Abzweigung befindet sich südwestlich von Damaskus. In Bezug darauf ist es noch eine Verschiebung in Höhe von ca. 80km innerhalb Syriens zu suchen. Ein Modell von WALLEY (1988) modifiziert von CHAIMOV et al. (1990) schlägt vor, dass eine Bewegung über 80km in Richtung NE-SW entlang eines links-lateralen verzweigten Abschiebungssystems stattfand.

In einer Studie über Paläospannung in dem Gebiet zwischen dem DSFS und dem Euphrat dokumentierten ZANCHI et al. (2002) in mehreren Teilen des Gebiets E-W Falten und N-S Klüfte in den Kreide-, Paläogen- und Torton-Schichten, die von normalen dip-slip-Störungen mit der Richtung NW-SE gekreuzt sind. In dem westlichen Bereich dokumentierten sie neben den N-S verlaufenden Toten-Meer-Verwerfungen in dem Torton-Kalkstein auch strike-slip-Störungen in Richtung NW-SE und NE-SW.

Auf diese Weise lässt der Vergleich zwischen den Ergebnissen dieser Arbeit und der Literatur eine ausdrückliche Übereinstimmung zwischen den beiden Daten feststellen. Diese drei Tendenzen der Lineamente stimmen mit der tektonischen Entwicklung des Gebiets überein. Die allergrößte Anzahl der Lineamente streicht NE±SW. Diese Orientierung entspricht dem Streichen der Hauptrichtung der Strukturen in den Palmyra-Ketten und Antilibanon bzw. Bekaa-Zonale. Ein anderer Vergleich zwischen der Karte der Lineamente und einer thematischen schematischen tektonischen Karte, die ober- und unterirdische Strukturen in dem Gebiet enthält, zeigt eine starke Verbindung zwischen den überdeckten tektonischen Strukturen und den morphologischen Eigenschaften auf.

7 Erstellung der hydrogeomorphologischen Datenbank

Die sorgfältige geomorphologische Kartierung eines Gebiets und seiner Elemente ist für vielfältige praktische Zwecke (die Planung, die Land- und Forstwirtschaft, die Bauprojektierung, die Erkundung bzw. die Erschließung der geologischen Ressourcen und die Kartographie) von größerer Bedeutung. Für bestimmte Zwecke ist es oft erforderlich, den Inhalt der geomorphologischen Karte durch weitere Informationen (Landnutzung, Böden, Lithologie etc.) zu ergänzen (DEMEK, 1976). Für die Untersuchung erneuerungsfähiger Naturressourcen, wie z. B. Grundwasser, stellt die räumliche geomorphologische Darstellung und Klassifikation ein hervorragendes Hilfsmittel zur Verfügung. Auf diese Weise wurde unter Einsatz der angewandten Geomorphologie die hydrologisch/ hydrogeologisch orientierte, geomorphologische Erkundung und Kartierung gut entwickelt (die Hydrogeomorphologie). Hierbei können die qualitativ und quantitativ erfassenden geomorphologischen Merkmale (wie Neigung, Exposition, Grundrisstyp der Reliefformen etc.) mit tektonisch-lithologischen Eigenschaften, Klima, Böden, Vegetation und Landnutzung integriert werden, um den Oberflächenabfluss, die Infiltration und die Grundwasserneubildung zu erforschen. Für diesen Ansatz wurde der Bereich zwischen den Palmyra-Ketten und den abflusslosen Becken ausgewählt. Dieser Entscheidung liegen verschiedene Faktoren, vor allem die Mannigfaltigkeit der geomorphologischen Phänomene, die unmittelbare positive und negative Effekte auf das Wasserverhalten haben, zugrunde. Mit dem Ziel, eine Datenbank zu erstellen, die den Studien der Oberflächen- und Grundwasserressourcen und der damit verbundenen Problemen dienen kann, wurden die gesamten Datenmaterialien nach der Aufbereitung und Optimierung in einer Datenbank gespeichert (Tab. 7-1).

Tab. 7-1: Inhalt der hydro-geomorphologischen Datenbank

Karten	Topographie (Wadis) - Geologie (Lithologie, Stratigraphie, Tektonik und Quartärablagerung) - Hydrogeologie (Grundwasserleiter)- Böden – Landnutzung.
Tabelle	Bohrungen und chemische Zusammensetzung des Grundwassers.
Darstellung	Eingescannte topographische und geologische Karten, Fotos, geologische Querprofile, Schematische Darstellung.
Bilder	Satellitenbilder (TM, ETM+, ASTER).

Als Beispiel für die Einsatzmöglichkeiten dieser hydrogeomorphologischen Datenbank wurde hier versucht, eine Aussage über das Grundwasserneubildungspotential zu ermitteln. Dies geschah durch die Kopplung verschiedener Themen mit Berücksichtigung ihrer Einflüsse auf Wasserinfiltration, -haltung und –verlust (Abb. 7-1).

Tab. 7-2: Sechs thematische Ebenen der Datenbank mit ihren Gewichten

Kriterien	Klassen	Gewicht
Böden	Siehe Tabelle (7-3)	
Landoberflächenformen	Wadibett	1
	arides Fluvial & Glacis	2
	Basalt-Verwitterung	3
	Horst	3
	altes Fluvial & Pediment	4
	Denudationsmerkmale	4
Gewässernetzdichte	0.00 – 0,39 km²	1
	0.39 – 0,77 km²	2
	0.77 – 1,16 km²	3
	1.16 – 1,54 km²	4
	1.54 – 1,93 km²	5
Lineamentdichte	0.00 – 0,31 km²	5
	0.31 – 0,62 km²	4
	0.62 – 0,93 km²	3
	0.93 – 1,24 km²	2
	1.24 – 1,55 km²	1
Lineament-Type	Siehe Tabelle (7-4)	
Lithologie	Alluvial - Proluvial	1
	massive Dolomite oder Kalkstein	2
	Konglomerate + Sandstein	2
	Basalt	3
	dolomitischer Tonkalkstein	3
	kreidiger Tonkalkstein	4
	laminierter Kalkstein	4
	Gips - Mergel	5
Land-Nutzung	bewässerte Felder	3
	Regenfelder	4
	natürliche Vegetation	5
Niederschlag	150 - 200mm	4
	200 - 250mm	3
	250 - 300mm	2
	300 - 400mm	1
Hangneigung	0° – 5°	1
	5° – 10°	2
	10° – 20°	3
	20° – 30°	4
	30° - 40°	5

Die thematischen Ebenen, die als Vektordaten (die Geomorphologie, Lineamenten und Entwässerungsnetz) gespeichert waren, wurden in Rasterdaten umgewandelt. Danach erhielten alle Kategorien jeder Ebene ihre Gewichte. Die unterschiedlichen Kategorien wurden entsprechend ihrem Wert in Bezug auf die anderen Kategorien in der gleichen thematischen Ebene gewichtet. Dadurch war die Kopplung auf der Basis der Rasterdaten möglich.

Die folgenden Gewichte wurden gemäß der verfügbaren Informationen zum Teil probabilistisch und zum anderen Teil deterministisch gesetzt: sehr gut (1), gut (2), mäßig (3), schlecht (4), sehr schlecht (5), so basiert z. B. die Gewichtung der thematischen Niederschlagsebene auf der klimatischen Unterteilung des ganzen Landes in vier Bereiche. Ebenso wurde die Ebene der Hangneigung auf eine einfache Weise durch die Untergliederung der vorhandenen Werte gewichtet (Tab. 7-2).

7.1 Ermittlung und Gewichtung der thematischen Ebenen

Die nächsten Schritte erörtern die Kriterien, die bei der Gewichtung der verschiedenen Ebenen verwendet wurden. Die Abbildung (7-2) zeigt die klassifizierten thematischen Karten, die ermittelt und anschließend integriert sind, um die Karte des Grundwasserneubildungspotentials zu ermitteln.

Bei der Gewichtung der Böden-, Landnutzung- und Lithologieebene wurden teilweise die Parameter, die in der Karte der Hydrogeologie und Zonensanierung (SELKHOZPROMEXPORT, 1982) festgelegt wurden, verwendet. Bei dieser Karte handelt es sich um die hydrographischen Becken von Aleppo, Orontes und Damaskus. Bei der Erstellung dieser Karte wurden die Becken in morphogenetische Einheiten unterteilt, und verschiedene Parameter (wie Durchlässigkeit, Grundwasserspiegelerhöhung nach der Bewässerung, und Mächtigkeit der Deckschichten) definiert. Diese Arbeit enthält allerdings keine direkten Informationen über das Grundwasserneubildungspotential. Im Hinblick auf das hier betrachtete Gebiet hat diese Arbeit nicht das ganze Gebiet abgedeckt (Abb. 7-3). Deswegen wurden die nicht abgedeckten Teilen durch den Vergleich mit anderen charakteristisch ähnlichen Teilen parametrisiert.

7.1.1 Thematische Ebene der Böden

Die Wasserhaltungskapazität eines Gebiets ist von dem Bodencharakter und seiner Permeabilität stets abhängig. Bei der Ermittlung der thematischen Ebene der Böden wurden die Bödentypen, Mächtigkeit der Böden- bzw. quartärer Ablagerung und die Krusten berücksichtigt.

Durch die Kombinierung der Satellitenbilder mit der Bodenkarte Syriens wurden die Bödentypen visuell gezeichnet und abgegrenzt. Die vorhandenen Böden sind Aridisols (Calciorthids und Gypsiorthids), Paleorthids, Torriorthents und Inceptisols. Der größte Teil des Bereichs wird von Aridisols (*Yellow Soils*) bedeckt, wobei Calciorthids und Gypsiorthids bei weiten vorherrschenden Bodentypen sind. Im nordöstlichen Teil begünstigt sowohl die geomorphologische Lage als auch das mit Salzen belastetes (>5g/l) Grundwasser die Gips- und Salzanreicherungen in dem Al-Kharaitch Sabkha. Dabei handelt es sich in der Regel chloridische und sulfatische Na-, Ca- und Mg-Salze. Das Calciorthids ist über den vorwiegenden mergligkreidigen Schichten des Paläogens verbreitet, und weist häufig an der Oberfläche oder in geringerer Tiefe harte Kalkkrusten auf. Die sich über Krusten befindenden Böden sind sehr steinig und kieselig. Die Verhältnisse hier sind günstig für den Ackerbau, daher wurden die Kalkkrusten entfernt und Bäume, wie z. B. Olivenbäume, gepflanzt. Weiter entfernt im Osten bildeten sich kompakte Kalkkrusten über pliozänen und quartären Schottern. In solchen Teilen sind sie nur von einem dünnen Schleier Feinmaterials überdeckt (Abb. 7-4).

Neben den Aridisols nehmen die Inceptisols den flächenmäßig größten Raum ein. In ihrem Profil bzw. auf der Oberfläche sind häufig Stein- und Kiespflaster zu finden. Sie haben auch oft unter der Oberfläche einen Kalkhorizont. Trotzdem sind sie im Allgemeinen produktive Böden. Auf den Palmyra-Ketten erscheinen die Paleorthids. Dies sind Böden mit einem oberflächennah anstehenden *petrocalcic* Horizont, der sich aus dem Kalkanreicherungshorizont eines früheren Bodens entwickelt hat. Bei der Ermittlung der thematischen Ebene der Böden wurde beachtet, dass die große Mächtigkeit der Böden und der Quartärablagerung negative Effekte auf die Grundwasserneubildung hat, weil das Wasser in dem Bodenprofil lange verweilen wird und von der Vegetation verwendet werden kann oder verdunstet (Abb. 7-5).

In den Bereichen, wo das Bodenprofil nicht mächtig (30 – 70 cm) ist, kann das Wasser den Kalkstein erreichen und durch Klüfte infiltrieren. Diese Tatsache wurde auch in dem Basaltgebiet berücksichtigt, weil das Bodenprofil dort sehr flach ist.

Tab. 7-3: Gewichtung der verwendeten Daten für Ermittlung der Bodenebene

Ebene	Kategorie	Gewicht	Ebene	Kategorie	Gewicht
Bodenart & Korngröße	Grobkorn-Paleorthids	3	Quartär-Mächtigkeit	0 m	1
	Mittelgrob-Paleorthids	4		0 – 0,5 m	2
	Grobkorn-Aridisols	2		0,5 – 2 m	3
	Mittelgrob-Inceptisols	1		2 – 5 m	4
	Feingrob-Inceptisols	2		> 5 m	5
Kruste	Kahlkruste	4	Kruste	ohne	2

7.1.1 Thematische Ebene der Landoberflächenformen

Die Geomorphologie hier hängt von den geologischen Strukturen und dem regionalen geologischen Bau ab und ist im Allgemeinen ein Resultat von Deformationen und den darauf folgenden Denudationen. Sie ist im Hinblick auf die Hydrogeomorphologie in drei Hauptformen zu unterteilen: die Wasserscheide, die Wasserkollektoren und das abflusslose Becken (Sabkha Al-Kharaitch). Die Wasserscheidebereiche werden durch die Hochländer dargestellt und in zwei Hauptgliederungen unterteilt: die Palmyra-Ketten und die Basalthochebene. Die Wasserkollektoren werden durch die topographischen Senken und die Entwässerungslinien gebildet. Die dritte hydrogeomorphologische Einheit ist die Ebene des abflusslosen Beckens, das hauptsächlich aus lakustrinen Ablagerungen besteht.

Für diesen Bereich wurden neben der Landsatdaten auch ASTER-Daten ausgewertet, um die geomorphologische Darstellung der ausgewählten Region detaillierter zu ermitteln (Siehe Anhang 4). Außerdem wurde dieser Schritt durch eine gründliche Feldarbeit mit der Verwendung von GPS Messungen (GPS 12 von GARMIN) unterstützt, um die Beschreibung bzw. die Analyse der Geomorphologie in Verbindung mit der Realität durchzuführen.

Einige geomorphologische Einheiten wie Flutebenen, Ablagerungen in Senken und verschüttete Materialien der Wasserläufe sind typischerweise gute Quellen für Grundwasserneubildung, während strukturelle Erhebungen und Pedimente schlechte

Zonen für Grundwasserneubildung sind. In diesem Sinne ist in dem genannten Bereich geomorphogenetisch zwischen fluviatilen Einheiten (Erosions- und Akkumulations-Einheiten) und strukturellen Einheiten zu unterscheiden.

Die Erosionseinheiten sind entweder lineare Formen (Wadis) oder flächenhafte Formen. Die Erosionsflächenformen sind die Pedimente (Fußflächen) oder Glacis. Bei dieser Definition wurde die eindeutige Unterscheidung zwischen den Felsflächen als Pedimente und den lockeren Verwitterungsmaterialien als Glacis verwendet (BESLER, 1992). Die Glacis bilden schotterbedeckte, flach geneigte Ebenen am Rand der Palmyra-Ketten. Sinngemäß werden die kleinen Schutthalden oder Schuttflächen, die am Ausgang der kleinen Wadis am Rand der topographischen Höhen sind, als Glacis bezeichnet bzw. kartiert. Die Glacis sind gelegentlich von Wadis (Fluviatile Erosion) eingeschnitten, wobei sie in einigen Teilen wie Glacisterrassen aussehen (Abb. 7-6).

Die Unterscheidung zwischen Glacis und Schwemmfächer basiert auf folgendem:

(i) auf Glacis ist die Abtragung größer als die Akkumulation, wodurch sich nur ein dünner Sedimentschleier ausbilden kann, und

(ii) auf Schwemmfächerflächen ist dagegen die Akkumulation größer als die Erosion.

Weiter entfernt von den Palmyra-Ketten gehen sowohl die Glacis als auch die Pedimente in breite Wadis und Schwemmfächer bzw. in das innere Becken von Al-Kharaitch über. Im Gegensatz zu den Pedimenten, die als schlechte Zone für die Wasserinfiltration einzustufen sind, stellen sich die Glacis hier als gute Zone dar. Der Grund ist, dass die letzteren das Regenwasser, insbesondere bei langsamen Regenereignissen, aufnehmen können und auf Grund ihrer Materialienzusammensetzung eine vertikale Infiltrierung erlauben.

Die Wadis in diesem Bereich, wie die anderen Wadis Syriens, sind im Altpleistozän (VAN LIERE, 1960/61) angelegt und zwar meistens entlang von linearen Strukturen (WOLFART, 1967). Dies hat sich bei der Auswertung von Lineamenten in Kapitel (6.5.2.2) bestätigen lassen. Mehrere Wadis sind in die alten Alluviallablagerungen eingeschnitten. Topographisch liegen sie ein paar Meter unter den umgebenden Ebenen. Einige dieser Wadis sind sehr klein und haben flache Seiten, wobei sie aus einem Abstand von mehr als einigen hundert Metern nicht erkennbar sind (Abb. 7-7). Andere Wadis sind kofferartig in ihrer Form und zeigen leichte Steigungen zu den vertikalen seitlichen Wänden. Die Länge der Wadis kann mehr als 10 Kilometer sein, doch die meisten sind kürzer als 5 Kilometer. Die Neigung der Oberfläche im Vorland der Palmyra-Ketten ist so schwach, dass ein schneller Oberflächenabfluss nicht anzunehmen ist. Im Bezug auf diese Eigenschaften ist das Infiltrationspotential von Oberflächenwasser entlang dieser Wadis sehr hoch (Tab. 7-2). Fast alle Wadis haben ein breites Sortiment an erodierten Materialien wie Lehm, schlecht sortierte Sedimente wie Sand und Kies. Diese Ablagerungen bilden schmale Auen (20m bis 50m), die durch eine oder mehrere verhältnismäßig flache Rinnen zergliedert werden kann. Die Auen können mitunter über 100m breit sein.

Die rezenten Akkumulationsformen befinden sich einerseits an den Steilhängen am Rand der Palmyra-Ketten und des Basalt-Plateaus und andererseits in den großen Wadibetten, insbesondere in deren Unterlauf. An dem Basalt-Plateau bestehen die Ablagerungen in den Wadis aus den Verwitterungsprodukten, die zum größten Teil wahrscheinlich unter feuchten Bedingungen gebildet wurden. Andere Akkumulationseinheiten wie Aufschüttungsfächer sind in diesem Bereich zusätzlich vorhanden, die zum Teil fossile, fluviale, verfestigte, konglomeratische Decken aufweisen. Diese Formen verhindern teilweise die Wasserinfiltration. Doch in einigen Teilen können sie durch die Zerschneidung der Wadis geomorphologisch zu den Rumpfflächen (Denudationsflächen) gezählt werden. Auf Grund dessen wurden die Ablagerungen der Wadibetten, aride fluviale Akkumulationen und alte fluviale Ablagerungen, als sehr gute Zonen für das Infiltrationspotential eingestuft (Tab. 7-2).

Der innere Teil des hier betrachteten Bereichs ist von den lakustrinen Ablagerungen eingenommen (Al-Kharaitch Sabkha). Im westlichen Teil stellen die Basaltlandoberflächen eine flache, schwach zertalte Tafel dar. Mit einer Mächtigkeit bis zu zehn Meter ragen sie mit dem vorgelagerten Mergel bis zu 300m über ihrem Umland auf. Die Wasserinfiltration hier ist angesichts der starken Verwitterung und der Zerklüftung als gemäßigt bis gut einzustufen.

Die strukturell gebundenen oder bedingten Oberflächenphänomene befinden sich in dem südöstlichen Teil der Region in Form von Hügeln oder Horsten. Die Horste sind an den verfalteten Kalksteintafeln gebunden. Mehrere mäßig angehobene Flächen im Vorland der Palmyra-Ketten lassen sich als Pediplain (Denudationsformen) mit sehr flachgründigen Verwitterungsprodukten und Reste proluvialer Ablagerung kennzeichnen.

7.1.2 Thematische Ebene der Gewässernetzdichte

Das Gewässernetz ist als Resultat der Wechselwirkungen zwischen den klimatischen, geologischen, hydrologischen und biologischen Faktoren darzustellen. Die Gewässernetzdichte zeigt die Balance zwischen der Erosion und der Festigkeit der Landoberfläche, wobei das Klima und die Lithologie eine wichtige Rolle spielen. Andererseits ist der Gewässernetztyp stark an die geologischen Strukturen gebunden, insbesondere an Störungen bzw. Klüften. Deswegen steht sie im engen Zusammenhang mit dem Auftreten und der Verteilung des Grundwassers. Eine niedrige Gewässernetzdichte deutet auf eine hohe Porosität bzw. mögliches Wasserinfiltrationspotential. Dieses begründet sich aus der Tatsache, dass die Drainagedichte ein empfindlicher Parameter ist. Dieser Parameter liefert in vielen Fällen eine Verbindung zwischen den Attributen des Einzugsgebiets und den möglicherweise stattfindenden Prozessen, die entlang der Flussläufe auftreten können. Die thematische Karte der Entwässerungsdichte wurde vorbereitet, um die Region in Bereiche mit Grundwasserneubildungspotentialen zu kategorisieren.

Die Berechnung der Dichte wurde auf Basis der Kern-Dichte durchgeführt. In dieser Funktion der Kern-Dichte wurde über jeder Linie eine glatt gebogene Oberfläche zusammengefasst. In einem einstellbaren Suchradiusabstand vermindern sich die Werte mit der Entfernung von der betrachteten Linie. Die Werte erreichen Null in einem Abstand gleich dem Radiuswert. Die Dichte an jeder Ausgangsrasterzelle wird durch das Addieren der Werte aller Kernoberflächen, die den Rasterzellenmittelpunkt umrunden, ermittelt (SILVERMAN, 1986).

7.1.3 Thematische Ebene der Lineamente

Die Lineamente in dem Gebiet sind von großer Bedeutung für die Erstellung der hydrogeomorphologischen Datenbank bzw. der Untersuchung der Grundwasserneubildung. Ihre Rolle wurde durch Anfertigung von zwei thematischen Ebenen dargelegt. Die Lineamente wurden in drei Typen gegliedert, weil nicht alle Lineamente die gleiche hydrogeologische Auswirkung haben:

1. Typ A: Lineamente stimmen mit den Verwerfungen der Geologie-Karte überein,
2. Typ B: Lineamente stimmen mit den tektonischen Settings überein und
3. Typ C: vermutete strukturelle Lineamente.

Für jede Klasse wurden Pufferzonen mit der Funktion der Mehrfachpuffer (*Multiple Ring Buffer*) in den Abständen 500m, 1500m und 2500m von den Lineamenten gebildet. In der Pufferfunktion generiert ArcGIS Pufferpolygone in einem spezifizierten Abstand oder mehrere Abstände um den betrachteten Feature. Eine Überlappung kann durch die Auflösungsfunktion beseitigt werden (Abb. 7-8). Mit Berücksichtigung des Abstands und des Typs wurden die Pufferpolygone eingestuft (Tab. 7-4). Dieses Prinzip wurde ohne Unterscheidung zwischen den Lineamenttypen von HANSMANN et al. (1992) in Verbindung mit der Brunnenergiebigkeit erfolgreich angewendet.

In einem anderen Layer wurden Lineamente nach der Häufung (Dichte) klassifiziert. Die Berechnung der Dichte erfolgte auch wie die Gewässernetzdichte auf der Basis der Kernberechnung für Liniendichte. Die Häufung von Lineamenten ist immer mit der Gewässernetzdichte zu kombinieren. Entscheidend ist hier, dass eine geringe Gewässernetzdichte und hohe Häufung von Lineamenten dort auftreten, wo eine höhere örtliche Durchlässigkeit vorgegeben ist. Demzufolge wird die Wasserbewegung (Infiltration, Strömung) erleichtert. Die beiden thematischen Ebenen wurden kombiniert und erneut klassifiziert, um eine einzige Ebene für die Lineamente zu ermitteln (Abb. 7-2).

Tab. 7-4: Gewichtung der Lineament-Pufferzonen

Art	Abstand (m)	Gewicht	Art	Abstand (m)	Gewicht
A	500	1	B	2500	4
A	1500	2	C	500	3
A	2500	3	C	1500	4
B	500	2	C	2500	5
B	1500	3	Ohne Daten		0

7.1.4 Thematische Ebene der Lithologie

Neben dem weit verbreiteten Basalt und merglig-kreidigen Kalkstein des Paläogen sind hier auch Kalksteine der Kreide und des oberen Miozän (Helvet) sowie Konglomerate des Neogen aufgeschlossen. Die hydraulische Leitfähigkeit des Basalts, sowohl die Horizontale als auch die Vertikale, ist mäßig bis gut, weil der Basalt stark verwittert und ein altes Relief (mehrere Wadis) bedeckt. Doch in den Teilen, wo die Kalkkrusten vorhanden sind, wurde die Wasserversickerung verhindert.

Die karbonathaltigen Gesteine zeigen außer dem Karbonatgehaltsunterschied mannigfache zusätzliche Eigenschaften wie Verkarstung, Klüftung und Mächtigkeit. Durch diese Beobachtungen und mittels der Klassifikation von Brahana et al. (1988) wurden die Gewichte der Lithologie gekennzeichnet (Abb. 7-9).

7.1.5 Thematische Ebene der Landnutzung und Landbedeckung

Auf Grund ihres Einflusses auf den Wasserabfluss, die Evaporation bzw. die Grundwassergewinnung ist die Untersuchung von Landnutzung und Landbedeckung in der Grundwasserforschung unerlässlich. Das betrachtete Gebiet liegt in der Übergangszone zwischen dem Steppenland und dem kultivierten Land Syriens. Zwei Vegetationstypen sind hier zu unterscheiden: das landwirtschaftlich genutzte Land (Bewässerungsfelder oder Regenfeldfluren), das in dem westlichen und nordwestlichen Bereich dominiert, sowie das von natürlicher Vegetation bedeckte Land. Inselhaft befinden sich im westlichen Bereich unbewässerte Baumhaine (Ölbäume oder Pistazien). Häufiger treten hier bewässerte Felder von Weizen, Baumwolle oder Kartoffeln auf. Nach Osten sind Regenfelder von Gerste und manchmal Weizen zu finden. Oft existiert eine Mischung dieser beiden Arten in Form von Getreideregenfeldern, die im Winter zusätzliche Bewässerung empfangen, wenn Grundwasser vorhanden ist. Sommerkulturen wie Baumwolle und Gemüse erfordern intensive Bewässerung. Für die Bewässerung wurde das Grundwasser aus dem produktiven, salzigen, tiefen Grundwasserleiter der Kreide gepumpt oder aus dem weniger produktiven, mit besserer Qualität charakterisierten, oberen Grundwasserleiter des Paläogen. Die Brunnen des oberen Grundwasserleiters bewässern relativ kleine Felder, da sie meistens für die Wasserversorgung genutzt werden. Das Grundwasser aus dem tiefen Grundwasserleiter wird für die Bewässerung größerer Felder im Vergleich zu den oberen Grundwasserleiterbrunnen verwendet. Bewässerungsmethoden sind Überschwemmung von angelegten kleinen Becken und Sprengerbewässerung. Eine systematische Bewässerung wird nicht durchgeführt. Der bewässerte Bereich wurde mittels der Satellitenbilder durch die Berechnung von dem NDVI (*Normalised Difference Vegetation Index*) klassifiziert. Dafür wurde die Satellitenaufnahme Landsat ETM+ vom 18.08.2000 verwendet. Die NDVI Rasterdaten wurden in zehn nicht überwachte Klassen (*unsupervised classification*) gegliedert. Die Berechnung des NDVI ergab dieselben Reflexionswerte sowohl im Bereich der Palmyra-Ketten als auch der bewässerten Felder. Dieses Problem wurde durch die Überschneidung der berechneten Rasterdaten (NDVI) und des digitalen Höhenmodells mit der Entwicklung einer neuen Klassifikation gelöst. Dabei wurden die Bereiche über 500m Höhe, wie die Felder der natürlichen Vegetation, mit dem Wert Null und die landwirtschaftlich genutzten Felder mit dem Wert Eins gekennzeichnet. Diese neue Ebene wurde mit den zehn Klassen überschnitten, wodurch eine weitere neue Ebene erzeugt wurde, welche in drei Klassen untergliedert wurde. Eine Klasse definiert die bewässerten Felder und wurde mit einem Gewicht von 3 gekennzeichnet. Eine andere Klasse legt die Regenfelder dar und wurde mit einem Gewicht von 4 gewertet. Die dritte Klasse bezeichnet das Land mit der natürlichen Vegetation und erhielt ein Gewicht von 5. Das Gewicht 3 wurde gegeben, weil die Felder mit Grundwasser aus dem tiefen Grundwasserleiter sowohl im Sommer als auch im Winter bewässert werden, wohingegen das Gewicht 4 Felder, die nur im Winter manchmal bewässert werden, aufzeigt. Diese Klassifikation wurde durch GPS Feldmessungen, die während der Feldarbeit, die am Ende des Sommer 2006 durchgeführt wurde, lokal nachgeprüft.

7.2 Zonen des Grundwasserneubildungspotentials

Die Gesamtgewichte der finalen integrierten Rasterdaten wurden als Summe der Ebenengewichte abgeleitet. Diese wurde schließlich in fünf Klassen reklassifiziert (Abb. 7-10). Diese Methode basiert auf dem DRASTIC Verfahren von ALLER ET AL. (1985), welches für die Feststellung der Grundwasserverunreinigungszonen und -vulnerabilität (*groundwater pollution and vulnerability*) entwickelt wurde. Auf diese Weise bietet dieser integrierte Ansatz gegenüber der Hydrogeologie- und Zonensanierungkarte (Abb. 7-3), die keine direkten Informationen über das Grundwasserneubildungspotential Informationen enthält, eine Klassifikation verschiedener Zonen für das Grundwasser-neubildungspotential. Eine dreidimensionale Darstellung wurde mittels ArcScene ausgearbeitet, wodurch die Beziehung zwischen der ermittelten Karte des Grundwasserneubildungspotenials und dem Untergrund klar dagelegt ist (Abb. 7-11). Die Gebiete mit dem höheren Potential für Grundwasserneubildung können in drei Bereichen untergeteilt werden. Der erste Bereich befindet sich am Rand der Palmyra-Ketten. Dabei handelt es sich um die Neubildung des tiefen Grundwasserleiters der Kreide. Der zweite Bereich liegt im Zentrum des Gebiets, und führt damit zur Speisen des oberen Grundwasserleiter in der Quartärablagerung. Der dritte Bereich ist auf dem Basalt-Plateau zu finden. Am Rand des Basalt-Plateaus lässt die Auswertung der Satellitenbilder und der Feldbeobachtung Grundwasservorkommen nach der Regenzeit erkennen.

7.3 Integration der Hydrochemiedaten

Die Integration der Hydrochemiedaten in der Datenbank hat zum Ziel, die Einflüsse der Landoberfläche bzw. der geomorphologischen Prozesse auf die chemische Zusammensetzung des Grundwassers zu analysieren. Entsprechend beschäftigt sich die Arbeit mit dem oberen Grundwasserleiter. Dazu wurde die Karte des oberen Grundwasserleiters vor der Geländearbeit digitalisiert (Abb. 7-14), um die Definition der Probenahmepositionen zu unterstützen.

7.3.1 Probenahme und Auswahl der Probenahmebereiche

Die Auswahl der Bereiche bzw. Positionen der Probenahme verlangt eine Gliederung des Zielgebiets in Teileinzugsgebiete. Eine Karte für die hydrologischen Teileinzugsgebiete wurde mittels ArcHydro erstellt und darauf folgend editiert. Die Editierung war unerlässlich, weil das Verhältnis der natürlichen Teileinzugsgebiete wegen der anthropogenen Aktivitäten (das Einrichten von kleinen Staudämmen oder Water Harvesting) geändert wurde. Die Editierung wurde durch die Kombination der erstellten thematischen Teileinzugsgebietskarte mit den Satellitenbildern durchgeführt. Für die Bestimmung der Positionen kleiner Staudämme wurden die zur Verfügung stehenden aktuellen ASTER Szenen vom 28.03.2005 und 18.10.2003 verwendet. Die vorhandenen Landsatbilder waren für dieses Ziel nicht geeignet, da einige Staudämme neu errichtet wurden (Abb. 7-13).

Unter Berücksichtigung aller Umstände, die durch die oben dargestellten Arbeitschritte nachzuvollziehen sind, wurden zwei Bereiche für die Grundwasserprobenahme definiert. Ein Bereich liegt direkt am Fuß der Palmyra-Ketten (Teileinzugsgebiet A). Hier sind die anthropogenen Aktivitäten sehr begrenzt. Der zweite Teil liegt im Westen und schließt ein Teileinzugsgebiet innerhalb des Basalts ein (Teileinzugsgebiet B).

Die Geländearbeit wurde am Ende der Sommerzeit und Anfang der Winterzeit 2006 vollzogen. Dabei wurden 36 Proben während des Sommers und vier Stichproben nach dem ersten Regenereignis genommen. Nach Angabe der Brunneninhaber wird das Grundwasser aus Kalkstein- oder kreidigen Kalksteinschichten des Paläogens gepumpt. Der Flurabstand der Brunnen variiert zwischen 40 und 70 Meter. Im Feld wurden die pH-Werte des Grundwassers gemessen. Alle Proben waren relativ homogen im pH-Wert (6,7 – 7,8). Für die Beobachtung des Salzgehalts wurde ebenfalls im Feld die elektrische Leitfähigkeit (EC) gemessen.

7.3.2 Klassifikation und Hydrochemie des Grundwassers

Die Leitfähigkeit eignet sich zwar als guter Parameter zu Abschätzung des Gesamtlösungsinhalts, jedoch ist eine Einzelstoffanalytik wesentlich aussagefähiger in Bezug auf die Typisierung von Wässern, sowie zur Erkennung von Prozessen. Daher wurden parallel zu den Leitfähigkeitsmessungen Proben (10 mL, keine Konservierung) entnommen und nach Göttingen in die Abteilung der angewandten Geologie zur Analytik gebracht. Die Proben wurden vor der Messung gefiltert (<0.45µm) und entsprechend dem linearen Arbeitsbereich verdünnt. An- und Kationen wurden parallel auf getrennten Ionenchromatographen analysiert. Für die Kationenbestimmung (Na+, K+, Mg2+, Ca2+) wurde ein isokratisches System (DIONEX DX-500) bei einer Temperatur von 42°C mit einer CS16 (3*250mm) Trennsäule und Vorsäule sowie 35 mM Methansulfonsäure mit einer Flussrate von 0,38ml/min als Eluent verwendet. Die Detektion erfolgte über Leitfähigkeitsdetektion in Kombination mit der Suppressortechnik. Die Proben wurden über einen Autosampler mittels Vollschleifeninjektion (Probenschleife 5µl) aufgegeben. Der kalibrierte lineare Arbeitsbereich lag für Natrium zwischen 50 - 120mg/l, für Kalium zwischen 1-3 mg/l und für Magnesium sowie Calcium zwischen 10 -100 mg/l. Die Proben wurden so verdünnt das die individuellen Konzentrationen innerhalb der Kalibration lagen.

Für die Anionenbestimmung (F-, Cl-, NO3-, SO42-) wurde ein isokratisches System (DIONEX DX-320) mit KOH Eluentengenerator bei einer Temperatur von 30°C mit einer AS11-HC (2*250mm) Trennsäule und Vorsäule sowie 23 mM KOH mit einer Flussrate von 0,38ml/min als Eluent verwendet. Die Detektion erfolgte über Leitfähigkeitsdetektion in Kombination mit der Suppressortechnik. Die Proben wurden über einen Autosampler mittels Vollschleifeninjektion (Probenschleife 5µl) aufgegeben. Der kalibrierte lineare Arbeitsbereich lag für Fluorid zwischen1-10 mg/l, für Chlorid, Sulfat sowie Nitrat zwischen 1 -150 mg/l. Die Proben wurden so verdünnt, dass die individuellen Konzentrationen innerhalb der Kalibration lagen. Die Konzentration von Hydrogenkarbonat (HCO_3^-) konnte im Feld nicht bestimmt werden und wurde als Differenz zur Kationenequivalenzsumme abgeschätzt. Damit sind alle gebildeten Ionenbilanzen ausgeglichen.

Die Angaben für den Gesamtlösungsinhalt TDS (*total dissolved solids*) ergeben sich als Summe der Einzelionen, bestimmt mittels Ionenchromatographie, und der über Differenzverfahren ermittelten Hydrogencarbonatkonzentration. Die Ergebnisse zeigen, dass mehr als 80% der Proben nach CARROLL (1962) als Frischgrundwasser einzustufen sind (Tab. 7-5). Allerdings liegen viele Werte an der Obergrenze indem sie den Gesamtlösungsinhalt von 900 mg/l (Tab. 7-6) überschreiten. Der TDS nimmt in Richtung Nordosten und Osten zu (Abb. 7-16). Dieses Ergebnis stimmt mit der Geomorphologie überein, weil die Salzflächen sich im Nordosten des Untersuchungsgebiets befinden.

Der TDS steht mit der elektrischen Leitfähigkeit (EC) in Beziehung, da die gelösten Feststoffe in der Flüssigkeit dem Salzgehalt entsprechen und diese die Leitfähigkeit im Wasser ausmachen. Die Darstellung für den TDS zu der elektrischen Leitfähigkeit vermittelt eine Vorstellung über den Salzgehalt. Diese Beziehung lässt sich durch die Näherungsgleichungen erkennen. Für Süßwasser gilt in etwa die Näherung: (TDS mg/L = 0,5 * EC in µS/cm) wobei die Konstante mit steigendem Salzgehalt auf bis zu 0,9 ansteigt.

Tab. 7-5: Allgemeine Klassifikation des Grundwassers (CARROLL, 1962)

Kategorie des Wassers	TDS (mg/L)
Frisch	0 - 1000
Brackig	1000 – 10000
salzig	10000 – 100000
Sehr Salzig	> 100000

Tab. 7-6: Gesamtlösungsinhalt TDS der analysierten Grundwasserproben

Probe	TDS mg/l	Probe	TDS mg/l	Probe	TDS mg/l	Probe	TDS mg/l
1	546.1	**10**	944.0	**19**	402.0	**28**	1429.4
2	796.5	**11**	925.2	**20**	359.7	**29**	790.2
3	647.0	**12**	925.4	**21**	436.3	**30**	798.4
4	656.2	**13**	1366.5	**22**	420.3	**31**	1390.1
5	787.7	**14**	4667.9	**23**	491.8	**32**	1028.2
6	4425.3	**15**	4261.7	**24**	492.3	**33**	520.7
7	643.3	**16**	1850.4	**25**	515.4	**34**	512.7
8	821.1	**17**	912.7	**26**	723.1	**35**	531.3
9	960.5	**18**	820.3	**27**	402.2	**36**	540.2

Zur übersichtlichen Klassifizierung der Grundwässer wurden deren Analysenergebnisse mittels AquaChem v.5.0 in einem Piperdiagramm dargestellt (Abb. 7-14). Danach lässt sich das Grundwasser in zwei Gruppen untergliedern:

1. Grundwasser mit niedrigem salzigem Gehalt vom Kalzium-Natrium-Magnesium Bikarbonat-Typ mit folgenden Ionenreihenfolge: $Ca^{2+} > Na^{+} > Mg^{2+} > K^{+}$ und $HCO_3^{-} > Cl^{-} > SO_4^{2-}$.
2. eher brackiges Grundwasser in folgenden Brunnen: 6 (Na- Ca^{2+}- SO_4^{2-}–Cl^{-}), 14 (Na- Mg^{2+}- Ca^{2+}-SO_4^{2-}–Cl^{-}), 15 (Ca^{2+}-Mg^{2+}-Na^{+}-SO_4^{2-}-Cl^{-}) und 16 (Ca^{2+}-Na^{+}-Mg^{2+}-Cl^{-}-SO_4^{2-}), die im Nordosten des Bereichs liegen.

In der Abbildung (7-14) ist die Karte der geographischen Positionen neben dem Piperdiagramm dargestellt. Die zwei genannten Gruppen wurden in den Farben rot und blau definiert. Eine dritte Gruppe, die in der s. z. Umwandlungszone zu gliedern ist, lässt sich auch erkennen. Die Tabelle (7-7) zeigt die Wassertypen aller betrachteten Brunnen des Paläogens sowie die Brunnen SP11, SP12 und SP13 der Kreide.

Die geographische Verteilung der ersten Gruppe stimmt mit der erstellten Karte des Grundwasserneubildungspotentials überein. Der Salzgehalt ist bei den möglichen Grundwasserneubildungszonen sehr gering und nimmt in Richtung der Ausflusszonen zu.

Tab. 7-7: Die Wassertypen der betrachteten Brunnen

Br.-Nr.	Wasser-Type	TDS mg/l	Na^+ mg/l	Ca^{2+} mg/l	Mg^{2+} mg/l	Cl^- mg/l	SO_4^{2-} mg/l	HCO_3 mg/l	NO_3 mg/l
SP11	**Ca-Mg-SO4**	2731	109.7	421.0	197.6	177.3	1612	207.4	6.2
SP12	**Ca-Mg-SO4**	2376	80.0	336.1	202.1	187.9	1354	213.5	2.0
SP13	**Ca-Mg-SO4-Cl**	2458	124.0	350.4	192.9	319.2	1282	189.1	0.5
1	**Ca-Na-Mg-Cl-HCO3-SO4**	546	62.8	70.6	18.7	82.0	76.5	135.8	63.5
2	**Ca-Na-Cl-SO4**	796	98.4	105.5	25.1	130.5	171.6	123.5	99.4
3	**Ca-Na-Mg-Cl-SO4-HCO3**	647	80.7	78.2	23.5	98.7	124.1	138.5	81.3
4	**Ca-Na-Mg-Cl-SO4-HCO3**	656	81.7	79.3	23.8	99.7	125.3	142.2	82.2
5	**Ca-Na-Mg-Cl-SO4**	788	94.0	105.0	27.8	157.2	124.0	134.5	94.8
6	**Na-Ca-SO4-Cl**	4425	670.2	549.3	149.3	994.4	1613	134.2	674
7	**Na-Ca-Mg-HCO3-Cl-SO4**	643	97.0	51.5	29.6	101.2	99.2	198.5	98.3
8	**Na-Mg-Ca-Cl-HCO3-SO4**	821	126.7	65.4	40.7	162.2	141.1	222.8	129
9	**Na-Mg-Ca-Cl-HCO3**	960	166.4	63.5	47.6	222.8	126.2	272.1	168
10	**Na-Mg-Ca-Cl-HCO3**	944	162.9	63.1	45.6	212.2	118.7	284.7	165
11	**Na-Mg-Ca-Cl-HCO3**	925	160.6	59.5	45.3	205.4	120.2	275.8	163
12	**Na-Mg-Ca-Cl-HCO3**	925	164.2	58.0	44.5	207.2	118.2	278.4	166
13	**Na-Mg-Ca-Cl-SO4-HCO3**	1367	227.5	96.8	72.3	301.0	273.0	289.4	229
14	**Na-Mg-Ca-SO4-Cl**	4668	674.6	443.3	273.3	1118	1658	255.8	683
15	**Ca-Mg-Na-SO4-Cl**	4262	470.7	505.2	261.3	913.5	1603	155.9	478
16	**Ca-Na-Mg-Cl-SO4**	1850	221.5	241.3	76.7	391.7	445.1	150.7	224
17	**Na-Ca-Mg-Cl-SO4-HCO3**	913	129.4	101.7	35.4	197.6	156.5	176.6	131
18	**Na-Ca-Mg-Cl-HCO3-SO4**	820	107.4	81.4	42.7	167.9	147.9	251.2	111
19	**Ca-Na-Mg-HCO3-Cl**	402	38.5	47.2	18.4	41.4	45.6	170.7	39.2
20	**Ca-Na-Mg-HCO3-Cl**	360	33.1	43.3	15.7	38.3	15.5	172.9	33.6
21	**Ca-Na-Mg-HCO3-Cl**	436	42.4	51.1	20.0	59.8	15.0	212.6	43.1
22	**Ca-Na-Mg-HCO3-Cl**	420	40.7	47.7	19.3	45.6	25.2	190.7	41.6
23	**Ca-Na-Mg-HCO3-Cl**	492	47.4	60.4	19.7	56.1	23.7	238.2	48.5
24	**Ca-Mg-Na-HCO3-Cl**	492	30.4	72.3	23.0	61.9	26.4	186.7	31.1
25	**Ca-Mg-Na-HCO3-Cl**	515	42.9	56.6	31.0	67.8	41.2	209.9	44.8

7.3.2.1 Hydrochemie des Teileinzugsgebiets A (Palmyra-Ketten)

Das Teileinzugsgebiet hat eine Größe von 286.14km². Die Lithologie der Oberfläche in diesem Teileinzugsgebiet ist unterschiedlich. Im Norden besteht die Region aus Mergel und kreidigen Kalkstein des Paläogens und im Süden aus dem massiven oder laminaren Kalkstein sowie Dolomit der Kreide. In der Mitte ist das Paläogen von den Konglomeraten des Neogens abgedeckt.

Das Grundwasser in dem höher gelegenen Bereich dieses Teileinzugsgebiets ist Frischwasser (Bikarbonat) mit der Ionenreihenfolge $Ca^{2+} > Na^{+} > Mg^{2+}$ sowie $HCO_3^{-} > Cl^{-} > SO_4^{2-}$. Nach Norden hin ändert sich die Hydrochemie deutlich und die Ionenreihenfolge ändert sich zu $Na^{+} > Ca^{2+}/ Mg^{2+} > Mg^{2+}/ Ca^{2+}$ sowie $Cl^{-} > SO_4^{2-}/HCO_3^{-} > HCO_3^{-}/ SO_4^{2-}$. Diese lässt sich wie folgt erklären: Die erste Gruppe befindet sich direkt am Rand der Palmyra-Ketten, wo die oberen Grundwasserleiter Quartär und Neogen sind. Diese beiden Grundwasserleiter liegen topographisch höher als das Paläogen. Das von der Oberfläche im Winter infiltrierte Wasser versickert in den Grundwasserleiter Quartär und Neogen und erreicht entlang der Klüfte den paläogenen Grundwasserleiter. Das Regenwasser fließt in den Wadis nach Norden in Richtung der zweiten Gruppe. Auf dem Weg löst das Wasser die Verwitterungsprodukte. Das Wasser infiltriert langsam und verursacht eine hohe Ionenkonzentration in dem Grundwasserleiter des Paläogens.

Im Brunnen 28 fällt ein sehr deutlich erhöhter Gesamtlösungsinhalt (TDS) auf (Abb. 7-15). Dieser lässt sich durch die Wasserinfiltration aus dem trocknen Wadi in unmittelbarer Umgebung erklären. Die Brunnen 29, 30, 31, 32 und 33 liegen in der gleichen topographischen Höhe und besitzen eine identische Tiefe. Dennoch hat der Brunnen 31 im Vergleich einen relativ hohen Gesamtlösungsinhalt. Da kein Wadi direkt neben den genannten Brunnen liegt, wurde versucht, die Situation im Hinblick auf eine mögliche Verbindung mit dem tiefen Grundwasserleiter zu erklären. Allerdings negiert der direkte Vergleich der Daten diese Annahme (Abb. 7-16), weil der Gesamtlösungsinhalt in dem Brunnen SP9 vergleichsweise geringer ausfällt. Diese Beobachtung bezieht sich mit großer Wahrscheinlichkeit, wie bei dem Brunnen 28 auf eine Infiltration aus einem nicht weit entfernten Wadi. Dieser Brunnen ist möglicherweise in einer Verkarstungszone angesiedelt, welche eine hydraulische Anbindung an das Wadi haben könnte. Darauf deutet zusätzlich der hohe Kalziumgehalt hin (rot markiert in der Abb. 7-16).

7.3.2.2 Hydrochemie des Teileinzugsgebiets B (Basaltregion)

Das Teileinzugsgebiet B hat eine Größe von ca. 1046 km². In dem westlichen Teil des Teileinzugsgebiets stellt sich die Hydrochemie sehr deutlich als Abbild der geomorphologischen Prozesse bzw. Einflüsse dar. In dem höher gelegenen Bereich ist die Ionenreihenfolge $Ca^{2+} > Na^{+} > Mg^{2+}$ oder $Ca^{2+} > Mg^{2+} > Na^{+}$. Diese relative Änderung lässt sich z.B. durch die Verwitterung von Basalt in Na-reiche Produkte erklären. Im Osten des Gebietes führt die Lösung von kreidigen Kalkstein des Paläogens zu einem erhöhten Mg^{2+}-Gehalt im Grundwasser. Nach Norden, wo das Ausflussgebiet von Sabkha Al-Kharaitch ist, nehmen die Cl^{-} und SO_4^{2-} Ionenkonzentration zu. Die Landoberfläche von dem Sabkha ist zu einem großen Prozentteil von Salzstein und Gips bedeckt. Deswegen ist die Ionenreihenfolge in mehreren Brunnen $Na^{+} > Ca^{2+} > Mg^{2+}$ und $Cl^{-} > SO_4^{2-} > HCO_3^{-}$. Darüber hinaus spielt auch die weit verbreitete Bewässerung aus dem sulfathaltigen tiefen Grundwasserleiter eine große Rolle. Diese Beobachtung lässt sich durch die relativ hohe Nitratkonzentration in den Brunnen 6 und 14 (Abb. 7-17) erklären.

7.3.3 Beobachtung der hydrochemischen Änderung im Winter

Die Hydrochemie des Regenwassers von 1990 (Tab. 7-8) aus den Wetterstationen Homs und Palmyra, die westlich und südöstlich des betrachteten Gebiets liegen, ergibt durchschnittlich pH-Werte in Höhe von 7,2 bei Homs und 7,4 bei Palmyra. Der Gesamtlösungsinhalt (TDS) im Februar 1990 war bei Homs 93 mg/L und bei Palmyra 115 mg/L (KATTAN, 1997). Der Chemismus des Regenwassers ist deutlich geprägt von Kalziumhydrogenkarbonat, welcher im Allgemeinen auf Grund des Karbonatstaubs in der Atmosphäre entsteht. Diese Ionenkonzentrationen sind verhältnismäßig vergleichbar mit dem Regenwasser der östlichen Mittelmeerregion (ROSENTHAL, 1987). Die relativ hohen Sulfatkonzentrationen in Homs begründen sich durch die industrielle Verunreinigung der Atmosphäre.

Die Feldarbeit fand, wie oben erwähnt, am Ende des Sommers und am Anfang des Winters statt. Allerdings hat sich die Regenzeit 2006 offensichtlich verspätet. Das Regenereignis zwei Tage vor Ende der Feldarbeit erlaubte dennoch die Entnahme von vier Stichproben aus dem Teileinzugsgebiet B. Die Darstellung der chemischen Zusammensetzung im Piperdiagramm (Abb. 7-18) zeigt eine relative Änderung in Richtung eines frischen Grundwassers des Bikarbonattyps (Tab. 7-9).

Tab. 7-8: Regenwassers-Ionenkonzentrationen in Homs & Palmyra (Kattan, 1997)

Station	Datum	pH	Ca^{2+}	Mg^{2+}	Na^{+}	K^{+}	HCO_3^-	SO_4^{2-}	Cl^-	NO_3^-	TDS
Homs	Jan 90	7.95	08	2.0	4.0	1.0	024	13	06	10	68
	Feb90	6.24	08	7.0	6.0	1.0	037	14	12	08	93
	Apr90	7.30	16	2.0	1.5	1.0	037	12	04	07	81
Palmyra	Feb 90	6.98	24	2.0	2.0	1.0	061	09	04	12	115
	Mar 90	7.42	44	5.0	2.5	1.0	110	25	08	10	206

Tab. 7-9: Chemischen Zusammensetzung der Brunnen vor und nach dem Regen

Nr.	Wasser Type	TDS mg/l	Na^{+} mg/l	Ca^{2+} mg/l	Mg^{2+} mg/l	Cl^- mg/l	$SO4^{2-}$ mg/l	$HCO3^-$ mg/l	NO_3^- mg/l
1	Ca-Na-Mg-Cl-HCO3- $SO4^{2-}$	546.2	62.8	70.7	18.7	82.0	76.5	135.8	96.6
1R	Ca-Na-HCO3-Cl	731.3	70.9	104.4	22.1	83.3	78.3	269.3	99.7
2	Ca-Na-Cl- $SO4^{2-}$	796.5	98.4	105.5	25.1	130.5	171.6	123.5	138.5
2R	Ca-Na-HCO3-Cl-SO4	996.2	109.4	141.2	28.9	138.3	179.1	250.6	145.3
5	Ca-Na-Mg-Cl-$SO4^{2-}$	787.7	94.0	105.0	27.8	157.2	124.0	134.5	142.2
5R	Ca-Na-Cl-HCO3	964.7	103.0	137.2	31.1	164.1	129.6	251.4	145.1

Die Schöllerdiagramme der Proben 1, 2 und 5 vor und nach dem Regenereignis zeigen eine Erhöhung der Bikarbonat- und Kalziumkonzentration (Abb. 7-19). Diese hängt höchstwahrscheinlich von zwei Faktoren ab. Der erste Faktor ist die direkte Infiltration des Regenwassers und der zweite Faktor ist die Strömung des alten Grundwassers aus den benachbarten Gebieten unter dem Druck des neu gebildeten Grundwassers.

8 Zusammenfassung

Im Rahmen der Arbeit wurden verschiedene geomorphologische Methoden kombiniert. Dabei wurde ein breites Spektrum verfügbarer Daten (Höhendaten, Satellitenbilder und Kartenmaterialien) sowie Geländedaten unter Anwendung bewährter Methoden und neu entwickelter Ansätze ausgewertet und ihre Einsatzmöglichkeiten in Bezug auf die angewandte Geomorphologie an Beispielen im Nordwesten Syriens untersucht. Dabei wurde eine umfangreiche Palette von Werkzeugen zur Visualisierung, Ableitung, Verwaltung, Analyse und Erweiterung raumbezogener Daten verwendet. Die Arbeit zielte darauf ab, einen Beitrag zum besseren Verständnis der geomorphologischen und hydrologischen/hydrogeologischen Gegebenheiten des Untersuchungsgebiets zu leisten. Ein weiterer Schwerpunkt im Bereich der angewandten Geomorphologie wurde auf die hydrologischen/hydrogeologischen Aspekte gelegt, da im Nordwesten Syriens das Wassermanagement ein Hauptfaktor für eine nachhaltige Entwicklung ist.

8.1 Die Resultate

Entsprechend der in Kapital 1.1 formulierten Zielsetzungen ist dieses Kapital thematisch dreigeteilt. In dem ersten Teil der Arbeit wurden durch Einsatz des digitalen Höhenmodells und durch GIS-gestützte Verfahren die geomorphologischen Einheiten in einem Areal von mehreren tausend km² klassifiziert. Auf Basis der gegenseitigen Beziehung zwischen zwei geomorphometrischen Größen (die absolute Höhe und die Hangneigung) konnte die regionale Klassifikation der morphologischen Einheiten ermittelt werden. Die Form dieser Einheiten konnte mit Hilfe von GIS-Funktionalitäten geomorphometrisch morphologisch vollständig beschrieben werden. Weiterhin wurden mehrere Satellitenbilder des Untersuchungsgebiets (Landsat & ASTER) ausgewertet, wodurch viele Aussagen über die Geomorphologie, vor allem über die oberflächlichen Sedimente bzw. Lithologie, erlangt werden konnten. Dabei wurden vielfältige Fernerkundungsverfahren eingesetzt, um möglichst viele geomorphologische/geologische Informationen aus den Satellitenbildern abzuleiten. Die Eignung bestimmter Bilder und Verfahren für die geomorphologischen Untersuchungen in dem betrachteten Gebiet konnte dadurch überprüft werden. Die Verfahren der Falschfarbendarstellung, der Ratio-Bildung und der Hauptkomponentenanalyse (PCA) eigneten sich um die lithologischen geomorphologischen Einheiten gut zu erfassen. Einige Verfahren, wie die Kantenstärkung, haben sowohl bei der Auswertung der einzelnen Bänder als auch bei der Falschfarbendarstellung sowie bei der Kartierung der Lineamente gute Ergebnisse erzielt.

Da das Ziel des ersten Teils nicht die detaillierte Kartierung der Landoberfläche des ganzen Areals, sondern eine geomorphologische Regionalisierung ist, wurde vielmehr die Nutzbarkeit der verschiedenen Daten für die geomorphologische Regionalisierung mittels der Fernerkundungs- und GIS-Verfahren untersucht. Daher war die Bearbeitung sowohl der Höhendaten als auch der Satellitenbilder auf die visuelle und numerische regionale Darstellung ausgerichtet, wodurch ein realitätsnaher geomorphologischer Status dargestellt wurde.

Es wurde gezeigt,

- wie Geographische Informationssysteme (GIS) schnelle, präzise und reproduzierbare Berechnungen der geomorphometrischen Parameter aus digitalen Höhenmodellen (DHM) erlauben.
- wie das gut vorbereitete, optimierte digitale Höhenmodell (SRTM) mit Hilfe von GIS-Funktionalitäten sowohl die qualitative als auch die quantitative geomorphologische Georeliefbeschreibung eines Gebiets liefern kann.
- wie das digitale Höhenmodell bzw. die Überlagerung der Satellitenbilder über das DHM als wertvolles Hilfsmittel am Rechner eingesetzt werden kann, um komplexe als auch einfache geomorphologische/geologische Flächen und Strukturen zu visualisieren, wohingegen solche Visualisierungen bei stereoskopischen Beobachtungen zeitlich viel aufwendiger sind.
- und schließlich wie das digitale Höhenmodell von SRTM durch seine regionale Abdeckung, die Extraktion hydrologischer Merkmale (Entwässerungsnetz, Wasserscheide bzw. Einzugsgebiete) ermöglicht, die für die Untersuchung des Verhältnisses zwischen Geomorphologie und Geologie in einem ausgedehnten Gebiet von entscheidender Bedeutung sind.

Im zweiten Teil der Arbeit wurde eine morphostrukturelle Analyse durch Einsatz des digitalen Höhenmodells und der Satellitenbilder durchgeführt. Die Analyse erfolgte durch die analoge und digitale Ermittlung der geomorphologischen und morphostrukturellen Merkmale. Mit der Anwendung von GIS–Funktionalitäten wurde zuerst die gegenseitige Beziehung zwischen zwei geomorphometrischen Größen, nämlich der Hangneigung und der Exposition, in Verbindung mit den Richtungen der

Morphostrukturen diskutiert. Im darauf folgenden Schritt wurden die linearen Morphostrukturen auf Basis des geschummerten Reliefmodells und der Satellitenbilder interpretiert. Für die Auswertung der linearen Morphostrukturen auf Basis des geschummerten Reliefmodells wurde das digitale Höhenmodell von SRTM zusätzlich verwendet. Hierbei waren für die Festlegung der Beleuchtungsazimute die Vorkenntnisse der dominierenden Richtungen der Morphostrukturen von großer Bedeutung. Ebenfalls spielten die Funktionen der vertikalen Erhöhung und der möglichen Änderung der Azimut- sowie Sonnenhöhen-Werte eine große Rolle. Die GIS-Funktionalitäten waren nicht nur bei der Aufbereitung und der Auswertung der Daten außerordentlich nützlich, sondern auch bei der Überprüfung der Ergebnisse. Von großem Vorteil ist besonders die Möglichkeit, vorhandene und erzeugte Daten zu überlagern. Durch die Überlagerung konnte gezeigt werden, dass einige verborgene Großstrukturen im betrachteten Gebiet, wie die Störungen im Vorland der Palmyra-Ketten, durch klare geomorphologische Ausprägungen (Umbiegung oder Verschiebung von Wadis) auf Satellitenbildern erkennbar sind.

Im letzten Teil der Arbeit wurden die geomorphologischen Informationen bzw. Aussagen, die im Lauf der Arbeit gewonnen wurden, zweckgerichtet integriert. Allgemein wurde hier der praktische Ansatz der Geomorphologie behandelt. Dieser Ansatz der geomorphologischen Informationen wurde durch die Integration von mehreren Landschaftselementen in einem thematisch-sachlichen Kontext am Beispiel des südöstlichen Bereichs des Untersuchungsgebiets durchgeführt. Kern dieses Arbeitsschritts war eine mehrfach-gestufte Kennzeichnung Raster-basierter Analyse. Durch die Nutzung der GIS-Funktionen konnten numerische Abfragen nach hydrogeomorphologischen Gesichtspunkten entwickelt werden. In diesem Zusammenhang konnten die geoökologischen Funktionen des Georeliefs mit anderen abschätzbaren Randbedingungen des geoökologischen Systems, die den Zustand des Grund- und Oberflächen-Wassers im Untersuchungsgebiet mehr oder weniger stark beeinflussen, zum Einsatz gebracht werden. In diesem Sinne konnte eine detaillierte Kennzeichnung der Geomorphologie durch die zusätzlichen Informationsquellen (Satellitenbilder von ASTER und Feldarbeit mit GPS-Messungen) erreicht werden. Die Beschreibung der geomorphologischen Einheiten konnte dadurch verfeinert und die Grenzen zwischen ihnen konnten genau definiert werden. Die Verwendung von GPS-Messungen war sehr wichtig für die Verknüpfung der vorhandenen Daten im ArcGIS mit den aus Feldarbeit gewonnen Daten sowie für die Nachbearbeitung.

Bei der hydrogeomorphologischen Bewertung wurden mehrere geomorphologische Aspekte (geomorphologischen Einheiten, Hangneigung, Entwässerungsnetzdichte und Lineamente) betrachtet, welche die besondere Rolle der Geomorphologie im betrachteten Gebiet hervorheben.

Das Resultat war eine hydrogeomorphologische Darstellung, die Potentialzonen für die Grundwasserneubildung enthält. Im Laufe dieses Arbeitsschritts hat sich die Kombination der Fernerkundungsdaten mit dem digitalen Höhenmodell als sehr nützlich erwiesen. Eine weitergehende Einzugsgebietsuntersuchung war erst durch die Einbeziehung von aktuellen Satellitendaten möglich, um die Umrisse der unter anthropogenen Aktivitäten umgewandelten Teileinzugsgebiete zu ermitteln. Dadurch konnten zwei kleine Teileinzugsgebiete definiert werden, die Bereiche mit diversen geomorphologischen Merkmalen und verschiedenen Potentialen für Grundwasserneubildung umfassen. Dies war sehr wichtig für die Planung der nachfolgenden Geländearbeit.

Das Ergebnis der Potentialzonen für die Grundwasserneubildung konnte mittels der chemischen Analyse des Grundwassers aus den beiden ausgewählten Teileinzugsgebieten bewertet und die Wechselwirkung zwischen den chemischen Materialeigenschaften der Landoberfläche und dem Grundwasser beobachtet werden. Bei der Betrachtung der chemischen Analyse wurde festgestellt, dass der synthetischen Karte ergänzend zu den vorhandenen hydrogeologischen Karten eine erhebliche Bedeutung für den Informationsgewinn zukommt. Auf diese Weise wurden die physikalischen und chemischen Eigenschaften der Verwitterungsausgangsmaterialen, die sehr stark in das Interessenfeld der Geomorphologie rückten, ausgedrückt. Hierbei zeigte sich der Einfluss der Verwitterung der verschiedenen lithologischen Einheiten (Basalt, Kreide bzw. Kalkstein etc.) und der Produkte der geomorphologischen Prozesse (Versalzung).

Zusammenfassend hat diese Studie zur Entwicklung einer umfassenden Datenbank geführt, welche geomorphologische/geologische und geoökologische Faktoren integriert. Mithin wurde die Tauglichkeit von GIS-Verfahren für die hydrogeomorphologische Problemstellung untersucht.

8.2 Diskussion

Die geomorphologische Klassifikation der Haupteinheiten verfeinerte sich mit der Entwicklung der EDV. In Anlehnung an die Einteilung in physiographische Einheiten von FENNEMAN (1931) erfolgten mehrere wissenschaftliche Arbeiten wie die Arbeiten von MILIARESIS & ARGIALAS (1999) und MILIARESIS (2001). Solche Arbeiten beschäftigten sich mit Georeliefklassifikation auf einem sehr klein Maßstab in Regionen mit deutlich gebirgigem Charakter (z. B. Zagros in Iran). In der vorliegenden Arbeit war die Entwicklung einer eigenen Klassifikation erforderlich, da die meisten Teile des Untersuchungsgebiets flach sind. Dabei wurden die Bearbeitungsmöglichkeiten der geomorphometrischen Kriterien in ArcGIS, wie Verschneidung, Klassifikation, Kalkulation, Filterung und Konvertierung von Rasterdaten zu Vektordaten und umgekehrt, verwendet. Gegenüber anderen Arbeiten, die sich mit Georeliefklassifikation beschäftigen, hat diese Arbeit eine neue Ausrichtung der geomorphologischen Darstellung (FLORINSKY, 1998), nämlich die Kombination der digitalen Höhendaten mit Satellitenbildern in GIS, verfolgt. Hinzu kamen auch die Informationen aus Kartenmaterialien. Ansonsten konnte die Darstellung und Beschreibung der Geomorphologie auf Basis des digitalen Höhenmodells allein nicht alle wesentlichen Informationen für eine geomorphologische Detailanalyse liefern.

Bei der Auswertung der Satellitenbilder wurden Verfahren der Ratio-Bildung und der Hauptkomponentenanalyse (PCA) stärker eingesetzt, weil Sie gegenüber anderen Verfahren der Fernerkundung die Möglichkeit bieten, die geomorphologischen Erscheinungen stärker zu visualisieren und auswerten zu können. Das Prinzip der Hauptkomponentenanalyse (PCA) erzielt, sowohl durch die RGB-Kombination der produzierten PC-Bänder als auch durch die Rücktransformation der Bänder, gute Ergebnisse.

Der flache Charakter des Georeliefs war der bestimmende Faktor dafür, dass bei der Auswertung der linearen Morphostrukturen das digitale Höhenmodell (SRTM) gewählt wurde, obwohl die Erstellung eines Höhenmodells aus den vorhandenen topographischen Karten möglich war. Der Grund ist, dass bei Erstellung eines Höhenmodells aus den topographischen Karten mehrere Höheninformationen verloren gehen können, nämlich bei der Interpolation der weit voneinander entfernten Höhenlinien in den flachen Bereichen. Hingegen wurde bei dem digitalen Höhenmodell von SRTM die Höhe für jede Zelle erzeugt. In diesem Fall ist die Gefahr, die tektonischen Strukturen mit kleinen morphologischen Merkmalen zu verlieren, viel geringer als im Fall der topographischen Daten. Deshalb ist das Höhenmodell von SRTM im Vergleich zu den Modellen, die aus den topographischen Karten erzeugt werden, viel besser für die Auswertung der linearen Morphostrukturen geeignet. Darüber hinaus hat die Kombination zwischen zwei Informationsquellen (SRTM und Satellitenbilder) zur Folge, dass die Genauigkeit der geographischen Lage der ausgewerteten Lineamente und die Wahrscheinlichkeit, dass die Lineamente in der Tat einen geomorphologischen/geologischen Ursprung haben, erhöht werden. Beispielsweise hat die Verfolgung der Lineamente auf geschummerten Reliefmodellen der SRTM (ein Pixel ist 90m) in Bezug auf die geographische Position einen Mangel wegen der seitlichen Verschiebung gemäß der Beleuchtung. Obwohl die Verschiebung einiger Pixel (ein Pixel ist hier 90m) im regionalen Maßstab nur wenig Einfluss hatte, war der Vergleich der Lineamente mit den Satellitenbildern (ein Pixel entspricht hier 30m) sehr hilfreich. Andererseits hat die Anwendung von Satellitenbildern allein Nachteile, da einige Phänomene wie Wege und Landnutzung in den Satellitenbildern manchmal als Lineamente (künstliche Lineamente) ausgewertet werden können, welche in dem digitalen Höhenmodell nicht auftreten.

In der vorliegenden Arbeit wurden im Vergleich zu anderen Arbeiten Vorortuntersuchungen mittel GPS Messungen durchgeführt. Dadurch wurde festgestellt, dass in vielen Bereichen der ausgewerteten Lineamente geklüftete und/oder verkarstete Gesteine vorhanden sind. Diese Beobachtungen und die gute Übereinstimmung der als Richtungsrose dargestellten Richtung der linearen Morphostrukturen mit den Literaturbefunden lassen vermuten, dass derartig ausgewertete lineare Morphostrukturen oberflächliche oder unterirdische geologische Strukturen wiedergeben. Folglich konnte angenommen werden, dass die morphologischen Lineamente (Kanten, Hänge, Wadis und Schichtstufen) in dem betrachteten Gebiet stark an tektonische Strukturen gebunden sind. Der Einsatz von GPS-Messungen in dieser Arbeit hat auch andere Vorteile im Vergleich zu den traditionellen Feldarbeitmethoden. Durch die Vorortaufnahmen bietet jeder gemessene Punkt eine direkte Anbindung zur Realität, was Ergebnisse mit besserer Genauigkeit und Ausführlichkeit erbracht hat. Während viele wissenschaftliche Arbeiten sich nur wie im ersten Teil dieser Arbeit mit dem Georeliefzustand (geomorphographischer/geomorphometrischer Ansatz), oder wie im zweiten Teil nur mit der morphostrukturellen Analyse, beschäftigt haben, hat diese Arbeit einen praktischen Ansatz entwickelt. Dabei wurde die Geomorphologie als ein komplexes System mit einer Vielzahl von Wechselwirkungen zwischen endogenen und exogenen Prozessen berücksichtigt. Hierbei wurden die geoökologischen Georelieffunktionen verwendet, um die hydrologischen/hydrogeologischen Fragestellungen zu lösen.

8.3 Ausblicke

Über den Rahmen dieser Arbeit hinaus legen die hier angewandten Methoden und vorliegenden Ergebnisse eine Reihe weiterführender Untersuchungen nahe. Vor allem durch Einbindung neuer Fernerkundungsdaten mit höherer geometrischer Auflösung und höherer oder anderer Spektraleigenschaften (Radardaten) ist weitere Information zu gewinnen. Die Einbeziehung weiterer multitemporaler Satellitenbildern in die erstellte Datenbank ermöglicht bessere Beobachtung bzw. Analyse der feuchten Bereiche. Die Radardaten sind weiterhin von hohem Informationsgehalt. Sie können, einerseits die Untersuchung der Bodenfeuchte ermöglichen, und andererseits der Erkundung der geologischen Strukturen, sowohl die aufgeschlossenen Strukturen als auch die unter den lockeren Materialien begrabenen, dienen. Diese Daten können mit anderen Daten dieser Studie gekoppelt werden, wodurch die geomorphologische morphostrukturelle Auswertung und Analyse erweitert und verifiziert werden kann. Weiterhin kann die durchgeführte morphostrukturelle Analyse als Basis für die Planung geophysikalischer Messungen dienen. Die Einbeziehung solcher Daten (geophysikalischer Daten) in ArcGIS ist prinzipiell möglich und empfehlenswert, wenn eine verifizierte strukturelle Identifikation das Ziel ist.

Bezüglich der Erstellung einer hydrogeomorphologischen Datenbank kann eine weitere Ergänzung bzw. Vertiefung durch die Kennzeichnung der Feuchtbereiche geschaffen werden. Das erfordert die Anwendung von digitalen Höhendaten mit höherer Auflösung. Dadurch können die topographischen Senken in dem Gebiet extrahiert werden, welche als mögliche natürliche Wassersammler dienen bzw. feuchte Bereiche abbilden können. Selbstverständlich kann eine absolute Kennzeichnung der Feuchtbereiche aus den digitalen Höhenmodellen allein nicht ermittelt werden. Diesbezüglich bieten multitemporale Satellitenbilder oder Radardaten eine gute Ergänzung.

Auf Grund dessen, dass dieses Gebiet hydrologisch nicht instrumentiert ist (keine hydrologische Messungen des Oberflächenwasserabflusses), bietet die Analyse der Beziehung zwischen der Geomorphologie und der Hydrochemie viele Möglichkeiten für das Wassermanagement und –monitoring. Die chemischen Analysen sind nützlich für die Identifizierung der Grundwasserneubildung und können ausgeweitert werden, indem weitere ereignisorientierte Grundwasserproben genommen werden. Weiterhin kann diese Darstellung für das ganze Untersuchungsgebiet verallgemeinert werden. Folglich kann die erfolgreiche Einführung und Anwendung der hydrogeomorphologischen Datenbank die Bildung einer Informationsinfrastruktur ermöglichen, wobei weitere Daten (z. B. hydrologische Messungen bzw. Beobachtungen, Bewässerungsverbrauch, geophysikalische Messdaten), die einen entscheidenden Beitrag für die Entwicklung Syriens leisten können, einzubeziehen sind.

Im Südosten des Untersuchungsgebiets kann die Existenz der tektonisch bedingten linearen Wadis eine sehr gute Bedingung für Grundwassergewinnung sein. In den Bereichen solcher Wadis sollten Methoden des *Water Harvesting* angebracht werden, um die Verdunstungsverluste zu verringern. In den inneren Bereichen des betrachteten Gebiets ist, zum einen die Wasserinfiltration sehr gering, und zum anderen das infiltrierte Wasser zur Versalzung des Grundwassers führt.

Im Norden, wo große Teile der Bevölkerung Syriens leben und eine verbreitete Landnutzung stattfindet, sollte diese Darstellung durch verstärkte Berücksichtigung der anthropogenen Einflüsse auf die Hydrochemie des Oberflächenwassers, der Böden und des Grundwassers erfolgen.

Die Beobachtungen dieser Arbeit bezüglich der Interaktion zwischen der Geomorphologie und dem Grundwasser zeigen, dass die Beseitigung der Kalkkrusten bzw. der Anbau von Olivenbäumen eine sehr empfehlenswerte Idee ist, welche von den Planern und der Regierung unterstützt werden sollte.

Die Schilderung dieses Vorhabens zeigt, wie das explosive Wachstum der rechnergestützten Kapazitäten neue Ansätze der Geomorphologie entstehen lässt, und wie das geographische Informationssystem (GIS) Disziplinen der Geomorphologie, der Hydrologie, der Geologie, der Pedologie und der Fernerkundung sehr eng verbunden hat. Die fortschreitende Entwicklung der Möglichkeiten der Integration der vielfältigen Daten der genannten Disziplinen in Form von Datenbanken verstärkt die Annahme, dass diese Kopplung weiterhin wachsen wird. Gleichzeitig stellen die traditionellen Techniken wie die Feldkartierung mit Unterstützung der GPS-Messungen wichtige Bodendaten zur Verfügung. Dementsprechend ist anhand der ausführbaren größeren Präzision über größere räumliche Skalen zu vernehmen, dass der dynamische und interdisziplinäre Aspekt der Geomorphologie mehr direkt durch diese Entwicklungen in den Vordergrund tritt.

Schließlich wird durch diese Arbeit die Tatsache bekräftigt, dass die Dominanz der Fernerkundungs- und GIS-Methoden die Betrachtung der Geomorphologie aus anderen Blickwinkeln zur Folge hat. Andererseits wurde dabei argumentiert, wie der zunehmende Gebrauch von Satellitenbildern kombinierend mit dem digitalen Geländemodellen die Geomorphologie in einem stark angewandten Wissenschaft wandelt, womit sie auf mehrere Fragestellungen der Umweltforschung reagieren kann. Durch seine kartographischen Techniken und durch sein Vermögen, die gewonnenen Informationen und die Resultate der geomorphologischen Analysen höchst deskriptiv und quantitativ darzustellen, stellt sich das GIS als eine Einheit der geomorphologischen Analysen dar.

Aufbauend auf den hier gewonnen Erkenntnissen könnten in zukünftigen Studien GIS-basierte hydrogeomorphologische Datenbanken auf andere Gebiete übertragen werden, besonders in Gebieten, in denen wenige hydrologische Beobachtungen bzw. Messungen vorhanden sind oder geplant werden sollen. Die hier vorgestellte Methode stellt eine mögliche Grundlage für diesbezüglich weiterführende Untersuchungen dar.

Literaturverzeichnis

ABER, J. S.; SPELLMAN, E.E. & WEBSTER, M. P. (1993): Landsat remote sensing of glacial terrain, in Aber, J. S.: Glaciotectonics and Mapping Glacial Deposits, Proceedings of the INQUA Commission on Formation and Properties of Glacial Deposits, S. 215-225.

AKMAN A. Ü. & TÜFEKÇI K. (2004): Determination and characterisation of fault systems and geomorphological features by RS and GIS techniques in the WSW part of Turkey. XXth ISPRS congress, Istanbul, S. 899–904.

ALBERTZ, J. (2001): Grundlagen der Interpretation von Luft- und Satellitenbildern. Eine Einführung in die Fernerkundung. 2. Auflage, 250 Seiten, Darmstadt (Wissenschaftliche Buchgesellschaft).

AL-JUAIDI, F.; MILLINGTON, A. C. & MCLAREN, S. J. (2003): Merged remotely sensed data for geomorphological investigations in deserts: examples from central Saudi Arabia. The Geographical Journal, V. 169, Nr. 2, S. 117-130.

ALLER, L.; BENNETT, T.; LEHR, J.H. & PETTY, R.J. (1985): A Standard System for Evaluating Ground Water Pollution Potential Using Hydrogeologic Settings. EPA/600/2-85/018, R.S. Kerr Environmental Research Laboratory, U.S. Environmental Protection Agency, Ada, Oklahoma, 621 Seiten.

BÄHR, H. P. & VÖGTLE, T. (1991): Digitale Bildverarbeitung; Anwendungen in Photogrammetrie und Fernerkundung. S. 417, Karlsruhe (Wichmann).

BAMLER, R. & HARTL, P. (1998): Synthetic Aperture Radar Interferometry. - Inverse Problems, V. 14, S. 1-54.

BARSCH, D. & CAINE, N. (1984): The nature of mountain geomorphology, Mountain Research and Development, V. 4, Nr. 4, S. 287-298.

BERGER, Z. (1994): Satellite hydrocarbon exploration. Interpretation and integration techniques. Springer Verlag.

BESLER, H. (1992): Geomorphologie der ariden Gebiete, Darmstadt (Wissenschaftliche Buchgesellschaft).

BLAIR, R.W. (1986): Regional landform analysis United States (NASA SP-486). In: Short, N.M., Blair, R.W. (Eds.), Geomorphology from Space, a Global Overview of Regional Landforms. Government Printing Office, Washington, DC, S. 1-22.

BLAIR, R. W. (2003): Geomorphology: Boundaries between Media, Concepts and Modelling in Geomorphology: International Perspectives, Eds. I. S. Evans, R. Dikau, E. Tokunaga, H. Ohmori and M. Hirano, S. 33–42. TERRAPUB, Tokyo, 2003.

BÖSCH, H. (1949): Beiträge zur Morphologie des Nahen Osten. Eclogae geologicae Helvetiae 42, S. 23-33.

BOTTEMA, S. & BARKOUDAH, Y. (1979): Modern pollen precipitation in Syria and Lebanon and its relation to vegetation, Pollen et Spores, V. 28, S. 427 - 480.

BRAHANA, J. V.; THRAILKILL, J.; FREEMAN, T. & WARD, W. C. (1988): Comparative hydrogeology of carbonate rocks, in Back, W., Seaber, P. R., and Rosenshein, J. S., Ground Water Hydrogeology, Boulder, Colorado, Geol. Society of America, V. 0-2, S. 333-352.

BRASSEL, K. (1974): A model for automatic hill-shading: American Cartographer, v. 1, no. 1, S. 15 - 27.

BREW, G.; BARAZANGI, M.; AL-MALEH, A. K. & SAWAF, T. (2001): Tectonic and Geologic Evolution of Syria. Geo Arabia, V. 6, Nr. 4, 573-616.

BURBANK, D.W. & ANDERSON, R.S. (2001): Tectonic Geomorphology. Blackwell Science, London, 274 S.

BURDON, D. J. (1961): Report to the Government of the United Arab Republic (Syrian Region) on Groundwater Development and Conservation in Syria. Vervielf. Manuskr. FAO, Rom. (ETAP-Report Nr. 1270).

BYRD, J.O.D.; SMITH, R.B. & GEISSMAN, J.W. (1994): The Teton fault, Wyoming: neotectonics, and mechanisms of deformation. J. Geophys. Res. 99, B10, S. 20095 – 20122.

CARROLL, D. (1962): Rainwater as a chemical agent of geologic processes: A review. U.S. Geol. Survey Water-Supply Paper 1535-G, S. 18–20.

CHAIMOV, T.; BARAZANGI, M.; AL-SAAD, D., SAWAF, T. & GEBRAN, A. (1990): Crustal shortening in the Palmyride fold belt, Syria, and implications for movement along the Dead Sea fault system. Tectonics, V. 9, S. 1369 - 1386.

CHAVEZ, P.S.; BERLIN, G.L. & SOWERS, L.B. (1982): Statistical method for selecting Landsat MSS ratios. J. of Appl. Photographic Eng. V. 8, S. 23-30.

CHAVEZ, P. S. (1989): Radiometric calibration of Landsat Thematic Mapper multispectral images, Photogrammetric Engineering and Remote Sensing, V. 55, Nr. 9, S. 1285-1294.

CHORLEY, R. J. (1969): The drainage basin as the fundamental geomorphic unit. In: Water, Earth and Man, Kapital 2, S. 77–99, Methuen, London.

CHOROWICZ, J.; DHONT, D. & GÜNDOĞDU, N. (1999): Neotectonics in the eastern North Anatolian fault region (Turkey) advocates crustal extension: mapping from SAR ERS imagery and Digital Elevation Model. Journal of structural Geology, V. 21, S. 511-532.

CLARK, C.D. & WILSON, C., (1994): Spatial analysis of lineaments. Computur Geoscience, V. 20, S. 1237–1258.

COLLET, B.; TAUD, H.; PARROT, J.F.; BONAVIA, F. & CHOROWICZ, J. (2000): A new kinematic approach for the Danakil block using a Digital Elevation Model representation. Tectonophysics, V. 316, S. 343–357.

DEMEK, J. (1976): Handbuch der geomorphologischen Detailkartierung, Wien.

DEMEK, J.; EMBLETON & C., KUGLER, H. (1982): Geomorphologische Kartierung in mittleren Maßstäben. VEB Hermann Hack, Gotha.

DIKAU, R. (1988): Entwurf einer geomorphographisch-analytischen Systematik von Reliefeinheiten, Heidelberger Geographische Bausteine, V. 5, S. 1-45, Heidelberg.

DLR, (02.12.2007): Zitieren aus dem World Wide Web. URL: http://www.dlr.de/srtm/level1/howto_ge.htm.

DRURY, S.A. (1998): Images of the earth - a guide to remote sensing, 2. Auflage, S. 203, Oxford (Oxford University Press).

DRURY, S.A. (2001): Image interpretation in Geology. Auflage 3, Nelson Thornes, Cheltenham, UK.

DUBERTRET, L. & VAUTRIN, H. (1938): Sur l'existence du Pontien lacustre en Syrie et sur sa signification tectonique. Comptes Rendus Hebdomadaires des Séances de l'Academie des Sciences de Paris, V. 206, S. 69–71.

DWIVEDI, R.S. & RAO, B.R.M. (1992): The selection of the best possible Landsat TM band combination for delineating salt-affected soils. Int. J. R.S., V. 13, Nr. 11, S. 2051-2058.

EVANS, I. S. (1972): General Geomorphometry, derivatives of altitude and descriptive statistics, In: Spatial Analysis in Geomorphology (Ed, Chorley, R. J.) Harper and Row, New York, S. 17-90.

EVANS, I.S. (1980): An integrated system of terrain analysis and slope mapping. Zeitschrift fur Geomorphologie, Suppl. Bd. 36, S.274-295.

FENNEMAN, N. (1931): Physiography of Western United States. McGraw-Hill, New York, S. 534.

FLORINSKY, I.V. (1998): Combined analysis of digital terrain models and remotely sensed data in landscape investigations, Progress in Physical Geography, V. 22, S. 33–60.

FRISCH, W. (1997): Tectonic Geomorphology. In Proceeding of the Fourth Int'l. Conf. on Geomorphology, Z. Geomorphologie N. F., Suppl. Bd. 118.

GANAS, A.; PAPADOPOULOS, G. & PAVLIDES, S.B. (2001): The 7th September 1999 Athens 5.9 Ms earthquake: remote sensing and digital elevation model inputs towards identifying the seismic fault. International Journal of Remote Sensing 22, 191– 196. of the Geol. Society of Greece 34, S. 183–190.

GANAS, A. (2002): Methods for imaging earthquake deformation using satellite data and digital elevation models. In: Gorur, N., et al., (Eds.), Integration of Earth Science Research on the Turkish and Greek 1999 Earthquakes. Kluwer Academic Publishers, S. 197– 204.

GILLESPIE, A.R.; KAHLE, A.B. & WALKER, R.E. (1986): Color enhancement of highly correlated images. Decorrelation and HSI contrast stretches. Remote Sensing of Environment, V. 20, S. 209-235.

GOETZ, A. F. H.; BILLINGSLEY, F. C.; GILLESPIE, A. R.; ABRAMS, M. J.; SQUIRES, R. L.; SHOEMAKER, E. M.; LUCHITTA, I. & ELSTON, D. P. (1975): Application of ERTS images and image processing to regional geologic problems and geologic mapping in Northern Arizona. Jet Propulsion Lab. Tech. Report 32-1597, 188.

GOLDSWORTHY, M. & JACKSON, J. (2000): Active normal fault evolution in Greece revealed by geomorphology and drainage patterns, Geol. Society Journal, V. 157, S. 967– 981.

GRIPPEN R. E. (1989): Selection of landsat TM band and band ratio combinations to maximize lithologic information in color composite. The 7th. Thematic Conference on Remote Sensing for Exploration Geology, Calgary, Alberta.

GUPTA, R. P. (2003): Remote sensing geology, 655 Seiten, Springer, New York.

HAGG, W. (1998): Vorverarbeitung von Radarbilddaten. In: Bähr, H.P., Vögtle, T. (1998): Digitale Bildverarbeitung. Anwendung in Photogrammetrie, Karthographie und Fernerkundung. Heidelberg, S.264-299.

HAGEDORN, J. & POSER, H. (1974): Räumliche Ordnung der rezenten geomorphologischen Prozesse und Prozesskombinationen auf der Erde.- In: Abh. Akad. Wiss. Göttingen, Math.-Physik. Kl. III/29, Göttingen, S. 426-439.

HANSMANN, B.C.; MEIJERINK, A.M.J. & KODITUWAKKU, K.A.W. (1992) An inductive approach for groundwater exploration. In: ITC Journal, V. 3, S. 269-276.

HEMPTON, M. (1985): Structure and deformation of the Bitlis suture near Lacke Haza, southeastern Turkey. Geol. Society of America Bulletin, V. 96, Nr. 2, S. 233-243.

HILDEBRANDT, R. R. (1992): Digitale und visuelle Interpretation von Landsat TM und SPOT-Daten sowie Luftbildern in Hinblick auf die Geologie in der Region des Jebel Marra, Dissertation an der FU-Berlin, Fachbereich Geowissenschaften, Berlin.

HILDEBRANDT, G. (1996): Fernerkundung und Luftbildmessung für Forstwirtschaft, Vegetationskartierung und Landschaftsökologie.- Wichmann Verlag, Karlsruhe.

HOBBS, W.H. (1912): Earth Features and their Meaning. Macmillian Co., New York.

HORMANN, K. (1971): Morphometrie der Erdoberfläche, Schr. Geogr. Inst., Univ. Kiel, 36, 178 S., Kiel.

HORN, B.K.P., (1981): Hill shading and the reflectance map: Proceedings of the Institute of Electrical and Electronics Engineers, V. 69, Nr. 1, S. 14-47.

JENSEN, J.R. (1996): Introductory digital image processing, Prentice-Hall, Englewood Cliffs, New Jersey, 318 S.

JENSON, S. K. & DOMINGUE, J. O. (1988): Extracting topographic structure from digital elevation data for geographic information systems analysis. Photogrammetric Engineering and Remote Sensing. V. 54, Nr. 11, S. 1593-1600.

JONES, A.R. (1987): Landform investigation utilizing digitally processed satellite thematic mapper imagery. Earth, Moon and Planets, Springer Netherlands, V. 37, Nr. 2, S. 171-185.

JORDAN, G., 2003. Morphometric analysis and tectonic interpretation of digital terrain data: A case study. Earth Surface Processes and Landforms 28: 807 - 822.

JORDAN, G.; CSILLAG, G.; SZUCS, A. & QVARFORT, U. (2003): Application of digital terrain modelling and GIS methods for the morphotectonic investigation of the Kali Basin, Hungary. Zeitschrift Für Geomorphologie V. 47, S. 145–169.

JORDAN, G.; MEIJNINGER, B.M.L.; VAN HINSBERGEN, D.J.J.; MEULENKAMP, J.E. & VAN DIJK, P.M. (2005): Extraction of morphotectonic features from DEMs, development and applications for study areas in Hungary and NW Greece. In: International journal of applied earth observation and geoinformation: JAG, 7 (2005) 3, S. 163-182.

KAPPAS, M (1994): Fernerkundung nah gebracht. Leitfaden für Geowissenschaftler.

KATTAN, Z. (1997): Chemical and environmental isotope study of precipitation in Syria. Journal of Arid Environments V. 35, S.601–615.

KAUFMANN & PFEIFFER (1986): Image optimization versus vlassification.- An application oriented comparison of different methods by use of Thematic Mapper data. In: DAMEN, M.C.J., SICCO SMIT, G. & VERSTAPPEN, H.T. (eds.): Remote sensing for resources development and environmental management, 1, S. 31-35.

KAUFMANN, H. (1989): Mineral Exploration along the Aqaba-Levant Structure by use of TM-data: Concepts processing and results, Int. J. Remote Sens., V. 9, S. 1639-1658.

KELLER, E.A., & PINTER, N. (2002): Active tectonics: Earthquakes, uplift, and landscape: Upper Saddle River, Prentice Hall.

KENEA, N. H. (1997): Improved geological mapping using Landsat TM data, Southern Red Sea Hills, Sudan: PC and IHS decorrelation stretching. - Int. J. remote Sens., V. 18, Nr. 6, S. 1233 - 1244, London.

KLIMASZEWSKI, M. (1982): Detailed geomorphological maps. ITC Journal, V. 3, S. 265-271.

KOIKE, K.; NAGANO, S. & KAWABA, K. (1998): Construction and analysis of interpreted fracture planes through combination of satellite image derived lineaments and digital elevation model data. Comput. Geosci. V. 24, S. 573–583.

KRAAK, M. & ORMELLING, F. (2003): Cartography. Visualization of Spatial Data, 2nd edn, Pearson Education, Harlow, England.

KRAUS, K. (1990): Fernerkundung Bd.2: Auswertung photographischer und digitaler Bilder.- 313 S, Bonn (Dümmler).

KRONBERG, P. (1977): Die regionale und überregionale Bruchtektonik Mitteleuropas – Bestandsaufnahme und Interpretation. In: W. von Zeil (Ed.): Geotektonische Forschungen 53, S. 7-41. Stuttgart.

KRONBERG, P. (1985): Fernerkundung der Erde - Grundlagen und Methoden des Remote Sensing in der Geologie.- 394 S., Stuttgart (Ferdinand Enke Verlag).

LATTMAN, L.H. & PARIZEK, R.R. (1964): Relationship between fracture traces and the occurrence of groundwater in carbonate rocks. Journal of Hydrology 2: 73-91

LEE, J.S. (1980): Digital Image Enhancement and Noise Filtering by Use of Local Statistics, S. 165-168, IEEE Trans. Pattern Anal. Mach. Intelligence PAMI-2, No. 2.

LEEDER, M.R. & JACKSON, J.A. (1993): The interaction between normal faulting and drainage in active extensional basins, with examples from western United States and central Greece. Basin Research, V. 5, S. 79–102.

LIDMAR-BERGSTRÖM, K.; ELVHAGE, C. & RINGBERG, B. (1991): Landforms in Skane, south Sweden. Geografiska Annaler. 73A, S. 61–91.

LILLESAND, T.M. & KIEFER, R.W. (2000): Remote Sensing and Image Interpretation. 4. Aufl. New York.

LINDSAY, J. B. (2005): The Terrain Analysis System: A tool for hydro-geomorphic applications. Hydrological Processes, 19: 1123-1130.

LIST, F.K. (1969): Quantitative Erfassung von Kluftnetz und Entwässerungsnetz aus dem Luftbild. in: Bildmess. & Luftbildwesen. V. 37, Nr. 4. S. 134-140, Karlsruhe.

LIST, F. K., MEISSNER, B. & PÖHLMANN, G. (1990): Application of remote sensing and satellite cartography in preparing new geologic map 1 : 500,000. - In: Said, R., Hrsg.: Geology of Egypt, p. 27 - 44, Rotterdam (Balkema).

MAIRE, C. & DATCU, M. (2004): Synergy of image and Digital Elevation Models (DEMs) information for Virtual Reality, Accessed on-line in September 2004: http://earth.esa.int/rtd/Events/ESA-EUSC_2004/Ar55_Maire.pdf

MARK, D.M. (1975): Geomorphometric parameters: A review and evaluation: Geografiska Annaler, 57A(3-4):165-177.

MILIARESIS, G.C. & ARGIALAS, D.P. (1999): Segmentation of physiographic features from the global digital elevation model/GTOPO30. Comput. Geosci. V. 25, S.715–728.

MILIARESIS, G.C. (2001): Geomorphometric mapping of Zagros Ranges at regional scale. Comput. Geosci. V. 27, S. 775–786.

MOORE, I.D.; GRAYSON, R.B. & LADSON, A.R. (1991): Digital terrain modelling: A review of hydrological, geomorphological and biological applications, Hydrological Processes, V. 5, S. 3-30.

MULDERS, M.A., 1987: Remote Sensing in Soil Science, Amsterdam, Oxford, New York.

MURPHY, W., (1993): Remote Sensing of active faults: case studies from southern Italy. Z. Geomorphol. N. F., Suppl. Bd. 94, S. 1–23.

O'LEARY, D.W.; FREIDMAN, J.D. & POHN, H.A. (1976): Lineament, linear, lineation: Some proposed new definitions for old terms. Geol. Society of America Bulletin, V. 87, S. 1463-1469.

OGUCHI, T.; AOKI, T. & MATSUTA, N. (2003): Identification of an active fault in the Japanese Alps from DEM-based hill shading. Computers & Geosciences 29, 885–891.

OLAYA, V. (2004): A gentle introduction to SAGA GIS, Edition 1.1.

ONORATI, G.; POSCOLIERI, M.; VENTURA, R.; CHIARINI, V. & CRUCILLA U. (1992): The digital elevation model of Italy for geomorphology and structural geology. Catena, V. 19, S. 147–178.

PABOT, H. (1956): Rapport au gouvernement de Syrie sur l'ecologie vegetale et ses applications. FAO, Rome.

PASSARGE, S. (1921): Die Landschaft. Verlag von Quelle & Meyers.

PCIGEOMATICS, (16.11.2007): Zitieren aus dem World Wide Web. URL: HTTP://WWW.PCIGEOMATICS.COM/SERVICES/SUPPORT_CENTER/TECH_PAPERS/GRSG_ASTER_ARTICLE.PDF.

PENCK, A. (1894): Morphologie der Erdoberfläche, Stuttgart, Engelhorn. 2v.

PIKE, R. (1992): Machine Visualization of Synoptic Topography by Digital Image Processing. US Geol. Survey Bulletin 2016: B1- B12.

PIKE, R. (2000): Geomorphometry—diversity in quantitative surface analysis. Progress in Physical Geography, V. 24, S. 1–20.

PONIKAROV. V., SHATSKY, V. & KAZMIN. V. (1963): Geological Map of Syria 1:200.000 and Explanatory Notes, Technoexport, Moscow.

PROST, G. L. (1994): Remote Sensing for Geologist: A guide to Image Interpretation. Gordon and Breach Science publishers.

RICHARDS, J.A. & JIA X. (1999): Remote Sensing Digital Image Analysis: An Introduction. (Third Edition). NewYork: Springer-Verlag.

RITTER, C. (1817): Die Erdkunde. I.

ROESNER, U. (1995): Zur quartären Landschaftsentwicklung in den Trockengebieten Syrien, Relief,Boden,Paläoklima 10, Bornträger, Berlin.

ROLAND, N.W. (1973): Die Anwendung der Photointerpretation zur Lösung stratigraphischer und tektonischer Probleme im Bereich von Bardei und Aozou (Tibesti-Gebirge, Zentral Sahara). Berl. geowiss. Abh. 19, S. 1-80.

ROSENTHAL, E. (1987): Chemical composition of rainfall and groundwater in recharge areas of Bet Shean-Harod multiple Grundwasserleiter system, Israel. J Hydrology, V. 89, S. 329–352

ROTHER, K. (1993): Der Mittelmeerraum. Stuttgart.

SABINS, F.F. (1997): Remote sensing. Principles and interpretations.

SALVI, S. (1995): Analysis and interpretation of Landsat synthetic stereo pair for the detection of active fault zones in the Abruzzi Region (Central Italy). Remote Sens. Environ. V. 53, S. 153–163.

SANDER, P. (1996): Remote Sensing and GIS For Groundwater Assessment in Hard Rocks: Applications to Water Well Siting in Ghana and Botswana. PhD dissertation, Chalmers University of Technology, Sweden, Publ. A 80.

SCHOWENGERDT, R.A. (1997): Remote Sensing: models and methods for image processing. 2. Aufl., San Diego.

SELKHOZPROMEXPORT (1979-1982): Hydrogeological and hydrological investigation in four areas of Syrian Arab Republic, Map 1:500.000, USSR Selkhozpromexport Gruzgiprovodkhoz.

SIEGAL, B.S. & GILLESPIE, A.R. (1980): Remote Sensing in Geology. John Wiley and Sons, New York.

SILVERMAN, B. W. (1986): Density Estimation for Statistics and Data Analysis Chapman and Hall, London.

SIMPSON, D.W. & ANDERS, M.H. (1992): Tectonics and topography of the Western United States an application of digital mapping. GSA Today 2, 118–121.

SMITH, M.J. & CLARK, C.D. (2005): Methods for visualisation of high resolution digital elevation models for landform mapping. Earth Surface Processes and Landforms, V. 30, S. 885 - 900.

STRAHLER, A. N. (1952): Dynamic basis of geomorphology: Geol. Society of America, V. 63, S. 923– 938.

THELIN, G.P. & PIKE, R.J. (1991): Landforms of the conterminous United States -A digital shaded-relief portrayal: U.S. Geol. Survey Miscellaneous Investigations Map I-2206, scale 1:3.500.000.

VAN LIERE, W. J. (1960-1961): Observations on the Quaternary of Syria. Publication of the General Directorate of Antiquites and Museums in the Syrian Arab Republic, S. 5-69.

VAUMAS, E. de (1957): Plateaux, plaines et dépressions de la Syrie intérieure septentrionale (du paralléle d'Alep au paralléele de Homs): Étude morphologique. Bull, Soc. Géogr. Egypte, V. 30, S. 97-235.

VAUMAS, E. de (1961): Structure et morphologie du Proche-Orient. Nouvel essai de synthèse et orientation de recherche.

VERSTAPPEN, H. T. (1977): Methodische Probleme der geomorphologischen Kartierung mittels Fernerkundung. Geomethodica, V. 2, S. 19-43.

VINCENT, K.R. (1997): Fundamentals of geological and environmental remote sensing, London.

VOÛTE, C. (1955): Climate or tectonics? Some remarks on the evolution of the valley of the Orontes (Nahr el Aassi) between Homs and the marshy plains of the Ghab (Syria). Geologie en Mijnbouw. Nieuwe série, 17e Jaargang, S. 197–206.

VYSOTSKY, E.M.; VISHNEVSKAYA, E.A. & ELOBOGOEV, A.V. (2002): Neotectonic analysis of northern Lake Teletskoe using digital elevation modeling. Geologiya i Geofizika, V. 43, S. 1099– 1106.

WAGNER, W. & GEYH, M. A. (2000): Application of Environmental Isotope Methods for Groundwater Studies in the ESCWA Region. – Geol. Jb., Hannover.

WALLEY, C. D. (1988): A braided strike-slip model for the northern continuation of the Dead Sea Fault and its implications for Levantine tectonics. Tectonophysics, V. 145, S. 63-72.

WDOWINSKI, S. & ZILBERMAN, E. (1997): Systematic analyses of the large-scale topography and structure across the Dead Sea Rift. Tectonics, V. 16, S. 409– 424.

WEIBEL, R. & HELLER, M. (1991): Digital terrain modeling. In: Maguire, D. J., Goodchild, M. F. und Rhind, D. W. (Hrsg.): Geographical information systems: principles and applications. Longman, London.

WILLIAMS, R. S. (1983): Geological Application, in: Colwell, R. N.: Manual of Remote Sensing, V. II, 2nd Ed., S. 1869-1878, American Society of Photogrammetry, Falls Church, Virginia, S. 1667-1935.

WIRTH, E. (1971): Syrien, eine geographische Landeskunde, Wissenschaftliche Länderkunden, Band 4/5, Wissenschaftliche Buchgesellschaft, Darmstadt.

WOLFART, R. (1967): Geologie von Syrien und dem Libanon. Beitr. Zur regionalen Geologie der Erde, 6. Berlin.

ZANCHI, A.; CROSTA, G.B. & DARKAL, A.N. (2002): Paleostress analyses in NW Syria: Constraints on the Cenozoic evolution of the northern margin of the Arabian Plate. In: Tectonophysics, V. 357, S. 255-278.

ZUMSPREKEL, H. & PRINZ, T. (2000): Computer enhanced multispectral remote sensing data: a necessary tool for the geological mapping of Archean terrains in (semi)arid environments.

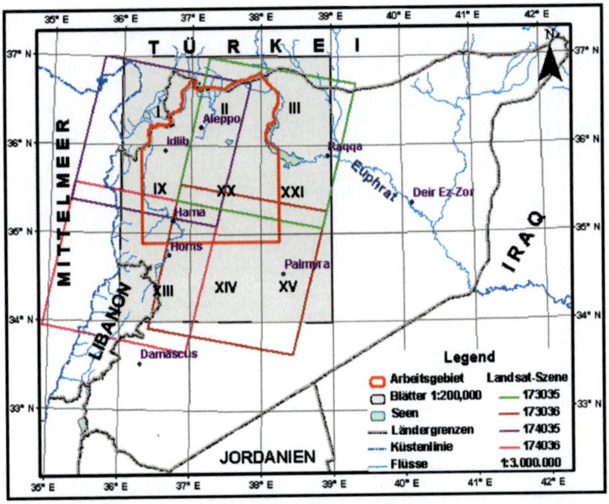

Abb. 2-1: Schematische Darstellung des Untersuchungsgebiets

الشكل (2-1): خارطة تبين موقع وحدود منطقة الدراسة.

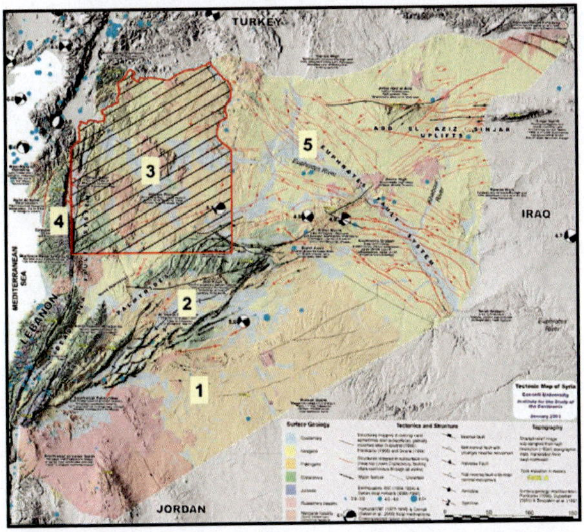

Abb. 2-2: Die tektonische Karte von Syrien (Cornell, 2001)

الشكل (2-2): الخارطة التكتونية لسوريا (CORNELL، 2001).

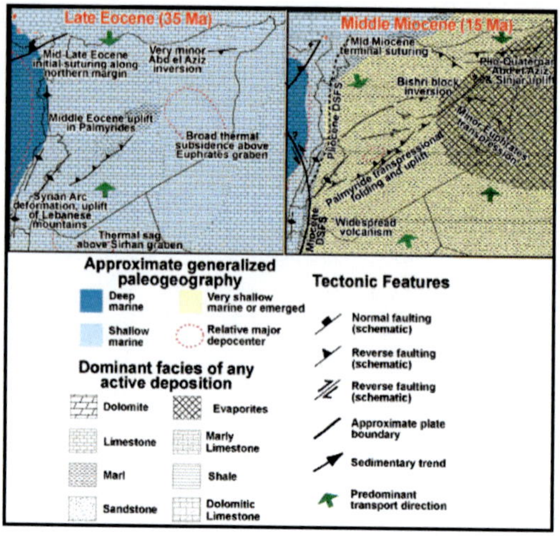

Abb. 2-3: Paläogeographische und –tektonische Darstellung (BREW et al., 2001)

الشكل (2-3): الوضع الباليوجغرافي والتكتوني (BREW وآخرون، 2001).

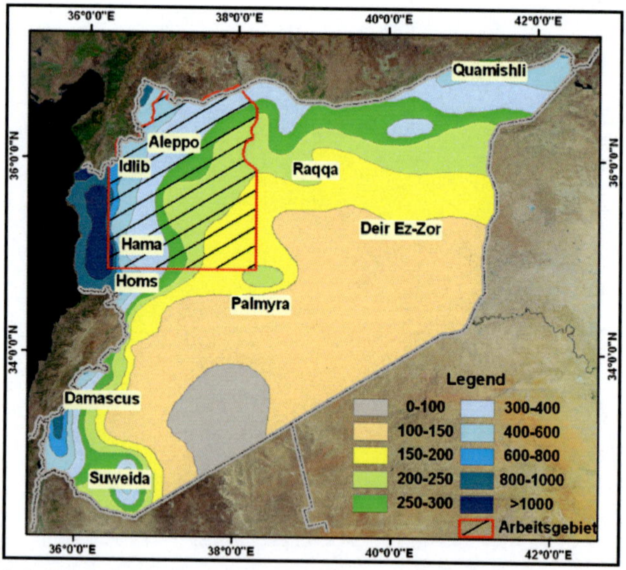

Abb. 2-4: Jährliche Niederschläge in mm (Meteorologie-Abteilung, Damaskus)

الشكل (2-4): المعدل السنوي للهطولات المطرية (الأرصاد الجوية، دمشق).

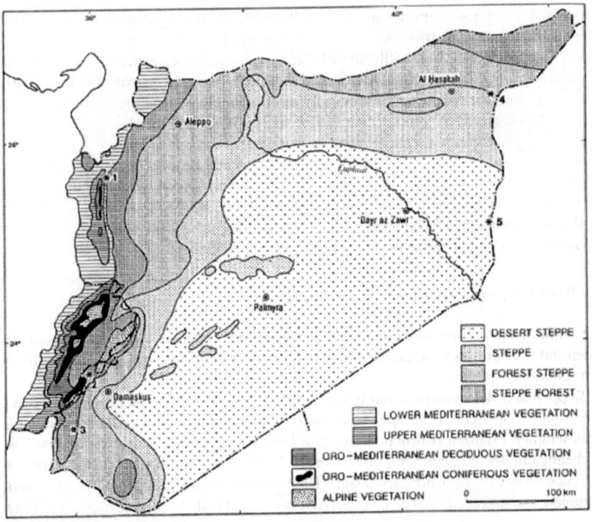

Abb. 2-5: Pflanzengeographische Gliederung Syriens (BOTTEMA, 1979)

الشكل (2-5): التوزع الجغرافي للغطاء النباتي في سوريا (BOTTEMA، 1979).

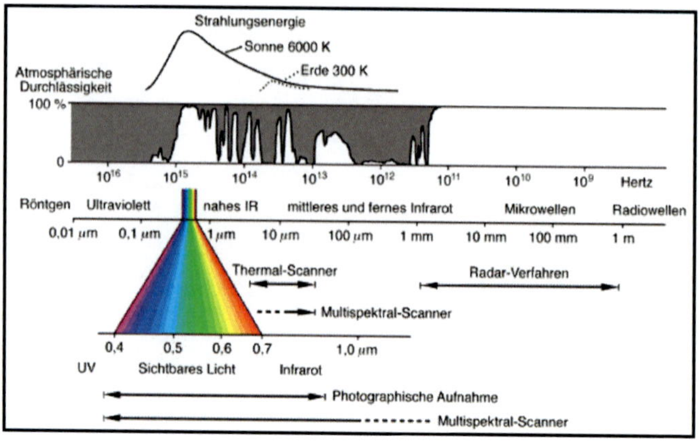

Abb. 3-1: Das elektromagnetische Spektrum (ALBERTZ, 2001)

الشكل (3-1): المجال الكهرومغناطيسي (ALBERTZ، 2001).

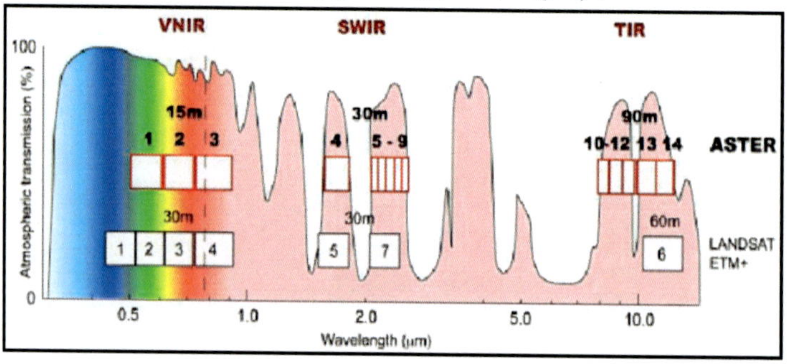

Abb. 3-2: Spektralbereichen der ASTER und ETM+ Daten (PCIGEOMATICS, 2007)

الشكل (3-2): النطاقات الطيفية للبيانات ASTER و+ETM (PCIGEOMATICS ، 2007).

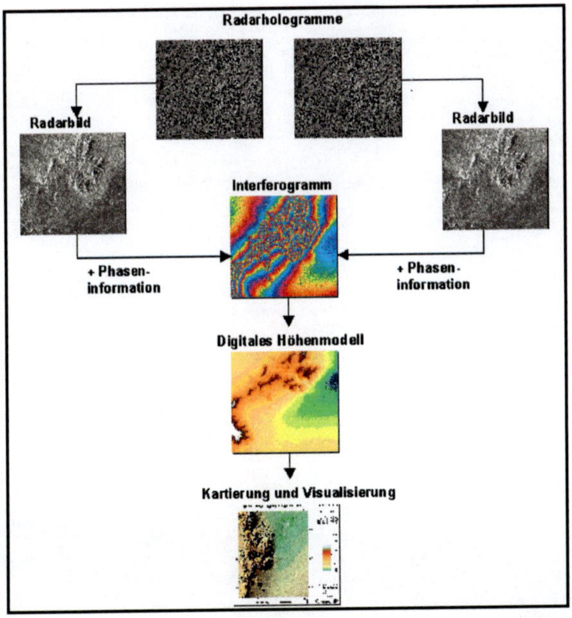

Abb. 3-3: Schematischer Aufbau eines Interferometrie-Prozessors (DLR, 02.12.2007)

الشكل (3-3): شكل توضيحي لإنتاج نموذج الارتفاع الرقمي اعتمادا على INTERFEROMETRY.

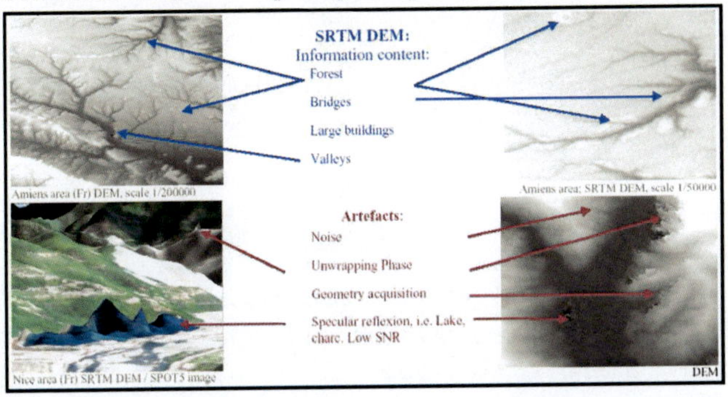

Abb. 3-4: Inhalt der SRTM digitalen Höhendaten (MAIRE & DATCU, 2004)

الشكل (3-4): محتويات بيانات الارتفاع الرقمية SRTM (MAIRE و DATCU، 2004).

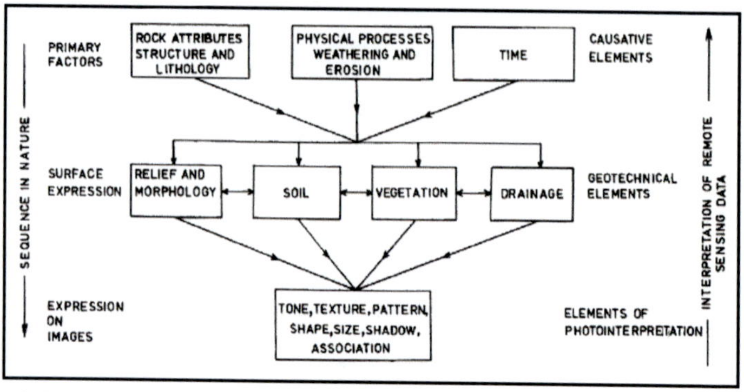

Abb. 3-5: Verhältnis zwischen den geoökologischen Elementen und den Elementen der Photointerpretation (GUPTA, 2003)

الشكل (3-5): مقارنة ما بين العناصر الجيوبيئية ومعطيات التفسير الفوتوجيولوجي (GUPTA، 2003).

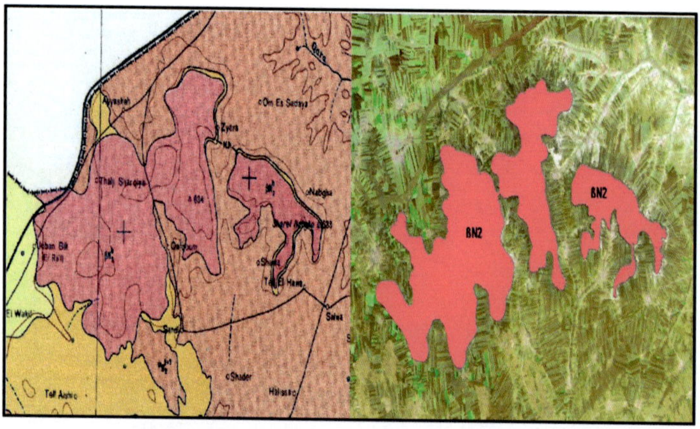

Abb. 4-1: Ermittlung der Lithologie in Landsatbilder (Rechts) im Vergleich zu geologischen Karten 1:200.000 (Links)

الشكل (4-1): توثيق الحدود الليتولوجية في الصور الفضائية (يمين) بالمقارنة مع الخرائط الجيولوجية 1:200000 (يسار).

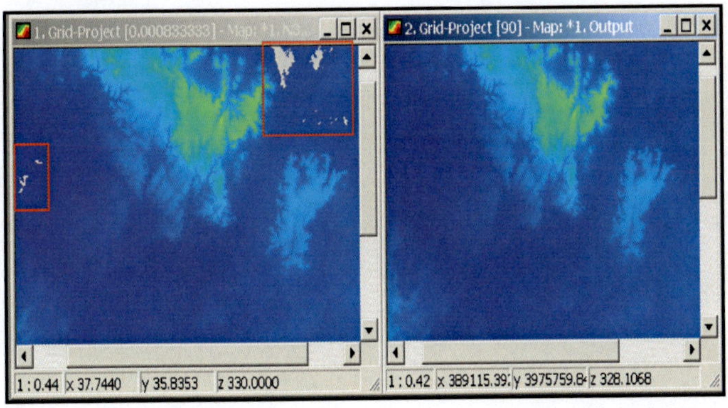

Abb. 4-2: SRTM Rohdaten (Links) und die Daten nach Interpolation (Rechts).

الشكل (4-2): البيانات الأولية من SRTM (يسار) والبيانات نفسها بعد التصحيح (يمين).

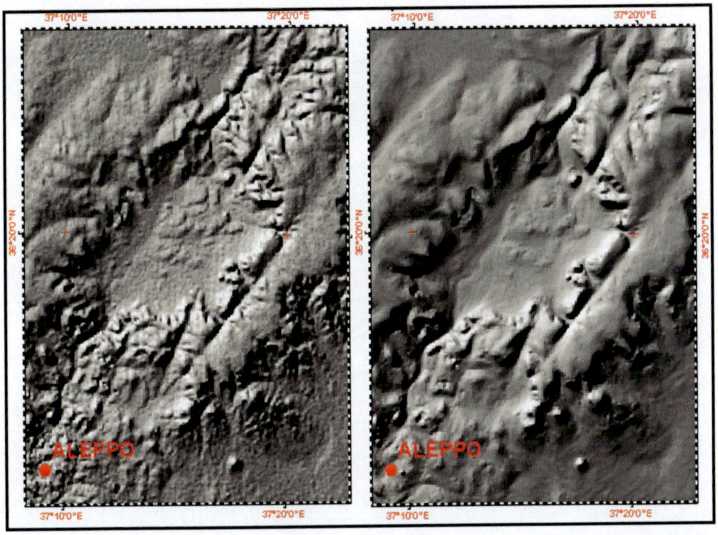

Abb. 4-3: Das geschummerte Reliefmodel der Rohdaten (Links) und nach der Lee-Filterung (Rechts)

الشكل (4-3): نموذج ظل التضاريس للبيانات الخام (يسار) والنموذج بعد الترشيح وفق LEE (يمين).

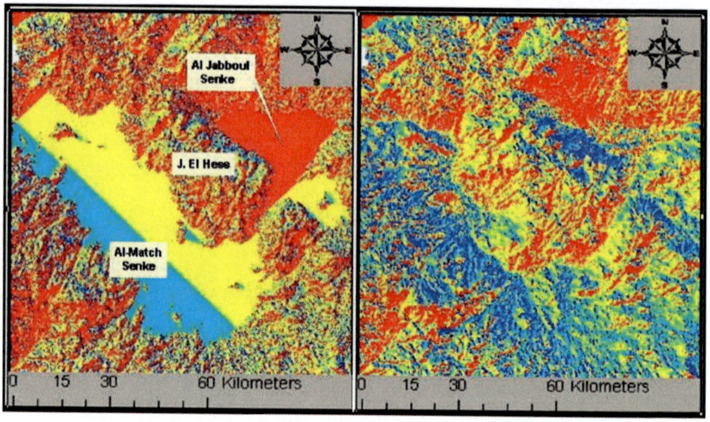

Abb. 4-4: Fehler der Fließrichtungsdefinition in den Rohdaten (links)

الشكل (4-4): خطأ تحديد اتجاه الجريان في البيانات الخام (يسار).

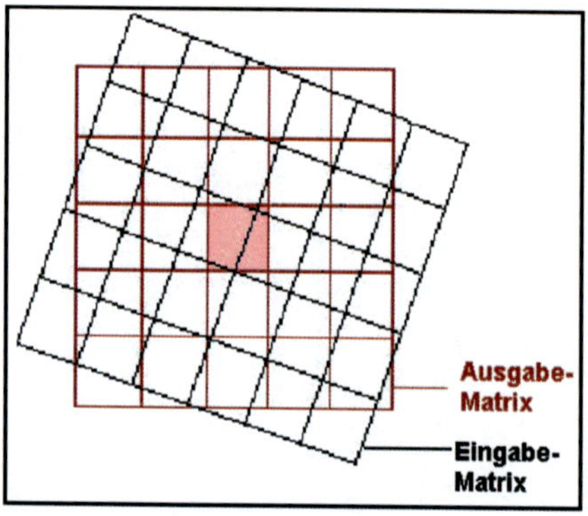

Abb. 4-5: Geometrische Ausgabe-Matrix überlagert von Pixeln in unkorrigierter Lage (LILLESAND & KIEFER, 2000)

الشكل (4-5): شكل يبين الفرق بين التوزع الهندسي لعناصر الصورة بعض التصحيح الهندسي وقبل التصحيح (Kiefer & Lillesand، 2000).

Abb. 4-6: Fusionsmethoden am Beispiel von ETM+ 741 (von Links HSV, PC, CN)

الشكل (4-6): طرق الدمج المختلفة لتحسين الصور من خلال مثال لصورة +ETM من النطاقات 741 (من اليسار HSV، PC، CN).

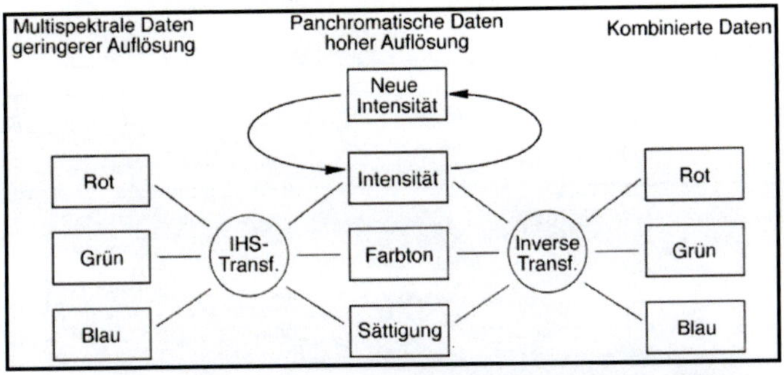

Abb. 4-7: Prinzip der IHS-Transformation (ALBERTZ, 2001)

الشكل (4-7): مبدأ التحويل اللوني IHS (ALBERTZ، 2001).

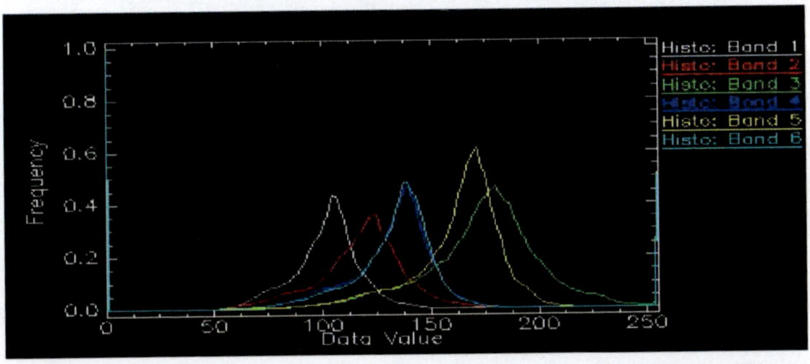

Abb. 4-8: Histogramm der Grauwertverteilung Landsatszene ETM+ 173036

الشكل (4-8): هيستوغرام توزع قيم اللون الرمادي للمشهد لاندسات ETM+ 173036.

Abb. 4-9: Landsat (741) ohne Erstreckung (Links) und nach der linear (Rechts)

الشكل (4-9): لاندسات (741) بدون مد التباين (يسار) وبعد مد التباين الخطي (يمين).

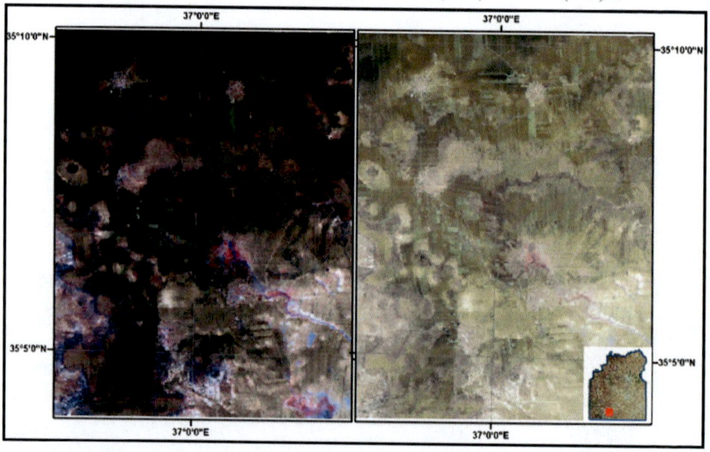

Abb. 4-10: Landsat 731 (Basaltgebiet) links vor der Anwendung des Root-Verfahrens & rechts nach der Anwendung

الشكل (4-10): لاندسات 731 (منطقة البازلت) يسار قبل تطبيق البسط وفق قيمة الجذر التربيعي ويمين بعد التطبيق.

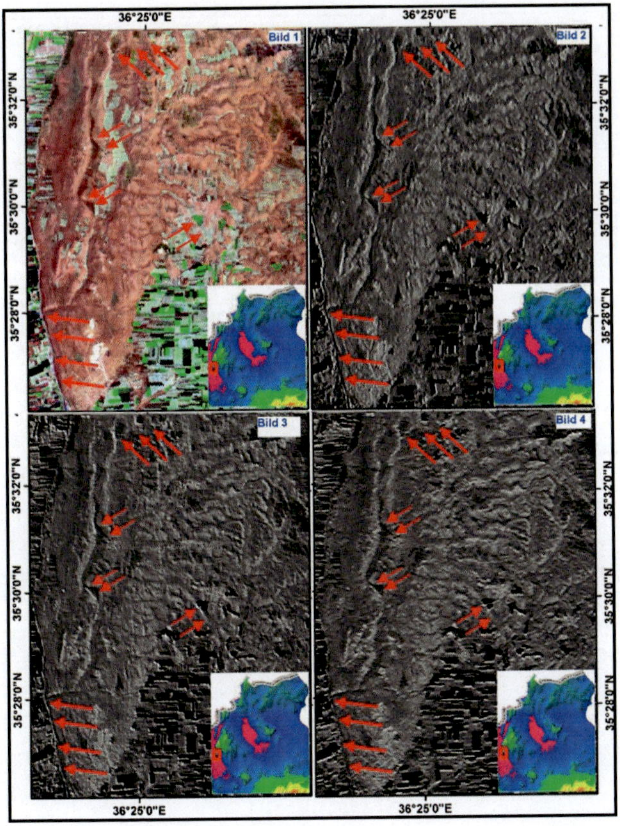

Abb. 4-11: Hervorhebung der linearen Morphostrukturen mittels Richtungsfiltern

- *Bild 1: ETM+ Farbkombination (741).*
- *Bild 2: ETM+ Kanal 7 nach einer Filterung mit 0 Grad und die Betonung von ±N-S streichender Strukturen (Pfeile links unten).*
- *Bild 3: ETM+ Kanal 7 nach einer Filterung mit 135 Grad und die Betonung von NW-SE streichenden Lineationen (Pfeile in der Mitte).*
- *Bild 4: ETM+ Kanal 7 nach einer Filterung mit 90 Grad und die Betonung von NE-SW sowie E-W streichenden Lineationen (Pfeile oben).*

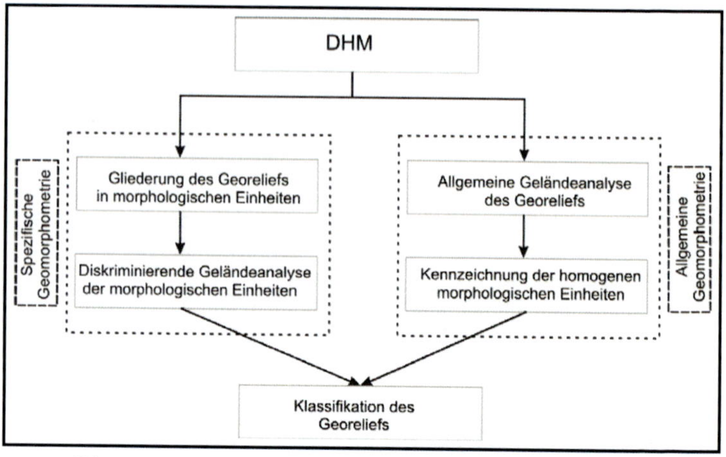

Abb. 5-1: Die geomorphometrische Darstellung auf Basis des DHM

الشكل (5-1): الوصف الجيومورفومتري على أساس نموذج الارتفاع الرقمي DEM.

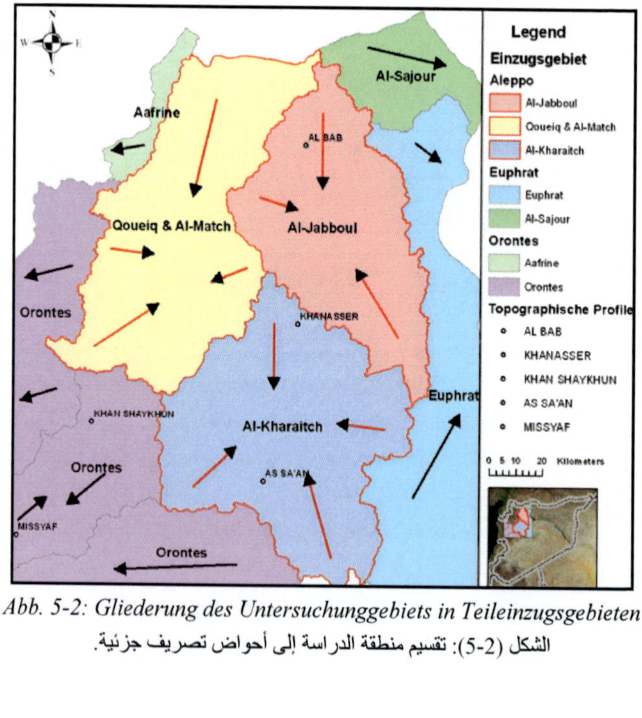

Abb. 5-2: Gliederung des Untersuchunggebiets in Teileinzugsgebieten

الشكل (5-2): تقسيم منطقة الدراسة إلى أحواض تصريف جزئية.

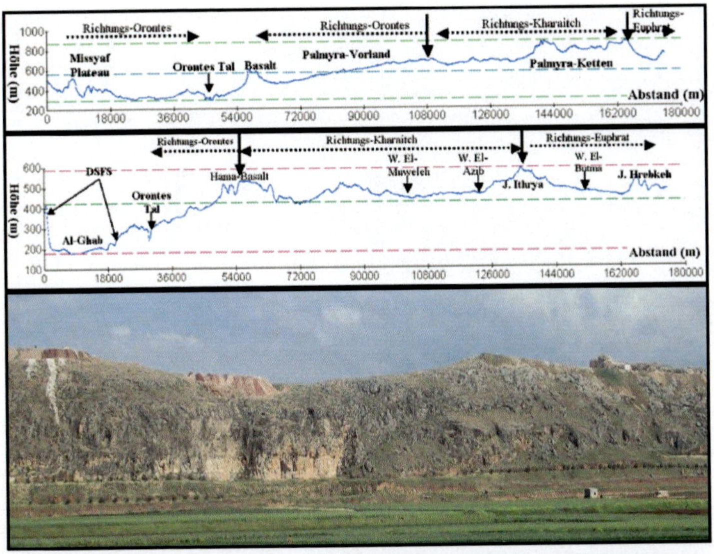

Abb. 5-3: Profil Missyaf (oben), Al Sàan (Mitte) und Foto des DSFS-Hangs

الشكل (5-3): مقطع مصياف (أعلى) السعن (وسط) صورة للجدار الناتج عن الفالق DSFS.

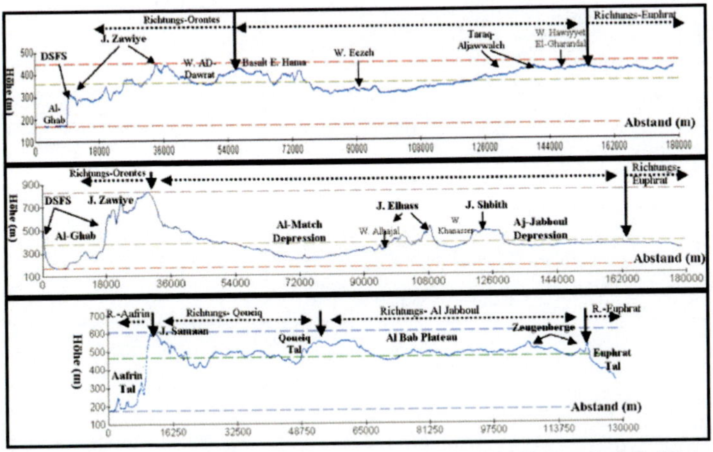

Abb. 5-4: Das Profil Khan Shaykhun (oben), Khanasser (Mitte) und Al-Bab (unten)

الشكل (5-4): مقطع خان شيخون (أعلى) خناصر (وسط) والباب (أسفل).

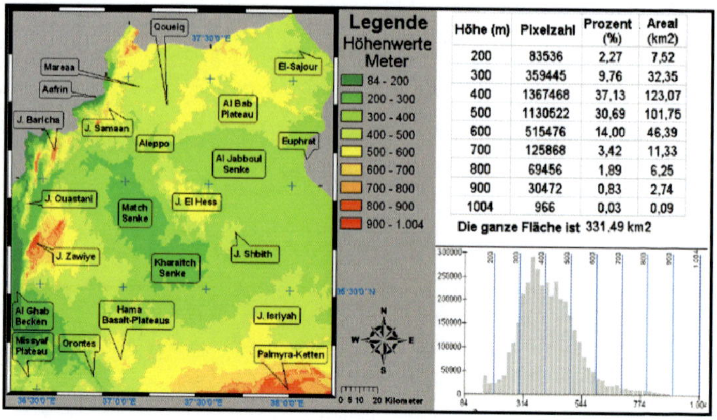

Höhe (m)	Pixelzahl	Prozent (%)	Areal (km2)
200	83536	2,27	7,52
300	359445	9,76	32,35
400	1367468	37,13	123,07
500	1130522	30,69	101,75
600	515476	14,00	46,39
700	125868	3,42	11,33
800	69456	1,89	6,25
900	30472	0,83	2,74
1004	966	0,03	0,09

Abb. 5-5: Auf Basis der absoluten Höhe klassifiziertes DHM

الشكل (5-5): نموذج الارتفاع الرقمي المصنف وفقا للارتفاع المطلق عن سطح البحر.

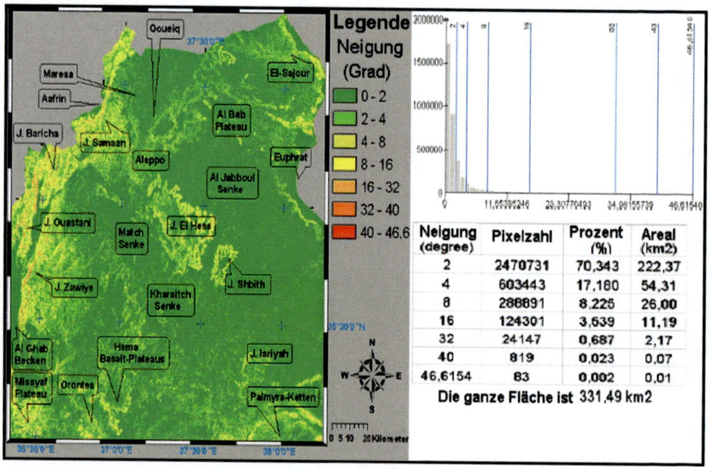

Neigung (degree)	Pixelzahl	Prozent (%)	Areal (km2)
2	2470731	70,343	222,37
4	603443	17,180	54,31
8	288891	8,225	26,00
16	124301	3,539	11,19
32	24147	0,687	2,17
40	819	0,023	0,07
46,6154	83	0,002	0,01

Abb. 5-6: Karte der Hangneigung und Häufigkeitsverteilung

الشكل (5-6):خريطة شدة الانحدار وتوزع الكثافة لقيم الانحدار.

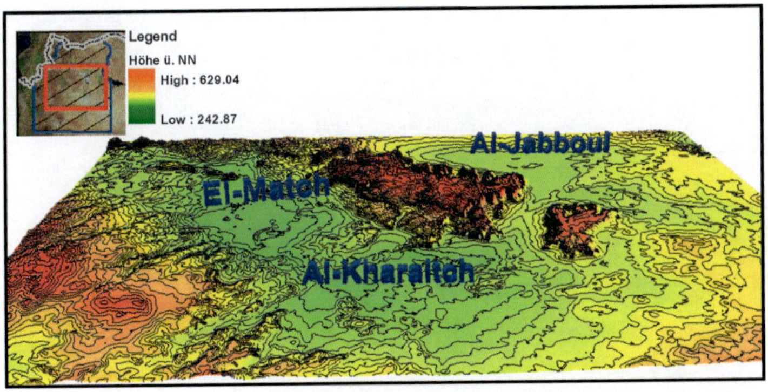

Abb. 5-7: Darstellung der Geomorphologie mittels der Höhenlinien (DHM-Basis)

الشكل (5-7): الوصف الجيومورفولوجي باستخدام خطوط المناسيب (الأساس هو DEM).

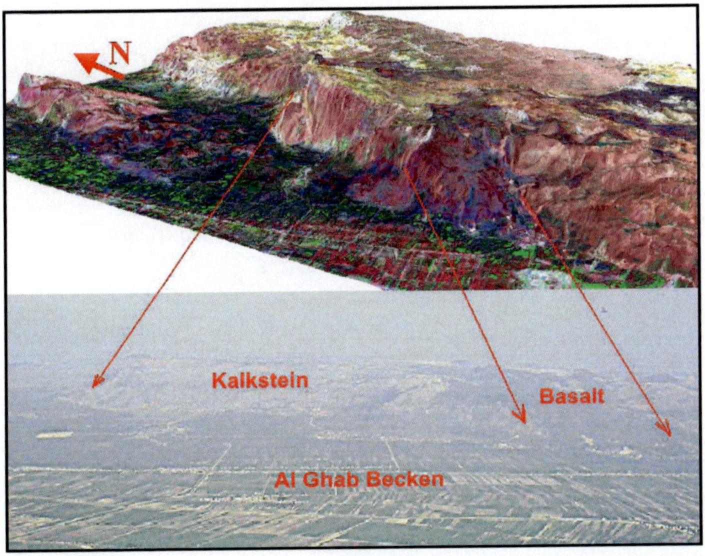

Abb. 5-8: Überlagerung von Landsat ETM+ (741) und DHM (DSFS) Ausblick nach Osten

الشكل (5-8): وضع صورة لاندسات +ETM (741) فوق نموذج الارتفاع الرقمي نظرة نحو الشرق.

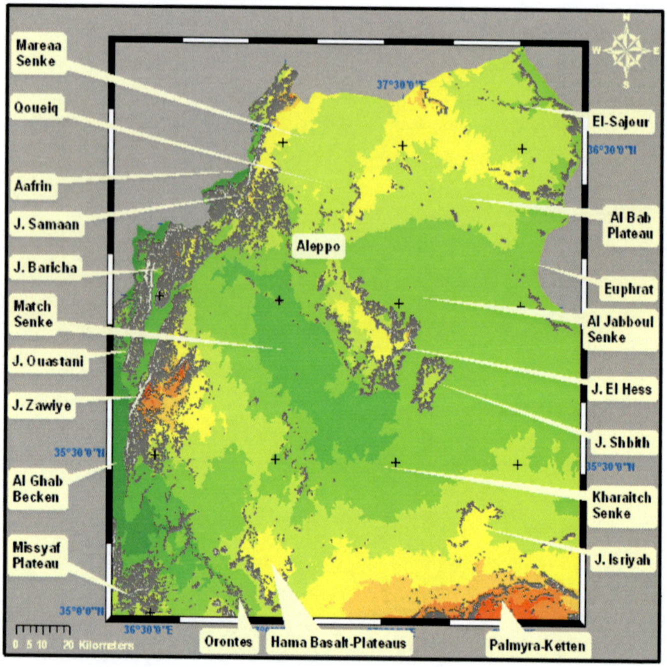

Abb. 5-9: Segmentierung der morphologischen Haupteinheiten (graue Polygone) überlagert auf DHM

الشكل (5-9): تمييز الوحدات المورفولوجية الأساسية (المضلعات الرمادية) والأساس DEM.

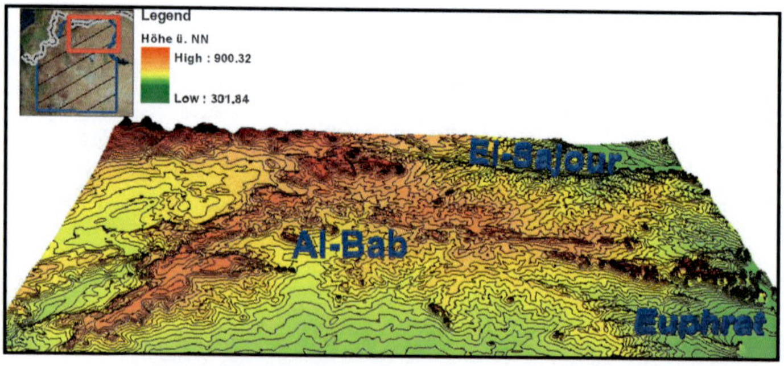

Abb. 5-10: 3D-Darstellung des Al-Bab Plateaus

الشكل (5-10): العرض ثلاثي الأبعاد لهضبة الباب.

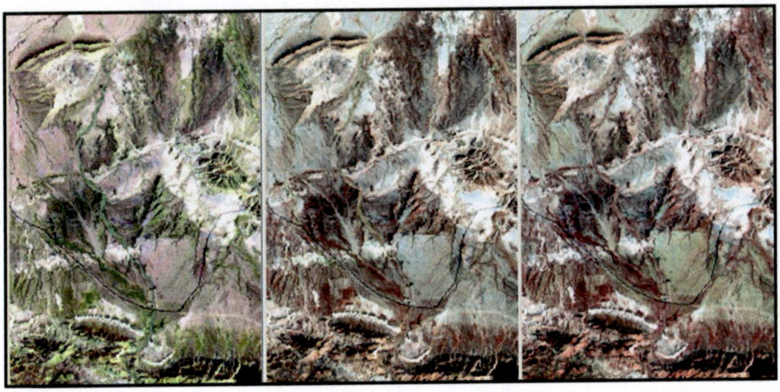

Abb. 5-11: Die RGB-Kombinationen mit dem höchsten OIF der Szene ETM 173036 (Links 753, Mitte 543, Rechts 532)

الشكل (5-11): التراكيب اللونية للقيم الأعلى ل OIF للمشهد ETM 173036 (يسار 753، وسط 543، يمين 532).

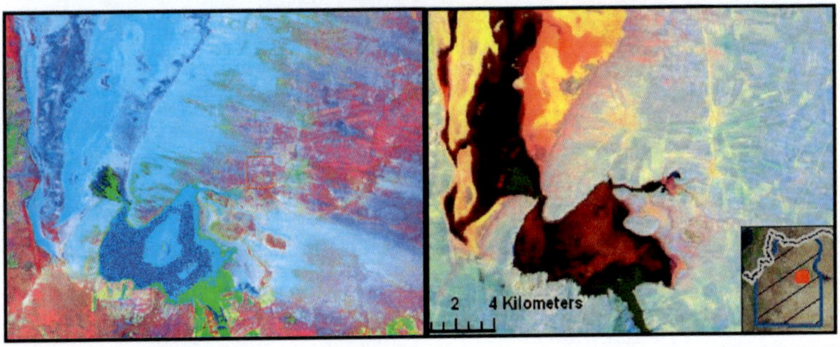

Abb. 5-12: Versalzte Flächen, Links Ratio 3/1, 5/7 und 3/5 & Rechts TM 176 (RGB)

الشكل (5-12): الأراضي المتأثرة بالتملح، يسار الصورة النسبية 1/3، 7/5، 5/3 ويمين صورة TM للتركيب اللوني 176 (RGB).

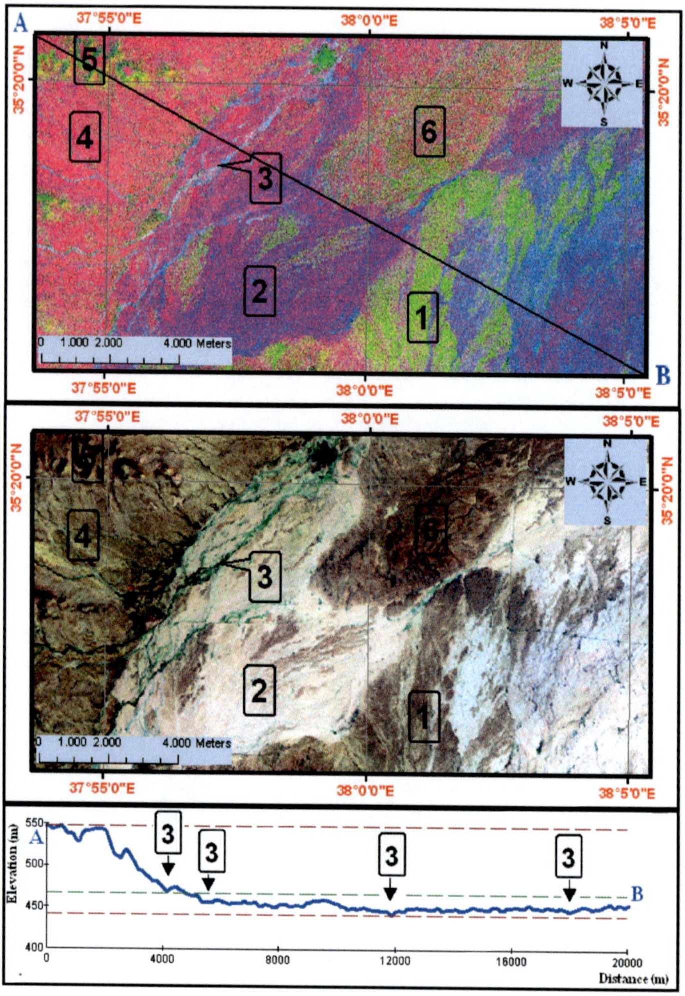

Abb. 5-13: Schwemmfächerverbreitung im Südost des Untersuchungsgebiet Ratiokanalkombination 3/1, 5/7 und 3/5 (oben) verglichen mit der ETM+- Kanalkombination 741 (unten) und das topographische Profil (AB). 1- Alte Schwemmfächer (Spätpleistozän), 2- Neue Schwemmfächer (Holozän), 3- Aktive Erosionsrinne, 4- kreidiger bis toniger Kalkstein (Eozän), 5- Kalkstein (Oligozän), 6- Kalkstein (Pliozän).

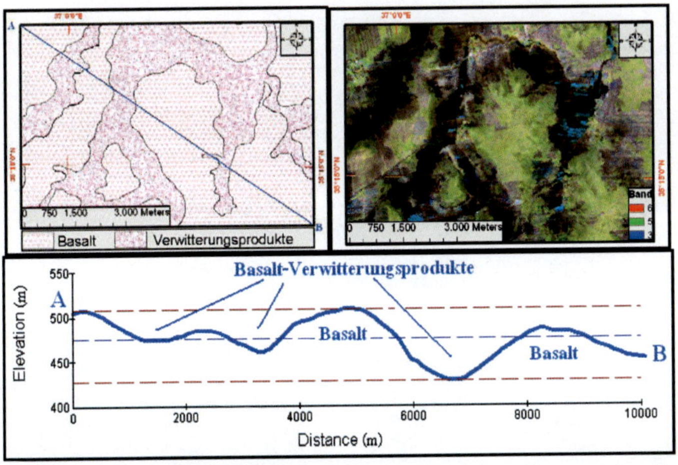

Abb. 5-14: Geomorphologische Kartierung am Beispiel vom Hama-Basalt und Landsat 653 (RGB)

الشكل (5-14): مثال لرسم الخارطة الجيومورفولوجية لمنطقة بازلت حماه وصورة لاندسات 653 (RGB).

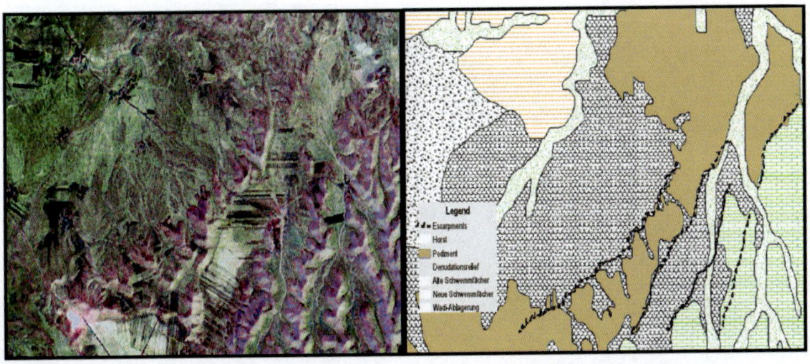

Abb. 5-15: HSV-Fusion des ETM7 (741+8) & die geomorphologische Auswertung

الشكل (5-15): الدمج بطريقة HSV لمرئية ETM7 (741) + النطاق 8 والتفسير الجيومورفولوجي.

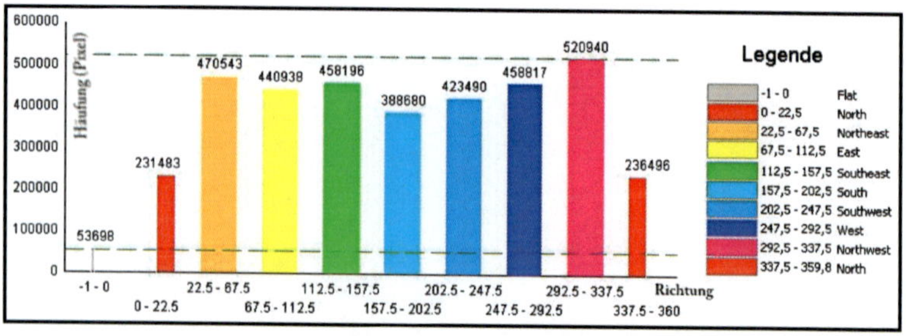

Abb. 6-1: Histogramm der Expositionsverteilung

الشكل (6-1): هيستوغرام توزع قيم المعرض.

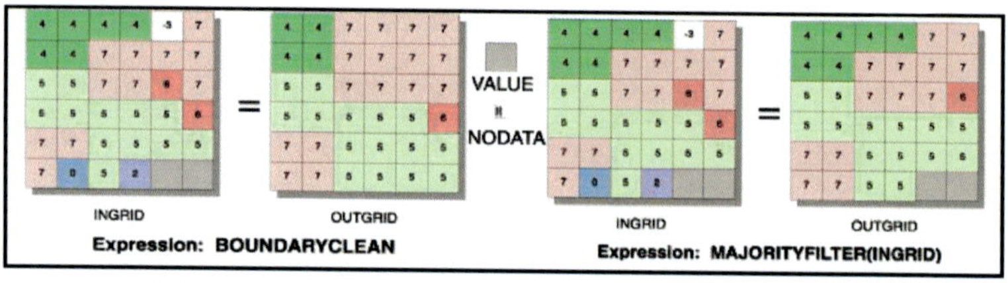

Abb. 6-2: Arithmetische Ausdrücke der verwendeten Filter.

الشكل (6-2): الأسلوب الرياضي للترشيح المستخدم.

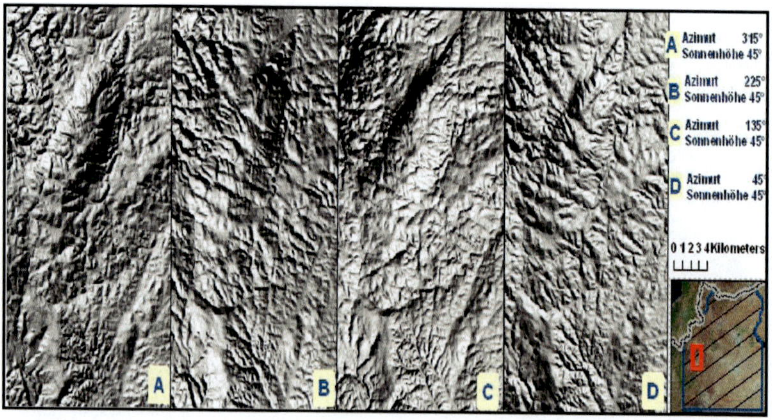

Abb. 6-3: Einfluss der Azimutänderung auf dem geschummerten Reliefmodel

الشكل (6-3): تأثير تغير زاوية الإضاءة على تفسير نموذج ظل التضاريس.

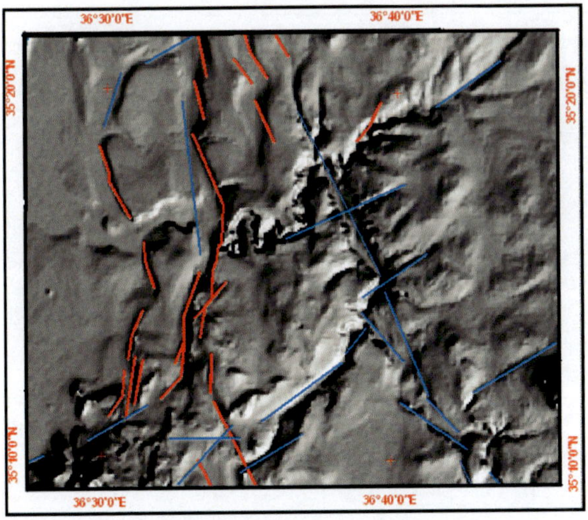

Abb. 6-4: Geschummertes Reliefmodell (Azimut 135°), Verwerfungen (Rot) und lineare Phänomenen (Blau)

الشكل (6-4): نموذج ظل التضاريس (زاوية إضاءة °135)، الفوالق (لون أحمر) والظواهر الخطية (لون أزرق).

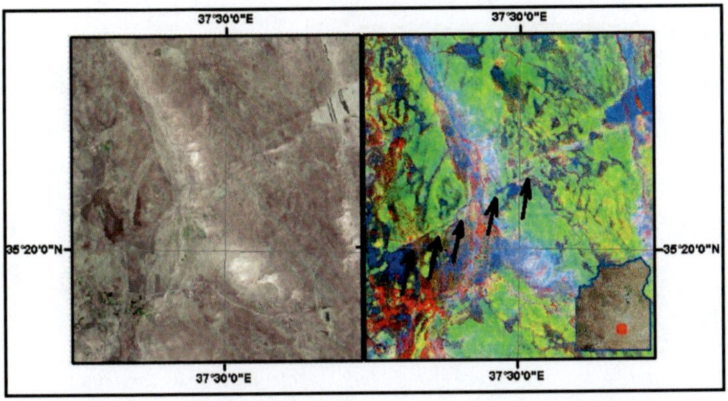

Abb. 6-5: Verbesserung der visuellen Interpretation mittels PCA-Verfahren; Links Landsat 542 (RGB) und rechts PC4, PC3 und PC2 (RGB)

الشكل (6-5): تحسين التفسير البصري باستخدام طريقة PCA، إلى اليسار مرئية لاندسات 542 (RGB) وإلى اليمين مرئية PC4، PC3 و PC2 (RGB).

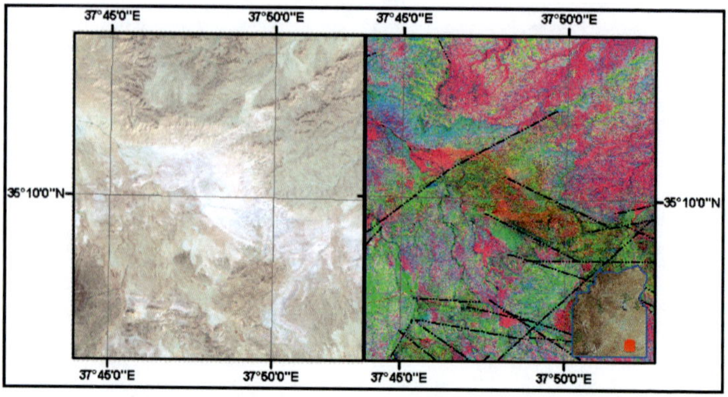

Abb. 6-6: Vergleich zwischen der Kanalkombination 542 und der Ratiobildkombination 7/5, 5/4 und 3/1

الشكل (6-6): مقارنة بين المرئية لاندسات 542 والمرئية النسبية 5/7، 4/5 و 1/3.

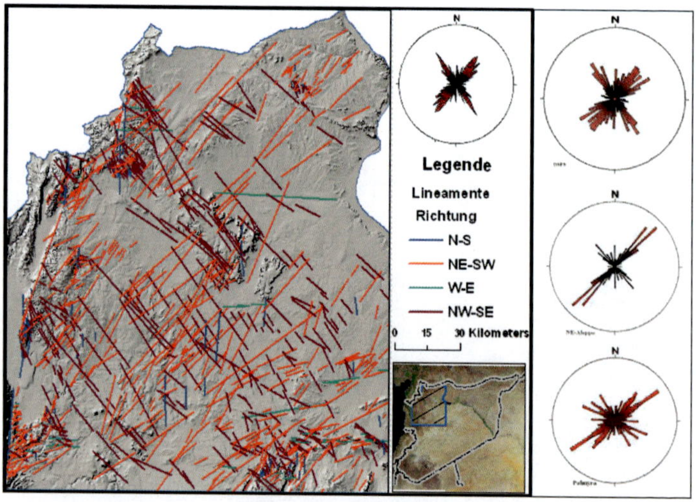

Abb. 6-7: Die Karte der ausgewerteten Lineamente und Rosendarstellung für alle Lineamente (links), Rosendarstellung aus Bereichen des DSFS, NE-Aleppo und der Palmyra-Ketten (rechts).

الشكل (6-7): خريطة القسمات الخطية مع وردة الاتجاهات لجميع القسمات الخطية (يسار) و وردة الاتجاهات من مناطق فالق شرق المتوسط، شمال شرق حلب والسلسلة التدمرية (يمين).

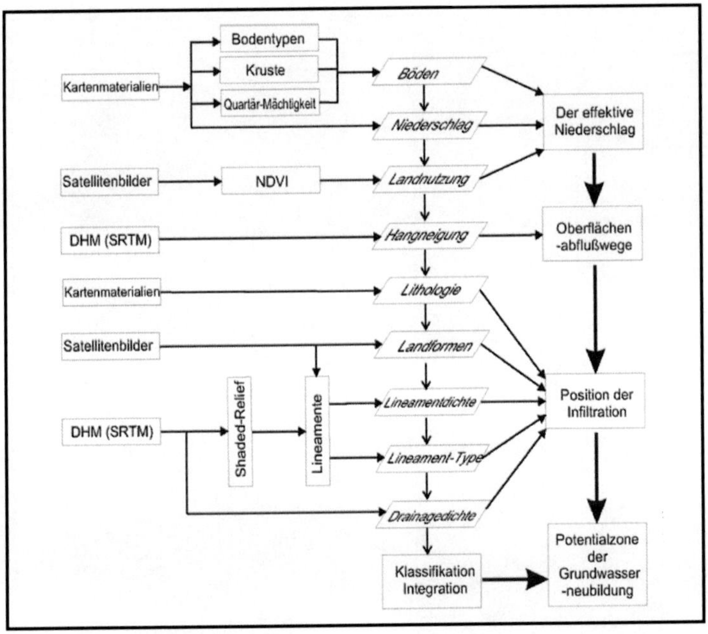

Abb. 7-1: Ablaufdiagramm der hydrogeomorphologischen Darstellung

الشكل (7-1): مخطط تمثيلي لتسلسل الوصف الهيدروجيومورفولوجي

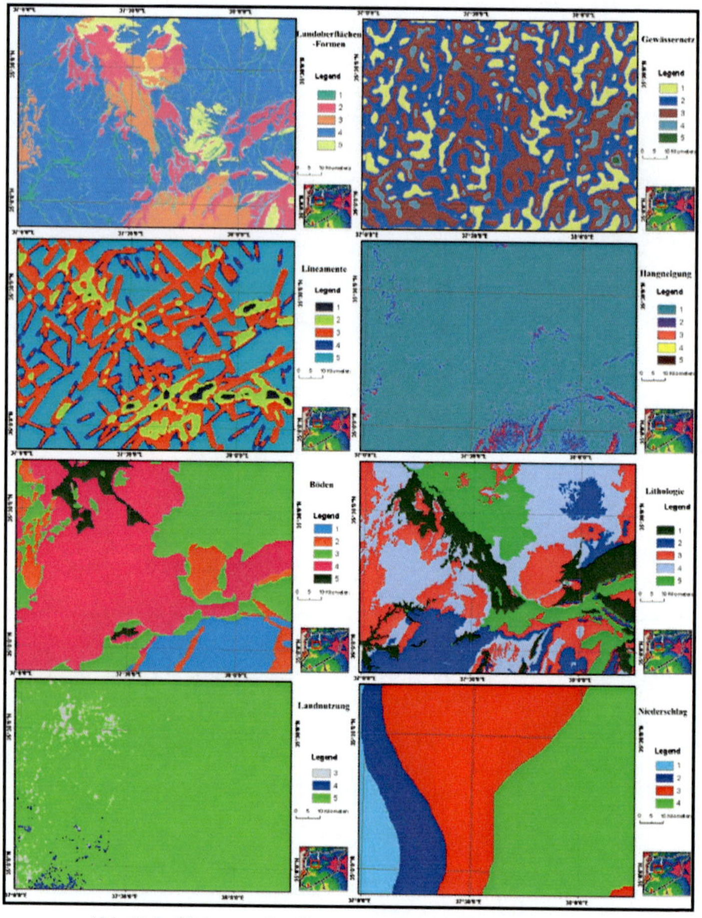

Abb. 7-2: Thematische Karten der gewichteten Kategorien

الشكل (7-2): الخرائط الغرضية المصنفة وفقا للقيم المعطاة.

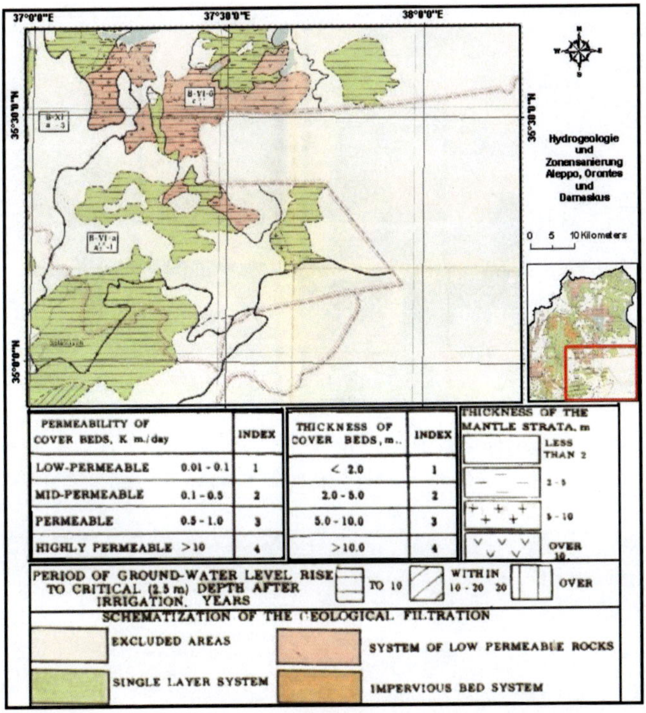

Abb. 7-3: Ausschnitt der Hydrogeologiekarte mit den Parametern

الشكل (7-3): جزء من الخريطة الهيدروجيولوجية والقيم المعطاة فيها.

Abb. 7-4: Von Kalkkrusten überdeckte Ablagerung (links) Kalkkrustenbeseitigung (rechts)

الشكل (7-4): توضعات مغطاة بقشرة كلسية (يسار) وعمليات إزالة القشرة الكلسية (يمين).

Abb. 7-5: Böden im Zentrum des Gebiets (zwei Tagen nach Regenereignis)

الشكل (7-5): التربة في مركز المنطقة المدروسة (الصورة بعد يومين من هطول الأمطار).

Abb. 7-6: Glacisterrassen am Rand der Palmyra-Ketten

الشكل (7-6): مصاطب كلاسيز في محيط السلسلة التدمرية.

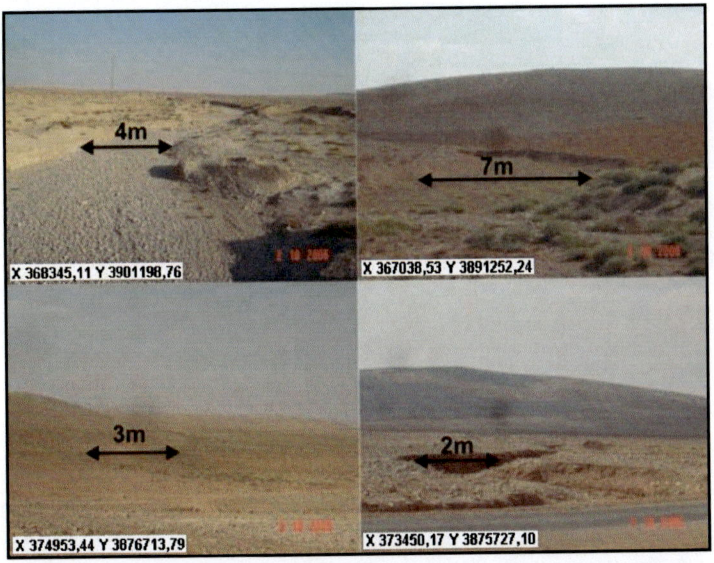

Abb. 7-7: Beispiele für verschiedene Wadis aus dem betrachteten Gebiet

الشكل (7-7): أمثلة لعدة أودية من منطقة الدراسة.

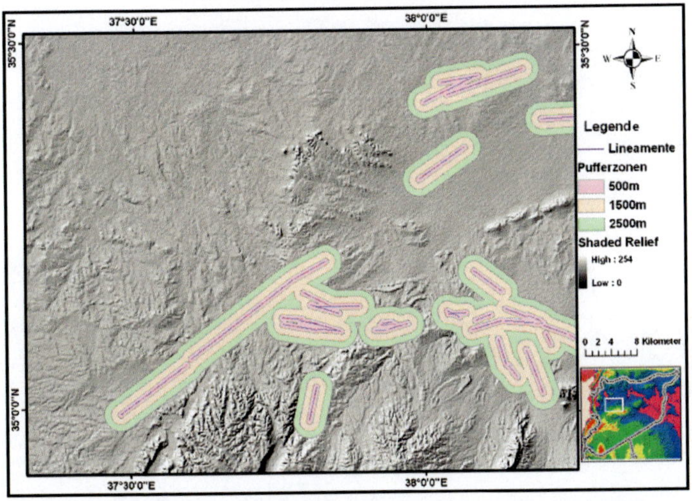

Abb. 7-8: Erschaffung mehrerer Pufferzonen über Lineamenten von Typ A

الشكل (7-8): تكوين عدة نطاقات هامشية تحيط بالقسمات الخطية من النوع A.

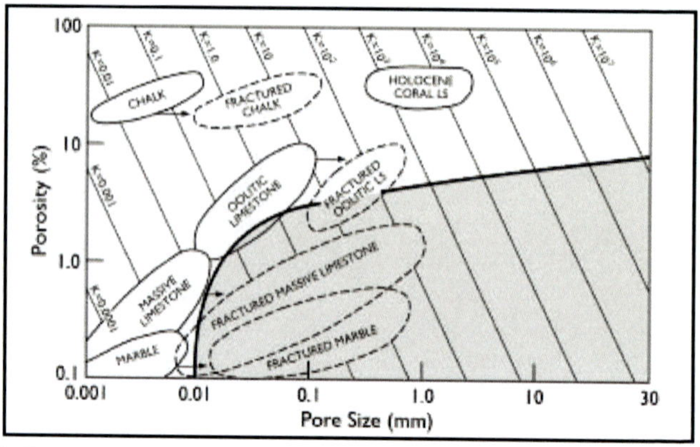

Abb. 7-9: Porosität, Porengröße und theoretische hydraulische Leitfähigkeit (m/Tag) mehrerer Karbonatgesteine (BRAHANA et al., 1988)

الشكل (7-9): المسامية، حجم الفراغات والمعامل الهيدروليكي النظري (م/اليوم) لعدة أنواع من الكربونات (BRAHANA وآخرون، 1988).

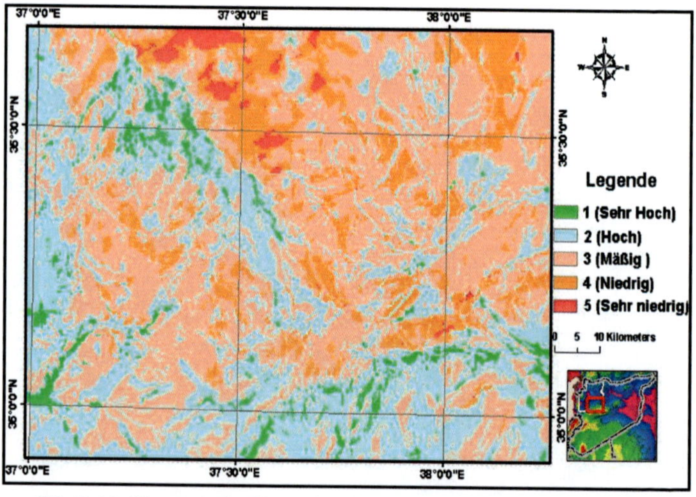

Abb. 7-10: Thematische Karte des Grundwasserneubildungspotentials

الشكل (7-10): الخريطة الغرضية للمناطق المحتملة لتغذية المياه الجوفية .

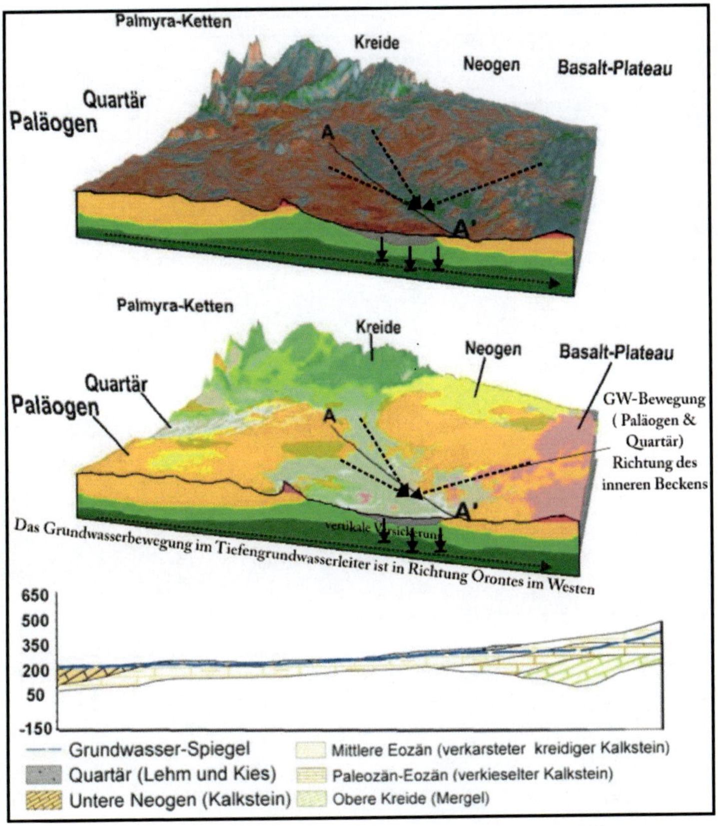

Abb. 7-11: Dreidimensionale Darstellung der Karte des Grundwasserneubildungspotentials (Oben), der Geologie (Mitte) und Unten ein Teil des Profils X-X` (Siehe Anhang 2)

الشكل (7-11): عرض ثلاثي الأبعاد لخريطة الغرضية المناطق المحتملة لتغذية المياه الجوفية وللخريطة الجيولوجية وفي الأسفل جزء من المقطع الجيولوجي X-X` (شاهد الملحق 2).

نافذة على طرائق العمل في الجغرافيا وتقنيات نظم المعلومات الجغرافية

سلسلة منشورات معهد الجغرافيا في جامعة جوتنغن
قسم الكارتوغرافيا ونظم المعلومات الجغرافية والاستشعار عن بعد

تصدر عن الأستاذ مارتن كاباس

وهيب سهوان

دراسات جيومورفولوجية
باستخدام طرائق نظم المعلومات الجغرافية والاستشعار عن بعد
مع أخذ المسائل الهيدروجيولوجية بعين الاعتبار
أمثلة من شمال غرب سوريا

ibidem

دراسات جيومورفولوجية

باستخدام طرائق نظم المعلومات الجغرافية والاستشعار عن بعد

مع أخذ المسائل الهيدروجيولوجية بعين الاعتبار

- أمثلة من شمال غرب سوريا -

بحث

للحصول على درجة الدكتوراه

من كلية العلوم والرياضيات

جامعة جيورج آوغست في جوتنغن

أعدت من قبل

وهيب سهوان

من طيبة الإمام/سوريا

جوتنغن 2007

تنويه

أتقدم بالاعتذار للقارئ الكريم عن وجود عدم وضوح في بعض الجمل وذلك نتيجة الالتزام غالباً بالترجمة الحرفية لمواكبة تسلسل الأفكار في النص الألماني، كما أعتذر عن عدم وضوح تعريب المصطلحات لأن مصطلحات كل من نظم المعلومات الجغرافية والاستشعار عن بعد حديثة الاستعمال في الكتابات العربية.

الفهرس

محفزات الدراسة

تقع منطقة الدراسة في شمال غرب سوريا حيث المناخ شبه جاف وتتضمن كامل محافظة حلب وأجزاء كبيرة من أربع محافظات رئيسة أخرى (إدلب، حماة، حمص، الرقة) وتنضوي هذه المحافظات من حيث عدد السكان ضمن أكبر محافظات سوريا. لهذه الأسباب يتم استثمار هذه المنطقة بشكل كبير جداً، مما يؤدي للاستخدام الجائر لمصادر المياه الجوفية وتدهور النظام البيئي.

في السنوات العشرين الأخيرة تفاقمت هذه المشاكل بشكل كبير جداً وذلك نتيجة التغيرات المناخية وخاصة تناقص كميات الأمطار ويتطلب هذا الوضع إدارة متكاملة لمصادر المياه وبالتالي مراقبة شاملة للنظام الجيولوجي البيئي (الجيوبيئي).

تعتبر الجيومورفولوجيا في منطقة الدراسة أحد العوامل المهمة وذات تأثير كبير جدا ومتبادل مع النظام الجيوبيئي، وعلى الرغم من ذلك فإنها لم تتمتع حتى الآن بالقدر الكافي من الاهتمام العلمي. يضاف إلى ذلك نقص البيانات الرقمية الخاصة بهذه المنطقة.

استنادا لهذا الوضع ركزت أفكار هذه الدراسة على استخدام بيانات الاستشعار عن بعد (من التابع الصنعي لاندسات Landsat وأستر ASTER) ونموذج الارتفاع الرقمي من أجل إعطاء صورة متكاملة عن المنطقة (جيومورفولوجيا، جيومورفومترياً، مورفوبنيوياً). وبذلك كان الهدف الأول للدراسة توصيف متكامل لجيومورفولوجيا المنطقة المدروسة واستنباط بيانات لتكوين قاعدة بيانات جيومورفولوجية رقمية ليأخذ العمل في النهاية منحى إنتاج قاعدة بيانات هيدروجيومورفولوجية رقمية يمكن أن تشكل أساساً لخدمة دراسات أخرى.

كلمات مفتاحية:

الجيومورفولوجيا (علم أشكال سطح الأرض)، نموذج الارتفاع الرقمي، الاستشعار عن بعد، نظم المعلومات الجغرافية، الهيدروجيولوجيا، سوريا.

تمهيد

شهدت السنوات الثلاثون الماضية دخول الطرائق الإلكترونية لمعالجة المعلومات في علوم الأرض، نتج عنه تطور كبير في علوم الأرض التطبيقية، وكانت الجيومورفولوجيا التطبيقية إحدى هذه العلوم التي تطورت نتيجة ذلك، خاصة من خلال ربط هذا العلم بشكل وثيق مع علوم أخرى مثل الجيولوجيا، الاستشعار عن بعد، الجغرافيا الفيزيائية، الهيدرولوجيا، الهيدروجيولوجيا ...الخ. وبمواكبة هذا التطور تطورت أساليب الوصف الجيومورفولوجي وإعداد الخرائط الجيومورفولوجية، التي استخدمت بشكل واسع اعتباراً من النصف الثاني للقرن العشرين لخدمة الأهداف التطبيقية والعلمية، وعلى هذا النحو شهدت الدراسات الجيومورفولوجية - مع تطور بيانات الأقمار الصناعية - تقدماً كبيراً أيضاً، ذلك أن هذه البيانات قدمت إمكانيات كبيرة لدراسة الظواهر والعمليات الجيومورفولوجية على مساحات واسعة من سطح الأرض، بالإضافة إلى ذلك مكنت أنظمة الاستشعار الحالية من التوصل إلى نفس الغنى بالمعلومات ودقة التفاصيل التي تتمتع بها الصور الجوية، وقد تم تجاوز افتقار الصور الفضائية للمعلومات عن الارتفاعات من خلال ربط الصور الفضائية مع نماذج الارتفاعات الرقمية.

إن التطور الأكبر جاء من خلال استخدام نظام المعلومات الجغرافي من أجل وصف وتحليل المظاهر الجغرافية، بحيث أصبح التعامل مع عدد كبير من الخرائط الموضوعية والمعلومات (نصوص أو تقارير أو صور أو قوائم) على شكل قاعدة بيانات جيومورفولوجية ممكناً، وأصبح من الممكن إجراء تقييم مفصل لمعلومات متعددة من مصادر متنوعة، مثل ربط التغيرات المكانية والزمانية للأحداث الجيولوجية.

1 تقديم للدراسة

1.1 الهدف من الدراسة

انطلاقاً من أن التمثيل المدعوم بالطرائق الرقمية للمعلومات الجيومورفولوجية/الجيولوجية باستخدام نظام المسح الجغرافي هو مجال واسع جداً، فقد هدف هذا البحث إلى إعداد تمثيل جيومورفولوجي مستفيض معتمداً على نظم المعلومات الجغرافية ومتضمناً استخدام الإمكانيات المختلفة لنظم المعلومات الجغرافية (التخزين، العرض، التحليل...) من أجل حل عدة مسائل. وبناء عليه كان تركيز العمل على النقاط التالية:

- القيام بدراسة لسطح الأرض باستخدام إمكانيات برنامج ArcGIS من أجل تمييز الوحدات الجيومورفولوجية الرئيسة لسطح الأرض في شمال غرب سوريا اعتماداً على نموذج الارتفاع الرقمي، ومن ثم وصف الظواهر الجيومورفولوجية اعتماداً على الصور الفضائية (لاندسات Landsat وأستر ASTER) ليتم بشكل مواز تقييم ما إذا كان نموذج الارتفاع الرقمي من نوع SRTM يقدم معلومات قابلة للاستخدام من أجل التمثيل الجيومورفولوجي ومدى إمكانية استكمال التمثيل من خلال تفسير الصور الفضائية.
- استخدام طرائق الاستشعار عن بعد وبرامج نظم المسح الجغرافية لمعالجة المعلومات من أجل إعداد خريطة للعناصر المورفوبنيوية الخطية واستنباط تصور عام للوضع التكتوني في منطقة الدراسة يأخذ بعين الاعتبار الخصائص البنيوية لها.
- بناء قاعدة بيانات هيدروجيومورفولوجية من خلال ربط المعلومات التي تم تفسيرها خلال العمل مع معلومات أخرى عن النظام الجيوبيئي (التربة، المناخ، الليتولوجيا، استعمال الأراضي ...) لوضع تصور واضح لتأثير الجيومورفولوجيا على إمكانية تغذية المياه الجوفية وعلى تركيبها الكيميائي.

1.2 طريقة العمل

قبل معالجة موضوع البحث تم في الفصل الثاني استعراض المواضيع التخصصية المختلفة الخاصة بمنطقة الدراسة، وفي الفصل الثالث تم التطرق للمبادئ الأساسية التقنية والفيزيائية للاستشعار عن بعد. وفي الفصل الرابع تم عرض المعلومات التي استخدمت في العمل وكيفية إعدادها مع عرض لبعض المبادئ الأساسية التي تم بحثها.

أما نواة العمل (التمثيل الجيومورفولوجي اعتماداً على بيانات الاستشعار عن بعد) فقد تمت معالجتها في الفصل الخامس، بينما تم وضع تصور عام للتكتونيك اعتماداً على الخواص المورفوبنيوية في الفصل السادس، وفي الفصل السابع تم ربط البيانات الجيومورفولوجية مع البيانات المتوفرة من العلوم الأخرى المجاورة لها في قاعدة بيانات هيدروجيوموفولوجية. وقد تم تمثيل البيانات في الخرائط الموضوعية بأشكال ثلاث:

1) بيانات اتجاهية (Vector data) لعرض المكونات الخطية المنفردة.
2) بيانات نقطية مساحية (Raster data) لعرض الظواهر المستمرة.
3) نقاط مرجعية لتحديد المواقع الجغرافية.

وتضمن العمل مرحلتين من البحث الحقلي في منطقة الدراسة، تم خلالهما محاولة الوصول للأهداف التالية:

1. قياس نقاط إسناد جغرافية لتوثيق وتدقيق الإسناد الجغرافي لمشاهد الصور الفضائية.
2. الإلمام بجيومورفولوجيا المنطقة.
3. الحصول على معلومات بمرجعية مكانية وزمانية لتوثيق التفسيرات والتصنيفات المكتبية.
4. أخذ عينات حقلية.

في شهر نيسان عام 2004 تم القيام بمرحلة العمل الحقلي الأولى وذلك في الجزء الغربي من منطقة الدراسة المتضمن هضبة مصياف الكلسية والجزء الجنوبي من فالق شرق المتوسط. أما المرحلة الثانية من العمل الحقلي فقد كانت عام 2006 في شهري أيلول وتشرين الأول وذلك في الجزء الشرقي والجنوبي الشرقي من منطقة الدراسة والذي يتضمن السلسلة التدمرية الشمالية وأقدامها بالإضافة لجزء كبير من الحقول البازلتية.

2 خصائص منطقة الدراسة

إلى الشمال الغربي من شبه الجزيرة العربية تقع سوريا وتمتد على مساحة تقدر ب 186 ألف كيلومتر مربع، بين خطي العرض 32° و37° شمالاً وبين خطي الطول 35° و42° شرقاً. وتقع المنطقة المتناولة في الدراسة في الشمال الغربي من سوريا، بين خطي الطول '20 °36 و'20 °38 شرقاً وخطي العرض '40 °34 و45'N °36 شمالاً (الشكل 2-1). وتتميز هذه المنطقة في أجزائها الجنوبية والغربية والشمالية بتضاريس جبلية، وتعد النباتات في الجزء الجنوبي إلى الجنوبي-الشرقي منها نادرة إلى شبه معدومة، وباتجاه الشمال والشمال-الغربي تنتشر الأراضي الزراعية، أما المنطقة الجبلية في الشمال-الغربي فهي مغطاة جزئيا بالغابات ويمكن اعتبارها جزء من جبال طوروس التركية، وينتهي التصريف المائي لمنطقة الدراسة بجزئه الأكبر في أحواض مائية مغلقة تحتل مساحة كبيرة في مركز منطقة الدراسة.

2.1 الجيولوجيا

تقع سوريا في الزاوية الشمالية-الغربية من الصفيحة التكتونية العربية ويمكن تقسيمها إلى خمسة مناطق جيولوجية (الصفيحة التكتونية السورية الجنوبية، نطاق الطي التدمري، هضبة حلب، سلسلة الجبال الغربية مع فالق البحر الميت والبنيات المرافقة، نطاق الفرات التكتوني).

يغلب على التقسيم البنيوي لسوريا ولبنان بشكل كبير أربعة اتجاهات تكتونية (WOLFART، 1967) هي:

I. اتجاه الشمالي-الجنوبي الذي يسيطر في الغرب في غور الغاب ولبنان
II. الاتجاه الشمالي الشرقي – الجنوبي الغربي
III. الاتجاه الشمالي الغربي– الجنوبي الشرقي
IV. الاتجاه الغربي-الشرقي.

يوجد النوع الثاني والثالث عملياً في كافة مناطق سوريا بينما يبرز النوع الرابع في شمال شرق سوريا وتتحكم بشكل أساسي بالبناء التكتوني لسوريا العناصر البنيوية ذات الاتجاه شمال-غرب وشمال-شرق، والتي يمكن أن يرجع تشكلها إلى نطاقات تكتونية قديمة من الفوالق ذات الحركة الجانبية. ووفقاً للباحث WOLFART (1967) فإن هذه الرؤية قابلة للتطبيق حتى في منطقة نطاق فالق شرق المتوسط (فالق البحر الميت) وقد دعم رأيه بتأثير الفوالق الجانبية على انحراف البنيات الحديثة خاصة نطاق جبال لبنان ووادي البقاع. وتعتبر الاتجاهات الثلاثة الأولى الأكثر أهمية بالنسبة لمنطقة الدراسة (الشكل 2-2).

2.1.1 التطور الجيولوجي لمنطقة الدراسة

تشغل منطقة الدراسة كامل هضبة حلب (نهوض حلب)، ويحدها من الغرب نظام فوالق البحر الميت وبالتالي حوض الغاب، ومن الشمال الغربي فالق بيتليس (Hempton، 1985) وحوض عفرين، ومن الشرق مجموعة فوالق الفرات، وفي الجنوب تتداخل هضبة حلب جيولوجيا وبنيويا مع السلسلة التدمرية. وقد كانت هضبة حلب برأي Brew وآخرون (2001) خلال الباليوزوي تمثل أحد نهوضين بنيويين في سوريا حيث يقابلها في الجنوب الشرقي نهوض الرطبة (الشكل 2-2).

وفي حقب الميزوزوي شهدت المنطقة عدة عمليات مد وجزر بحري، ونتيجة ذلك سيطرت في هضبة حلب توضعات بحرية إلى لاغونية، وفي بعض الأجزاء كانت التوضعات قارية، فقد سجل وجود توضعات من الأنهدريت وحتى من الهاليت، وفي نهاية الميزوزوي (أواخر الكريتاسي) سيطرت في أجزاء متعددة من سوريا حركات بنيوية هابطة، كان من نتائجها تشكل حوض عفرين في شمال غرب هضبة حلب وتدفق توضعات الأفيوليت في أقصى الشمال-الغربي.

خلال عصر الباليوجين شهدت المنطقة حركات تكتونية نشطة، حيث سجلت حركات هبوطية في جنوب الهضبة (حاليا السلسلة التدمرية) وفي غرب الهضبة (حوض الفرات)، أما في الغرب فقد نهضت سلسلة الجبال الساحلية وجبل حلب (جبل الأكراد). ومن ناحية السحنة الليتولوجية - كما هو حال جميع أنحاء سوريا - يتم الانتقال بدون حدود مميزة من الكريتاسي الأعلى بسحنة المارن الرمادي الأزرق والأبيض أو الكلس المارني الحواري إلى الباليوجين الأسفل بنفس السحنة الليتولوجية، ويتوضع هذا التعاقب الطبقي في كافة أجزاء سوريا وبالتالي في هضبة حلب بشكل أفقي متجانس. وتظهر فترة الإيوسين المبكر سحنة أقل عمقاً مقارنة بسحنة نهاية الكريتاسي وبداية الباليوجين (الباليوسين) وتتميز بمحتوى عالي من الكربونات والسيليكات، أما الإيوسين الأوسط فيتصف بزيادة تدريجية لانتشار توضعات الباليوجين فوق هضبة حلب حيث يلاحظ وجود سماكات كبيرة من هذه الرسوبيات في الشمال الغربي للهضبة. وخلال هذه الفترة غطت المياه منطقة جبل الزاوية الواقعة غرب نهوض حلب والتي كانت قد نهضت سابقا بالتزامن مع نهوض السلسلة الساحلية، وبناء عليه تشكلت خلال هذه الفترة في كافة أجزاء سوريا توضعات من المارن ومن الكلس المارني الحواري البلاجي، ويشذ عن هذه القاعدة منطقة جبل الزاوية الناهضة التي تمتعت بتوضعات قليلة السماكة من الكونغلوميرا والحجر الرملي الأخضر وحجر كلسي متطبق.

ويعقب توضعات الإيوسين الكلسية المارنية توضعات أعلى الباليوجين التي تتكون من حجر كلسي نوموليتي رملي ومن حجر رملي. ومع نهاية الباليوجين لم يكن هناك على ما يبدو أي توضعات بحرية نتيجة النهوضات التكتونية في المنطقة.

وفي المقابل تظهر في عدة فترات من النيوجين في أجزاء متعددة من المنطقة (كما في حوض عفرين) ظروف بيئة بحرية يمكن أن نعزوها إلى تباين في النهوضات التكتونية. وتدل الاندفاعات البازلتية وبخاصة التي تعود لفترة الميوسين الأوسط على وجود نشاط بركاني في تلك الفترة، وتعود إليها الاندفاعات البركانية في جنوب هضبة حلب.

وكما هو الحال في مناطق البحر المتوسط الأخرى سجلت في فترة الميسينيان (نهاية الميوسين) توضعات للمتبخرات. وتدل المتتالية الطبقية للبليوسين على اتجاه التطور الستراتغرافي نحو الشروط القارية مع وجود اندفاعات بازلتية، وقد تميزت فترة البليوسين - ليس في منطقة هضبة حلب فقط وإنما في كافة أجزاء سوريا - بسيطرة العمليات الجيولوجية الخارجية من تجوية ونقل وترسيب. وحولت هذه العمليات التضاريس إلى تضاريس بسيطة سهلية، شكلت أساسا لبناء الأشكال الرئيسية الحالية.

وأدت الحركات التكتونية الحديثة في الجزء الغربي للمنطقة خلال فترتي البليوسين والرباعي إلى تغيرات محلية على شكل هبوطات ونهوضات وحتى تغير في اتجاهات البنيات ونتيجة ذلك تشكل حوض الغاب في الغرب، وقد ترافق ذلك مع اندفاعات للبازلت. أما بالنسبة للفترات الجليدية وما بين الجليدية الأوربية للرباعي فقد تمثلت في سوريا على شكل فترات مطيرة وجافة ويدل على ذلك توضعات البلايستوسين - ذات التطبق الرقيق - في الأحواض الكبيرة خاصة حوض الغاب.

2.1.2 التطور الباليوجغرافي للمنطقة

يشير التطور الباليوجغرافي للمنطقة (خلال الكريتاسي الأعلى والجزء الأدنى من الحقب الثالث بما في ذلك فترة الإيوسين وبشكل جزئي أسفل الأوليغوسين) إلى مرحلة تراجع بحري، ويدل على ذلك كونغلوميرا الإيوسين والتوضعات الرملية في جبل الزاوية وفي شمال السلسلة التدمرية. ووفقا للباحث WOLFART (1967) بدأت الشروط القارية مع نهاية النصف الأول من الحقب الثالث وذلك بوجود تضاريس بسيطة وممهدة في كافة أجزاء المنطقة تقريباً، وقد انقطع هذا المنحى التطوري مع بداية النصف الثاني من الحقب الثالث. فقد أظهرت الدراسات الرسوبية والتكتونية الحديثة للإيوسين الأعلى وجود انتشار واسع لسحنة مائية قليلة العمق، وأظهرت هذه الدراسات أيضا وجود سحنة مائية اقل عمقاً في فترة الميوسين الأوسط اللاحقة، ليتشكل نتيجة ذلك حوض ملحي إلى الشرق من هضبة حلب (الشكل 2-3)، والذي امتد على ما يبدو غرباً حتى قرية الفرقلس (شرق مدينة حمص)، وذلك على شكل خليج ضيق يمكن اعتباره جزءاً من حوض الفرات،وقد تشكل هذا الخليج على الجزء الطرفي للنطاق التكتوني التدمري (WOLFART، 1967).

وهكذا فقد شهد الميوسين المرحلة الانتقالية نحو الشروط القارية في سوريا (BREW وآخرون، 2001). وفي جزئه الأعلى (البونت) برز بشكل مؤكد الجزء الشمالي الغربي من سوريا فوق الماء. واعتباراً من هذه النقطة الزمنية كانت الجبال الحالية قد تشكلت، وبدأت تأخذ شكلاً تضاريسياً أوضح (VOÛTE، 1955).

وتشير كيفية توضع الرسوبات القارية التي تعود إلى فترة الميوسين واتجاهات ترسيبها إلى أنه إلى الشرق من سلاسل الجبال السورية اللبنانية كان هناك انحدار تدريجي للتضاريس باتجاه حوض الفرات (WOLFART، 1967).

وكان في المنطقة في فترة الميوسين الأعلى (البونت) بحيرتين من الماء العذب، إحداهما كانت تقع في منطقة حوض الغاب والأخرى في حوض حمص قليل العمق (DUBERTRET و VAUTRIN، 1938 & VOÛTE، 1955). وتم تسجيل وجود توضعات مارنية غضارية بحيرية عذبة تعود لفترة البونت بجوار حمص وفي الغاب وكذلك في سهل البقاع في لبنان. وبشكل عام اتصفت كافة أجزاء سوريا خلال فترة البونت على ما يبدو بتضاريس سهلية بسيطة (سهل ممهد)، وقد بقي هذا السهل الممهد حتى وقتنا الحاضر في الأودية الكبيرة التي تطورت بالاتجاه العرضي وليس الشاقولي في مناطق سوريا المختلفة، وكذلك في جميع المناطق التي لم تتغير تحت تأثير الحركات التكتونية اللاحقة (VAUMAS، 1961).

ودلت دراسة من قبل RÖSNER (1995) أجريت لبحث تطور سطح الأرض قرب مدينة حلب على أنه قد كان هناك - بشكل لا يقبل الشك - بناء للسهل الممهد في الفترة بين الهيلفيتيان (الميوسين الأعلى) وبين أدنى البليوسين. ومع بداية البليوسين وعلى امتداده كانت هناك عملية إحياء للتضاريس ترافقت مع انطلاق عمليات حت قوية وتوسع للبحيرات المائية العذبة التي كانت قد تشكلت في الميوسين الأعلى. وتطورت نتيجة لذلك شبكة تصريف مائية على نطاق واسع وفعال، وقامت بنقل نواتج التجوية والحت من منطقة الجبال السورية اللبنانية غرباً نحو الشرق باتجاه منطقة السلسلة التدمرية، ويدل على ذلك توضعات الكونغلوميرا العائدة للنيوجين في تلك المنطقة (WOLFART، 1967).

واستمر الوضع الباليوجغرافي للبليوسين في الجزء القاري حتى البلايستوسين المبكر، وتميزت هذه الفترة بشكل واضح بتشكل الوديان وتعميقها، حتى أن الوديان التي كانت تقع في أجزاء قليلة الأمطار نسبياً تم إزالة ونقل الرسوبات المفككة منها. وعلى العكس من ذلك فإنه في البلايستوسين الأوسط كانت هناك عمليات تمهيد للتضاريس كان نتيجتها إعادة امتلاء الأودية بالرسوبيات (VAN LIERE، 1960/61)، ومن المحتمل أن سماكة الرسوبيات في تلك الأودية كانت أكبر بكثير من الوقت الحالي.

وفي البلايستوسين الحديث تم تعميق الأودية مجدداً تحت تأثير أمطار غزيرة وبذلك تمت إزالة جزء كبير من رسوبيات البلايستوسين الأوسط. وهكذا فإن معظم أودية الأجزاء الجافة من سوريا والتي تنتهي غالباً في أحواض مغلقة تشكلت في البلايستوسين والهولوسين، رغم وجود افتراضات بأن بعض هذه الأودية في جنوب غرب سوريا أقدم من ذلك بكثير ويمكن أن تعود للأليغوسين (BÖSCH، 1949). أما بالنسبة للبحيرة العذبة الكبيرة التي كانت في منطقة حوض الغاب فقد انقسمت في فترة البليوسين - بتأثير فالق البحر الميت - إلى بحيرتين في كل من حوض الغاب وحوض العشارنة، حيث أن فالقين طوليين اتجاههما (شمال-جنوب) شكلا غور الغاب وأعطياه الشكل الحالي، بينما كانت في حوض العشارنة عدة فوالق محلية باتجاهات مختلفة وليست تماما طولية. هذا وتشير الدراسات البنيوية والرسوبية في حوض العشارنة إلى أن حركات تكتونية حدثت قبل وبعد الميوسين الأوسط أثرت على منطقة العشارنة، ومن المحتمل أيضا أنه كانت هناك حركات أخرى مهمة في البليوسين والرباعي (VOÛTE، 1955). وبناء عليه فإن حوض بول أبارت في العشارنة يمكن أن يكون أقدم من حوض بول أبارت في منطقة الغاب.

وإلى الشرق من هذه المنطقة (نهوض حلب) كانت هناك خلال فترة الرباعي عدة أحواض ضحلة. أما إلى الشمال من مدينة حلب فقد كان يوجد حوض الباب الذي وجدت فيه رسوبات دلتاوية بسماكة 3-4 م تعود لوادي الذهب القادم من الشمال، وتتداخل هذه الرسوبات مع رسوبيات المارن البحيري الغني بالجص العائد لبحيرة الجبول المغلقة. وكان هناك حوض آخر صغير أيضا إلى الشمال من مدينة حلب هو حوض مارع (WIRTH، 1971)، وقد وجد فيه غضار أحمر بسماكة 40-60 م، وهو يرجع على الأغلب إلى تجمع نواتج تجوية بازلت المناطق

المجاورة.أما جنوب مدينة حلب فقد كان هناك منخفض المتخ الذي وجدت فيه سماكات قليلة لتوضعات نهرية المنشأ ورقيقة التطبق، وإلى الجنوب منه كان هناك منخفض الخرايج الضحل. وقد تشكلت هذه الأحواض البينية على الأغلب خلال فترة الرباعي أي أنها أحدث من حوض السلسلة التدمرية (WOLFART، 1967).

2.1.3 باليوجغرافيا نهري الفرات والعاصي

يرجع الوضع الحالي لنهر الفرات إلى فترة الميوسين والذي يتوافق مع امتداد بنية انهدام الفرات (الميزوبوتاميان). وفي هذه الفترة سيطرت في المنطقة الممتدة بين جبال زاغروس في الشرق وهضبة حلب في الغرب شروط بيئة لاغونية. وخلال فترة البليوسين وضع نهر الفرات حمولته من الرسوبات على سطح يبلغ عرضه 100 كم. ويتفق العمر الزمني لهذه التوضعات مع عمر أقدم المراوح اللحقية الموجودة في غرب سوريا (Wolfart، 1967).

خلال فترة البلايستوسين القديم كان تصريف ما يعرف حاليا بحوض العاصي وحوض عفرين وكذلك الأحواض المغلقة (السبخات) الموجودة شمال السلسلة التدمرية باتجاه نهر الفرات. ووفقا لهذا التصور كان يجري ما يدعى بنهر العاصي القديم من منطقة حمص باتجاه الشمال-الشرقي عبر منخفضي الخرايج والجبول لينتهي في نهر الفرات، وقد استمر هذا الوضع حتى اندفاع البازلت شمال مدينة حماه وجنوب-شرق منطقة الجبول. وبعد تشكل الصبات البازلتية في فترة البليوسين الأعلى (الفيلافرانشيان) انتقل المجرى إلى الحافة الجنوبية للصبات البازلتية، مع بقاء التصريف بنفس الاتجاه عبر المنخفضين المذكورين وعبر وادي خناصر إلى نهر الفرات. وتحت تأثير الهبوط التكتوني الحديث على امتداد نظام فوالق البحر الميت تشكلت في البلايستوسين ثلاث بحيرات كبيرة مؤقتة في محيط مدينة حمص وفي منطقة الغاب وفي منطقة أنطاكيا (منخفض العمق)، ليتخذ تصريف نهر العاصي اعتباراً من البلايستوسين المتأخر منحى آخر عبر البحيرات الثلاث حتى البحر المتوسط، وبذلك تم بناء المجرى الحالي. ونتيجة ذلك تجزأت شبكة التصريف الواقعة بين نهري الفرات والعاصي إلى عدة أحواض مغلقة (سبخات). وقد كان بحث تاريخ تطور الأنهار الكبيرة في سوريا (الفرات والعاصي) هدفا لدراسات تفصيلية قام بها Vaumas (1957) و Van Liere (1960/61) وغيرهم.

2.1.4 الوحدات الليتولوجية

يقع الجزء الأكبر من منطقة الدراسة ضمن حوض حلب الرسوبي، وتملأ هذا الحوض توضعات مختلة يعود معظمها إلى منشأ بحري. ويمكن اعتماداً على الخرائط الجيولوجية المتوفرة للمنطقة (مقياس 1:200000) تمييز الوحدات الليتولوجية التالية:

- توضعات الكريتاسي العلوي: تتكون من حجر كلسي ومارن ودولوميت بالإضافة إلى تداخلات من التوضعات الغضارية والسيليسية، تتكشف هذه التوضعات في مناطق السلسلة التدمرية وفي الأجزاء الغربية من المنطقة المدروسة. بالإضافة لذلك توجد طبقة من الجص في قاعدة الكونياسيان. وتعود التوضعات المتكشفة الأكثر انتشارا في المنطقة إلى الماسترختيان، والذي توجد تكشفاته أيضا في مركز المنطقة المدروسة.

- توضعات الباليوجين: تتكون بشكل رئيسي من حجر كلسي حواري أو غضاري، وتحتوي هذه التوضعات أحياناً على طبقات رقيقة أو عدسات من الحجر الكلسي الغني بالسيليس، والتي توجد غالباً ضمن التوضعات العائدة للإيوسين الأسفل والأوسط.
- توضعات النيوجين: يتمثل بشكل رئيسي بتوضعات تعود إلى الميوسين الأسفل (الهيلفيتيان)، والتي تتكون من حجر كلسي عضوي مع تداخلات من البازلت. يمتاز الحجر الكلسي بأنه خشن التطبق وذو لون رمادي إلى رمادي فاتح. وتنتشر هذه التوضعات بشكل واسع في القسم الشمالي للمنطقة المدروسة. وتعود للميوسين الأعلى الاندفاعات البازلتية، التي غطت التضاريس القديمة (السهل الممهد القديم) التي تتكون من صخور الباليوسين والهيلفيتيان، ويمتاز هذا البازلت بأنه مشقق بكل كبير.
- توضعات الرباعي: تتكون من توضعات نهرية ولحقية وبحيرية، وتتواجد في المنخفضات وبعض الأودية. تلاحظ التوضعات اللحقية على سبيل المثال عند أقدام جبل الحص على شكل حزام بعرض 1-2 كم ويستعاض عن هذه التوضعات بتوضعات نهرية وبحيرية باتجاه مراكز المنخفضات. تتكون التوضعات اللحقية من مكونات من البازلت والحجر الكلسي والصوان سيئة التصنيف، ويجمعها ملاط غضاري يحتوي على الجص. وتتكون التوضعات البحيرية من غضار حاوي على الجص وتداخلات من طبقات وعدسات جص.

2.2 هيدروغرافيا المنطقة

يمكن تقسيم سوريا وفقا ل WOLFART (1967) من الناحية الهيدروغرافية إلى ثلاث مناطق هي المنطقة الغربية والوسطى والشمالية-الشرقية.

وبذلك تصنف المنطقة الواقعة شمال السلسلة التدمرية ضمن المنطقة الوسطى. يوجد في شمال-شرق هذه المنطقة أحد أهم أنهار سوريا وهو نهر الفرات وبحيرته الكبيرة (بحيرة الأسد). ويجرى على طول الحافة الغربية كل من نهر العاصي الذي يجري من الجنوب نحو الشمال ضمن سهل الغاب، ونهر عفرين الذي يجري من الشمال قرب الحدود التركية نحو الجنوب الغربي. ويبدي كل من نهر العاصي وعفرين إلى الغرب من مدينة حلب نفس اتجاه الانحدار نحو البحر المتوسط.

ويخترق الأغطية البازلتية والسهول الموجودة في شمال سوريا العديد من الأودية، التي تصل أعماقها إلى 100 أو 150 متر، وتصب هذه الأودية في نهر الفرات أو في الأحواض المغلقة (السبخات) الموجودة في الأجزاء الداخلية للمنطقة. وتمثل هذه السبخات التجمعات المائية الطبيعية الوحيدة التي يمكن ملاحظتها في سوريا. وأهم السبخات الموجودة في المنطقة المدروسة هي سبخة الجبول والمتخ والخرايج. هذا وتتعرض كافة أجزاء المنطقة المدروسة للجفاف في فصل الصيف باستثناء سبخة الجبول.

2.3 هيدروجيولوجيا المنطقة

كانت مرآة المياه الجوفية حتى وقت ليس ببعيد تقع على عمق بضع أمتار تحت سطح الأرض، وذلك قبل الانتشار الواسع للري باستخدام الضخ الجائر للمياه الجوفية. وقد تم حتى أواسط القرن العشرين حفر آبار في جميع أنحاء سوريا لاستثمار المياه الجوفية. وحسب رأي WOLFART (1967) يمكن فقط في منطقة الجزيرة الحديث عن حوض مائي جوفي ذي امتداد كبير (إقليمي). وحسب WOLFART فإن الإمكانية الأفضل في باقي المناطق للحصول على المياه الجوفية تتوفر من خلال ما يمكن تسميته أنظمة تجميع المياه الجوفية، والتي تتوافق مع مناطق تقاطع القسمات الخطية التكتونية التي ترتبط بسطوح الشقوق في الصخور، وتشكل هذه المناطق على سطح الأرض دوماً أراض منخفضة وبالتالي أحواض تصريف

ونظراً لتناقص الهطولات المطرية وللاستخدام غير القانوني والجائر للمياه الجوفية انخفضت مرآة المياه الجوفية سنة بعد سنة، لتطرح مسألة ري الأراضي الزراعية وتأمين مياه الشرب نفسها كمشكلة حقيقية يجب معالجتها. وحسب الدراسات الهيدروجيولوجية من قبل BURDON (1961) يجب أن يتم في منطقة سلمية (جنوب-غرب المنطقة المدروسة) ري ما نسبته 5% من مساحة الحقول الموجودة فوق الحامل الجوفي الموجود.

ويلعب الحجر الكلسي والدولوميت الكارستي العائد للكريتاسي العلوي (سينومانيان، تورونيان، سانتونيان، كامبانيان) على النطاق الإقليمي في غرب سوريا ولبنان والأردن من الناحية الهيدروجيولوجية دورا هاما جدا. حيث تكون هذه الصخور الكربوناتية في منطقة حلب الحامل الجوفي العميق، والذي تغطيه توضعات مارنية سميكة جدا. ويوجد إلى الأعلى من هذا الحامل الجوفي حامل جوفي آخر يتكون من صخور كلسية وكلسية مارنية تعود للباليوجين (WAGNER و GEYH، 2000). وبالإضافة لذلك توجد بعض الحوامل الجوفية المحلية (جدول 2-1).

الجدول (2-1): التشكيلات الستراتغرافية والمستويات الحاملة للمياه في شمال-غرب سوريا

الستراتغرافيا		المستوي المائي	الليتولوجيا	السماكة (متر)	الخصائص الهيدروجيولوجية
رباعي	بليوسين	العلوي	لوم وتوضعات حطامية وجبس	50- 10	إنتاجية ضعيفة
نيوجين	ميوسين أعلى		بازلت	30 - 5	حامل مائي محلي
	تورتونيان		مارن وحصى وحجر كلسي	20 - 10	حامل مائي محلي
	هيلفيتيان		حجر كلسي كارستي	50 - 5	حامل مائي
باليوجين	أليغوسين		حجر كلسي حواري مارني وحجر كلسي	100 - 40	حامل مائي رئيس
	إيوسين		حجر كلسي نوموليتي كارستي	100 - 0	حامل مائي متقطع
	باليوسين		مارن وحوار وصوان	460 - 0	مستوى كتيم
كريتاسي علوي	ماستريختيان				
	كامبانيان				
	سينومانيان تورونيان	عميق	دولوميت وحجر كلسي كارستي	350 - 250	حامل مائي رئيس
سفلي	أبسيان ألبيان		مارن	50 <	مستوى كتيم

2.4 مناخ المنطقة

تصنف سوريا وفقا لموقعها الجغرافي وخصائصها المناخية ضمن المناطق تحت المدارية. ويمتاز الصيف في سوريا بشكل عام بأنه حار وجاف، بينما يكون الشتاء معتدلاً إلى بارد، رطباً نوعا ما. ويمتد كل من الصيف والشتاء على مدى أربعة أشهر تقريباً. حيث يصل الصيف إلى ذروته في شهري تموز وآب، ويتمتع عادة النصف الثاني من شهر أيار والنصف الأول من شهر تشرين الأول بمناخ صيفي. وبالمقابل يصل الشتاء إلى الذروة في شهري كانون ثاني وشباط.

وتخضع سوريا في فصل الشتاء بشكل أساسي لتأثير ضغوط جوية تتشكل فوق البحر المتوسط أو تكون قادمة من منطقة المحيط الأطلسي. تترافق هذه الضغوط مع تزايد في كثافة الغيوم وتناقص في درجات الحرارة والهطول المطري، وكذلك بهبوب رياح شمالية-غربية أو شمالية-شرقية. وينتج عن ذلك الحد من إمكانية وصول أشعة الشمس إلى الأرض وإعاقة الأشعة المنعكسة من سطح الأرض. وتخضع سوريا أحيانا في فصل الشتاء لتأثيرات أطراف المرتفع الجوي السيبيري، الذي ينتج عنه الطقس البارد الخالي من الغيوم في المنطقة.

ويسيطر في فصل الصيف الطقس تحت المداري الجاف والرياح التجارية، مما يعني أن المنطقة تخضع لتأثير دائم لمناخ صيفي حار وجاف. ويمتاز هذا المناخ بانعدام الغيوم وبهواء ذي درجات حرارة عالية مع سيطرة الرياح الجنوبية الغربية الجافة. وهكذا فإن الغيوم تكون قليلة جداً في فصل الصيف بالمقارنة مع فصل الشتاء، مما ينتج عنه امتصاص الحرارة خلال النهار وإصدارها بشكل سريع خلال الليل، كما ينتج عن ذلك الفروق الحرارية ما بين الليل والنهار.

يتساقط الجزء الأكبر من الأمطار في شهري الذروة لفصل الشتاء، ويتأثر توزع الأمطار بشكل واضح بتضاريس سطح الأرض، فتتناقص كمية الأمطار من الغرب نحو الشرق، وبينما تتساقط كميات كبيرة من الأمطار في المنطقة الساحلية أي في الغرب، تكون الهطولات في المناطق الشرقية عرضية ونادرة (الشكل 2-4). وتتناقص أيضاً رطوبة الهواء بتأثير التضاريس من الغرب نحو الشرق. ونتيجة لكل هذه الظروف يكون معدل البخر السنوي في الشرق أكبر منه في الغرب، خاصة عندما تتم المقارنة مع المنطقة الساحلية.

وتتراوح الهطولات المطرية في المنطقة المدروسة ما بين 150 مم/السنة إلى الشمال من السلسلة التدمرية وما بين 600 مم/السنة في الشمال-الغربي (منطقة حلب)، ويعود ذلك إلى أن الأجزاء الشمالية الغربية والغربية من منطقة الدراسة تخضع لتأثير الظروف المناخية الناتجة عن البحر المتوسط (محيطية)، بينما يتزايد نحو الشرق تأثير الظروف المناخية القارية.

2.5 التربة

يتحدد وضع التربة في كافة أنحاء سوريا بما فيها المنطقة قيد الدراسة من خلال أربعة عوامل هي الصخر الأم والمناخ والنشأة والتأثير البشري. وقد سبب العامل الأخير - نتيجة اقتلاع الأشجار في الأجزاء الغربية من المنطقة المدروسة - تدهور التربة بشكل كبير جداً، مما أدى إلى تحول أجزاء متعددة إلى حقول كارست بدون أي غطاء من التربة. وقد كانت هذه الأجزاء على الأغلب حتى الفترة الرومانية البيزنطية مغطاة بتربة ذات سماكات كبيرة (Wirth، 1971).وإلى الشرق من هذه الأراضي الجرداء في المنخفضات المحيطة بمدينة حلب وفي محيط مدينتي حماة وحمص تنتشر تربة من نوع الكروموسول (Grumosol) ذات سماكات مميزة وغنية بالكلس وذات لون أحمر إلى أحمر قاتم، وتمتاز بخصوبة عالية جداً. وقد تشكل هذا النوع من التربة فوق صخور المارن

التي تعود لفترة السينونيان والثلاثي المبكر، وذلك تحت شروط مناخية أكثر دفئا ورطوبة من الشروط السائدة في الوقت الحالي. وقد افترض VAN LIERE (61/1960) بأنه خلال تشكل هذه التربة كانت هناك إزالة لمحتواها من الكالسيوم، وأن المحتوى الحالي يعود إلى توضعات ريحية من الغبار الغني بالكالسيوم لاحقة لتشكلها. ويرى VAN LIERE أن هذه التربة عبارة عن تربة متبقية أو تربة مستحاثة أعيد توضعها.

وتأتي في المرتبة الثانية من حيث الانتشار التربة المغطية لمناطق البازلت في جبل الحص وجبل شبيث ومناطق بازلت حماه. بينما تسود في شرق وجنوب-شرق المنطقة المدروسة وحتى نهر الفرات شرقا التربة الجصية، التي تشكلت فوق توضعات الأنهدريت والجص العائدة للميوسين. ويساهم الوضع الجيومورفولوجي المتمثل بوجود هذه التربة في مناطق المنخفضات الداخلية المغلقة في إغناء هذه التربة بالأملاح، وذلك نظرا لوجود المياه الجوفية المحملة بنسبة عالية من الأملاح بالقرب من سطح الأرض. ولذلك تكون هذه التربة في بعض المناطق مغطاة بقشرة جصية. وتصبح خصائص هذه التربة في المناطق الزراعية عند الري بكثافة غير ملائمة لنمو المزروعات مسببة نقصاً في الإنتاج الزراعي.

يوجد إلى جانب هذه الأنواع نوع آخر من التربة هي التربة الصفراء، وينتشر هذا النوع في المناطق السهلية والهضاب، خاصة في المناطق المحصورة ما بين الهضاب البازلتية والسبخات والسلسلة التدمرية. وعلى العكس من الترب الموجودة في مناطق البازلت والتي تمتاز بفقرها بالكلس أو بغياب المحتوى من الكلس تماماً، وتمتاز الترب الصفراء كما هو حال ترب الكروموسول بوجود نسبة عالية من الكلس. ويمكن القول بأن هذه الترب وصلت إلى مرحلة متوسطة من التطور وذات قوام لوم سلتي مفكك بألوان تتراوح مابين البني والأصفر.

2.6 الغطاء النباتي واستخدامات الأراضي

تعرض الغطاء النباتي في هذه المنطقة - كما هو الحال في كثير من أنحاء سوريا -تحت تأثير النشاط البشري- للتغيير والتدهور بشكل كبير، ولعبت التغيرات المناخية أيضا دورا ملحوظا في ذلك. فقد كانت المناطق الجبلية في المنطقة المدروسة في الماضي مغطاة جزئيا بالغابات. ويمكن ملاحظة إشارة لوجود غابات في مناطق السلسلة التدمرية وهضبة مصياف في الخرائط الطبوغرافية التي تم إعدادها عام 1940 باستخدام خرائط أعدت خلال فترة الانتداب الفرنسي على سوريا، وقد أشار PABOT (1956) إلى وجود بقايا الغابات القديمة في منطقة جبال البلعاس ووسط سوريا.

وتقسم هذه المنطقة اعتماداً على التوزع الجغرافي للنباتات في سوريا إلى أربعة نطاقات. يقع جزء كبير من الأراضي الزراعية في الجنوب الشرقي للمنطقة المدروسة ضمن مناطق البدو الرحل، ويتعلق الوضع هنا بالظروف المناخية (الشكل 2-5). وتنتشر المناطق الزراعية بشكل أكبر باتجاه الغرب والشمال الغربي حيث المناطق الحضرية. حيث تأخذ الزراعة في هذه المناطق شكل زراعات مروية أو زراعات تعتمد على الأمطار.

وبينما كان النوع الثاني للزراعة في الماضي هو الأكثر انتشاراً (WIRTH، 1971)، فإنه مع انتشار حفر الآبار الجوفية واستخدام المضخات للري ازدادت الزراعات المروية بشكل كبير جداً. وبالمقابل تسيطر في الأجزاء الجنوبية الشرقية ووسط منطقة الدراسة الزراعات البعلية مع بعض الزراعات المروية في الأودية. وتنتشر الزراعات المروية باتجاه الغرب والشمال الغربي إلى جانب حقول من أشجار الفستق الحلبي والزيتون والكرمة. بينما تزرع في الأودية بشكل أساسي الخضروات (البصل والطماطم والقثاء وغيرها). ويقتصر الإنتاج الزراعي هنا على الاكتفاء الذاتي لسكان هذه المناطق. بينما يلاحظ باتجاه الغرب ازدياد في الإنتاج الزراعي.

ويغلب على الزراعات الشتوية زراعة القمح والشعير. أما الزراعات الصيفية فتكون غالباً القطن والبطيخ الأصفر والأخضر، ويعقبها زراعة خضروات مثل الطماطم والقثاء والفلفل الأخضر وغيرها. ويمكن أن تكون هذه الزراعات مروية أو بعلية، وبالإضافة إلى ذلك انتشرت بشكل واسع زراعة البطاطا.

وفي وسط المنطقة المدروسة أصبحت مسألة الاستثمار الزراعي مشكلة تتطلب المعالجة، وذلك بسبب تدهور التربة في هذه المناطق. فنظراً للظروف المناخية غير المستقرة تنشأ مخاطر لا يمكن تقديرها، حيث يفقد الري الجدوى العملية في ضوء الظروف الهيدرولوجية والهيدروجيولوجية.

3 المنظومات الفضائية

تأسس الاستشعار عن بعد على قاعدة التصوير الجيولوجي (*Photogeology*) الذي نشأ عام 1930. ونتيجة تطور الأقمار الصنعية وأنظمة التصوير الرقمية وغير الرقمية وكذلك طرق معالجة البيانات الكترونياً أصبح من الممكن دراسة الأرض انطلاقاً من المجال الجوي وحتى الفضائي وبقدرات تمييز مكانية متعددة. وهكذا أصبح بإمكان الأقمار الصنعية من ارتفاعات كبيرة قياس الأمواج الكهرومغناطيسية المنعكسة من سطح الأرض ومن الأجسام التي تتأثر بشكل كبير بهذه الأمواج. واعتماداً على البيانات التي تسجلها المجسات الفضائية وتبعاً للمسائل المطروحة للبحث وكذلك تقنية القياس المستعملة يمكن استنباط المعلومات.

يتراوح مجال الطول الموجي للطيف الكهرومغناطيسي الذي يتم قياسه من قبل المجسات ما بين مجال الطيف المرئي أو المنظور (VIS) مروراً بمجال الأشعة تحت الحمراء (IR) المنعكسة (الإشعاعات الصادرة من سطح الأرض ضمن مجال IR) والحرارية (الإشعاعات الصادرة في مجال IR من مواد حرارتها أعلى من الصفر المطلق) وحتى مجال الأشعة الرادارية (الشكل 1-3). وفي حين تتطلب الأنظمة الضوئية (*Optical System*) التي يمكنها تحسس المجال المرئي وحتى مجال الأشعة تحت الحمراء أجواء مكشوفة وصافية، لأنه ليس بإمكان هذه الأشعة اختراق الغيوم، فإن هذه الأخيرة لا تعيق الأنظمة الرادارية (*Radar System*)، إلا أن الأنظمة الرادارية لها من ناحية أخرى سلبيات فهي لا تعطي صورة واضحة لسطح الأرض كتلك التي تعطيها الأنظمة الضوئية. وبشكل عام يتم تصميم أنظمة الاستشعار بحيث تستشعر مجال طيفي محدد يمر عبر نافذة محددة في الغلاف الجوي.

3.1 النظام لاندسات (Landsat)

منذ عام 1960 تم استخدام أنظمة الأقمار الصناعية المناخية لمراقبة الأرض، إلا أن هذه الأقمار لم تكن مثالية لإعداد خرائط تفصيلية لسطح الأرض. وأول قمر صناعي متخصص في هذا المجال تم وضعه في العمل من قبل وكالة الفضاء الأمريكية (ناسا) تحت اسم لاندسات 1 في عام 1972. ومنذ ذلك التاريخ أصبح في متناول علماء دراسة الأرض بيانات فضائية رقمية لكافة أجزاء الأرض تقريبا. وقد تم تطوير نظام الاستشعار في لاندسات بحيث يغطي المجال الطيفي المرئي ومجال الأشعة تحت الحمراء، وتم وضعها في الخدمة من اجل مراقبة سطح الأرض.

وقد وضع حتى نهاية عام 1983 في العمل أجيال اللاندسات 1 حتى 3، والتي كانت مزودة بالماسح الضوئي المتعدد الأطياف (MSS)، الذي يمكنه استقبال الأشعة ضمن أربعة نطاقات في المجال البصري ومجال الأشعة تحت الحمراء. واعتباراً من شهر أيلول 1982 وضع جيل لاندسات الثاني في العمل متمثلاً بالتابعين لاندسات 4 ولاندسات 5، وتم تزويد هذا الجيل إلى جانب الماسح MSS بمجس جديد يتمتع بقدرة تمييز طيفية ومكانية أفضل، وأطلقت عليه تسمية راسم الخرائط الغرضية TM (الجدول 3-1).

ويتمثل الجيل الأخير من لاندسات حاليا بلاندسات 7، وقد تم تزويده براسم الخرائط الغرضية المحسن (ETM+) الذي يتمتع بقدرة تمييز مكانية أفضل في مجال الأشعة تحت الحمراء الحرارية، وأضيف له أيضا نطاق تصوير أسود وأبيض في المجال الطيفي المرئي. هذا وتعطي هذه الخصائص المختلفة للبيانات المأخوذة بواسطة اللاندسات قابلية للتطبيق في مجالات متعددة. ونجد في الجدول رقم 3-2 مجالات الاستخدام الرئيسة للنطاقات الطيفية المختلفة من ETM+.

الجدول (3-1): خصائص الأجيال الثلاثة من لاندسات

الجيل	الجيل الأول			الجيل الثاني		الجيل الثالث
العائلة	لاندسات 1	لاندسات 2	لاندسات 3	لاندسات 4	لاندسات 5	لاندسات 7
تاريخ الإطلاق	1972/7/23	1975/1/22	1978/3/5	1982/7/16	1984/3/1	1999/4/15
الخدمة	حتى 1978/1/6	حتى 1982/2/5	حتى 1983/3/31	حتى 2001/6/15	لا يزال في الخدمة	لا يزال في الخدمة
المجس	MSS			MSS & TM		ETM+
عدد النطاقات	4			7		Pan. + 7
قدرة التمييز	80 * 80 متر تقريبا			30 * 30 متر		30 * 30 متر
مساحة المرئية	185 * 185 كم			185 * 172 كم		185 * 170 كم
ارتفاع المدار	907 - 915 كم			705 كم		705 كم
تكرار التصوير	كل 18 يوم			كل 16 يوم		كل 16 يوم
النطاق 1	0،5-0،6 µm			0.45 - 0.53 µm		0.45 - 0.52µm
النطاق 2	0،6-0،7 µm			0.52 - 0.60 µm		0.52 - 0.60µm
النطاق 3	0،7-0،8 µm			0.63 - 0.69 µm		0.63 - 0.69µm
النطاق 4	0،8-1،1 µm			0.76 - 0.90 µm		0.75 - 0.90µm
النطاق 5				1.55 - 1.75 µm		1.55 - 1.75µm
النطاق 6				10.40 - 12.50µm		10.4 - 12.50µm
النطاق 7				2.08 - 2.35 µm		2.08 - 2.35µm
النطاق 8						0.52 - 0.90µm
المدار	قطبي متعامد مع الشمس					
النطاق السادسة من TM هي من نوع TIR وذات قدرة تمييز أرضية 120 * 120 متر.						
النطاق السادسة من +ETM هي من نوع TIR وذات قدرة تمييز أرضية 60 * 60 متر.						
المجس في التابع لاندسات 4 كان ما بين الشهر السابع 1987 والشهر السادس 2001 خارج الخدمة						
التابع لاندسات 6 تم فقدانه عند إطلاقه ووضعه في مداره.						
تم تحسين التابع لاندسات 7 بإضافة نطاق التصوير البانكروماتي (النطاق 8) بقدرة تمييز أرضي 15 متر.						

الجدول (2-3): استخدامات المجالات الطيفية من لاندسات

النطاق	نوع الطيف	الخصائص التطبيقية
1	الأزرق	دراسة المناطق الشاطئية والمياه المحملة بالرسوبات وبالتالي كشف مصادر هذه الرسوبات وكذلك التمييز ما بين المناطق المغطاة بالنباتات وتلك المغطاة بالتربة.
2	الأخضر	تقييم صحة النباتات والدراسات المتعلقة بالترب
3	الأحمر	دراسة الصخور الحاوية على الحديد والدراسات البنيوية والتمييز بين النباتات (اعتمادا على الكلوروفيل)
4	تحت الأحمر القريب	الدراسات النباتية ومحتوى المادة العضوية ورطوبة التربة ووضع حدود الكتل المائية
5	تحت الأحمر المتوسط	دراسة محتوى النباتات والتربة من الماء ورسم الخرائط الليتولوجية ودراسة الغيوم والغطاء الثلجي
6	تحت الأحمر الحراري	الدراسات الليتولوجية (رسوبات وصخور حاوية على السيليكات) ودراسات المياه الجوفية والدراسات تحت البحرية
7	تحت الأحمر المتوسط	تمييز الفلزات الغضارية الحاوية على OH- والصخور الكربوناتية والدراسات الهيدروترمالية

3.2 النظام أستر (ASTER)

يعتبر مقياس الطيف الإشعاعي المتطور والمتخصص بقياس الانبعاث والانعكاس الحراري (Advanced Thermal Emission and Reflection Radiometer) أحد خمسة مجسات محمولة على المنصة تيرا (Terra). وقد أطلق هذا التابع الصنعي من قبل ناسا في 18 كانون الأول عام 1999. وتم تصميمه في اليابان وبدأ بعمله في الفضاء اعتباراً من شهر شباط عام 2000. ويقوم هذا التابع بالدوران حول الأرض في مدار قريب للمدار القطبي على ارتفاع يقدر ب 705كم. ويتألف نظام الاستشعار فيه من ثلاث مجسات (الشكل 3-2): المجس (VNIR) ويقيس في مجال الطيف المرئي ومجال الأشعة تحت الحمراء وذلك وفق ثلاث نطاقات بقدرة تمييز مكانية 15م. والمجس الثاني (SWIR) يقيس في مجال الأشعة تحت الحمراء قصيرة الموجة وفق ست نطاقات وبقدرة تمييز مكانية 30م. والمجس الثالث (TIR) يقيس في مجال الأشعة تحت الحمراء الحرارية وفق خمس نطاقات وبقدرة تمييز مكانية 90 متر. يغطي كل مشهد مساحة تقدر ب (60 * 60) كيلومتر.

وتستعمل النطاقات الأربعة عشر لنظام أستر من أجل إعداد الخرائط ودراسة توزع الحرارة ومراقبة الانبعاث والانعكاس من سطح الأرض وكذلك تحديد الارتفاعات. وهو يقدم فهماً جيداً للتأثير المتبادل بين كل من الغلاف الحيوي والمائي والصخري والجوي. ويتم ضمن المجال الطيفي للنطاق 3 (VNIR) التقاط صورتين متتاليتين. الصورة الأولى يرمز لها ب 3N أي النظير السمتي (Nadir) وهي تؤخذ بشكل عمودي على سطح الأرض تحت المجس مباشرة الصورة الثانية يرمز لها ب 3B وتؤخذ لنفس المنطقة ولكن مع تأخر زمني بسيط

وبزاوية مائلة تقدر ب 27،°6 بواسطة دوران المجس باتجاه الوراء. وبنتيجة ذلك نحصل على صور ستيريوسكوبية يمكن معالجتها باستعمال برمجيات حاسوب معينة لإنتاج نموذج ارتفاع رقمي.

الجدول 3-3: خصائص التابع الصنعي أستر (ASTER)

الخاصية	VNIR	SWIR	TIR
المجال الطيفي	النطاق 1 0.52 - 0.60 µm	النطاق 4 1.600 - 1.700 µm	النطاق 10 8.125 - 8.475 µm
	النطاق 2 0.63 - 0.69 µm	النطاق 5 2.145 - 2.185 µm	النطاق 11 8.475 - 8.825 µm
	النطاق 3N 0.76 - 0.86 µm	النطاق 6 2.185 - 2.225 µm	النطاق 12 8.925 - 9.275 µm
	النطاق 3B 0.76 - 0.86 µm	النطاق 7 2.235 - 2.285 µm	النطاق 13 10.25 - 10.95 µm
		النطاق 8 2.295 - 2.365 µm	النطاق 14 10.95 - 11.65 µm
		النطاق 9 2.360 - 2.430 µm	
قدرة التمييز	15m	30m	90m

3.3 النظام SRTM

أطلقت البعثة الفضائية ل SRTM (Shuttle Radar Topography Mission) في خريف 1999. وهي تمثل مشروع مشترك بين الولايات المتحدة (NASA-JPL & NIMA) وألمانيا (DLR) وإيطاليا (ASI) وتهدف للحصول على تغطية طبوغرافية ثلاثية الأبعاد لكامل سطح الأرض باستخدام القياس الراداري.

يتكون النظام الراداري ل SRTM من وحدتين هما X-SAR وSIR-C. الوحدة الأولى هي نظام راداري تم تطويره بنتيجة تعاون ألماني-إيطالي ويعمل في المجال X بأمواج طولها 3.1 سم و بتردد 9.6 جيغاهيرتز. الوحدة الثانية هي نظام راداري أمريكي يعمل في المجال C بأمواج طولها 6 سم وتردد مقداره 5.3 جيغاهيرتز. يدور النظام حول الأرض على ارتفاع 233 كم ويميل مداره بالنسبة لخط الاستواء بزاوية تقدر ب 57 درجة. وبهذا الميل في مداره يمكنه أخذ قياسات المناطق الواقعة بين الخط 60° شمالا و59° جنوبا، وقد تم الأخذ بعين الاعتبار دوران الأرض حول نفسها أثناء دوران هذه المنظومة في مدارها، مما يمكن الرادار من التحليق فوق جميع القارات.

تقوم الوحدة الأمريكية SIR-C بمسح الأرض وفق أشرطة بعرض 225 كم وتتمكن بذلك من تغطية كامل المنطقة التي يتم التحليق فوقها. تقوم الوحدة الألمانية الإيطالية X-SAR بالمسح وفق أشرطة بعرض 50كم وتغطي بذلك 40% من مساحة سطح الأرض التي يتم التحليق فوقها مقارنة مع الوحدة الأمريكية لكن بقدرة تمييز مكانية أكبر. وقد مكن هذا المشروع بعد إنجازه كاملا للمرة الأولى من توفير نموذج رقمي موحد بدقة

مكانية متوسطة لما يقارب 80% من سطح الأرض، وذلك للأجزاء التي يعيش عليها حوالي 98% من سكان الأرض.

يعتمد نظام SRTM على تقنية تداخل الأمواج (INTERFEROMETRY)، التي تعتمد على البيانات التي تؤخذ من الأشعة المنعكسة وتكون شديدة التأثر بتغير المسافة بين الجسم المستهدف ووحدة القياس. يتطلب التداخل الموجي الحصول على مجموعتين من البيانات لنفس المنطقة على الأقل، بحيث أن التصوير في الحالتين يكون من منظورين مختلفين وبذلك يمكن استخدام هذه الصور لإنتاج نماذج الارتفاعات الرقمية. وللاطلاع أكثر على مبدأ التداخل الموجي الراداري SAR يمكن مطالعة ما كتبه BAMLER و HARTL (1998) وغيرهم في هذا المجال.

ويمكن التمييز في حالة تقنية التداخل الموجي الراداري بين تقنية التداخل الموجي الراداري ذات النطاق التكراري وذات النطاق الفردي، يعتبر نظام SAR نسبياً نظاماً جديداً لمراقبة الأرض ويستعمل تقنية النطاق التكراري وذلك في التابعين الصناعيين ERS-1 و ERS-2، ويعتمد مدار كلا هذين التابعين على القياس الترادفي بحيث أنه خلال أيام قليلة يتم تصوير منطقة ما مرتين وبشكل مختلف جيومترياً، لذا تعاني نماذج الارتفاعات التي تستحصل من معلومات التابعين ERS-1 و ERS-2 من عدم الدقة، لأن القياس الخلفي للأشعة المنعكسة يتأثر بتغير ظروف الغلاف الجوي خلال القيام بالقياس.

أما في حالة نظام SRTM فقد تم تجاوز مشكلة عدم الترابط الزمني، حيث استخدمت في هذه الحالة تقنية النطاق الفردي (Single-Pass-Interferometer)، ليتم لأول مرة تصوير الأرض باستخدام هوائيين اثنين في آن واحد. ومن أجل الحصول على صورتين راداريتين من موقعين متباعدين قليلاً عن بعضهما، تم وضع الهوائي الأول على جسم التابع الصنعي مباشرة، والهوائي الثاني في نهاية عمود بطول 60 متر. وتسمح الفروق ما بين الصورتين المأخوذتين من قبل هذين الهوائيين بحساب قيم الارتفاعات للمنطقة المصورة (الشكل 3-3).

ويتمتع نظام SRTM - إذا ما قورن بالصور الستيريوسكوبية والطرق الأخرى لحساب نماذج الارتفاع الرقمية - بإيجابية كبيرة، تتمثل بأن عمله لا يتعلق بوجود الغيوم أو ضوء النهار. وهذا مكن من إكمال إنتاج نماذج ارتفاع رقمية متجانسة ووفقا لمقياس واحد لكامل الكرة الأرضية، ففي حالة القياس بتقنية النطاق التكراري تتأثر الأشعة المنعكسة المقاسة بتغير حالة النباتات ورطوبة التربة وحالة الكتلة الهوائية، بينما لا يكون هناك دور لذلك في حالة القياس في نظام SRTM.

3.4 استخدام البيانات الفضائية في علوم الأرض

استخدمت بيانات التصوير الفضائي منذ عدة سنين بشكل متنامٍ في العديد من مجالات علوم الأرض. وقد وفرت المجسات الحديثة المتطورة إمكانيات متعددة لمراقبة سطح الأرض وتحليل المعطيات من قبل علوم الجغرافيا والجيولوجيا، ومن خلال توفيرها صوراً متزامنة لمساحات واسعة من سطح الأرض، تقدم البيانات الفضائية وسيلة رائعة لدراسة المظاهر الجيولوجية والجيومورفولوجية.

وتمكن الصور الفضائية – مقارنة مع الصور الجوية التي تغطي مساحات صغيرة نسبيا - من دراسة البنيات الجيولوجية والظواهر الجيومورفولوجية الكبيرة من خلال تحليل عدة معطيات مثل المظاهر الجيومورفولوجية والجيولوجية والنباتات والتربة وغيرها (الشكل . وهكذا فإن استخدام البيانات الفضائية يؤمن إمكانية مناسبة جدا لفهم وتحليل الوحدات الجيومورفولوجية والجيولوجية الكبيرة، وتصنيف الصخور المتكشفة على سطح الأرض، واستكشاف المصادر الطبيعية (ينابيع، نفط، خامات فلزية)، ورسم الخرائط الجيومورفولوجية والجيولوجية.

وإن المرحلة الأولى في تنامي استخدام التصوير الفضائي في مجال الجيومورفولوجيا بدأت مع استخدام التصوير متعدد الأطياف، حيث تقدم الصور الفضائية (سواء المكونة من نطاق مفردة أو مركبة من عدة نطاقات) معلومات كثيرة وقيمة عن الجيومورفولوجيا. وقد أصبح بالإمكان بواسطة التصوير الفضائي تحديد مكونات سطح الأرض ذات الامتداد الكبير وحتى تلك التي تكون ذات امتداد إقليمي كبير جدا، والتي لا يمكن الإلمام بخصائصها بسهولة باستخدام الطرق الأخرى مثل القياسات الحقلية أو الصور الجوية.

وتلعب نظم التصوير الفضائي - التي تقوم على إرسال الأشعة واستقبالها بعد الانعكاس أي النظم الفعالة (ACTIVE) - دورا مهما في الدراسات الجيومورفولوجية. ولهذه النظم إيجابيات كثيرة في كثير من الحالات كحالات وجود الغيوم أو وجود غطاء نباتي. وتتمثل إيجابياتها أيضا في قدرة الأشعة الرادارية على اختراق سطح الأرض لعمق عدة سنتيمترات وذلك حسب خصائص سطح الأرض.

يندرج تحت الاستخدامات الجيومورفولوجية والجيولوجية للصور الفضائية كلاً من الوصف الجيومورفولوجي ورسم الخرائط الجيومورفولوجية، وفي هذا الإطار أظهرت صور بعثات اللاندسات فائدة كبيرة رغم أن هدفها الأصلي دراسة استخدامات الأراضي (DRURY، 1998)، حيث تمكن طريقة التصوير المتعدد الأطياف للبعثة لاندسات من تمييز الصخور المتكشفة على سطح الأرض اعتماداً على خصائصها الطيفية، خاصة في المناطق الجافة أو شبه الجافة ذات الغطاء النباتي القليل (LIST، 1969). ويندرج أيضاً ضمن هذا الاستخدام إمكانية تحليل شبكات التصريف المائية حتى على المستويات الإقليمية باستخدام الصور الفضائية مثل لاندسات. ولقد أثبتت الدراسات الجيومورفولوجية والجيولوجية باستخدام صور لاندسات أنها مفيدة جداً لهذه الاستخدامات، وذلك على الرغم من أن موقع هذه البيانات ضمن الطيف الكهرومغناطيسي (وبالتالي المجال الطيفي لكل نطاق) لا يستطيع إلا تمييز بعض المجموعات الفلزية هي الهيدروكسيدات والكربونات الفلزات الحاوية على الحديد.

في الحالات التي لا يمكن فيها دراسة الخصائص الطيفية للصخور نتيجة وجود غطاء رقيق من التربة أو المواد المفككة أو وجود قشرة متصلبة على سطوح هذه الصخور، يمكن الاعتماد على العلاقة ما بين نواتج عمليات التجوية والصخور الأم لتكوين فكرة عن التوضعات الصخرية الموجودة أي بشكل غير مباشر. وهناك مؤشرات أخرى في الطبيعة يمكن استخدامها لتكوين فكرة عن الجيومورفولوجيا والجيولوجيا في منطقة ما مثل انتشار أنماط معينة من النباتات. وإلى جانب المؤشرات التي يتم استخدامها في تفسير الصور الجوية مثل تدرج اللون الرمادي والبنية وتجانس سطح الأرض والتعرف على القسمات الخطية تقدم الصور الفضائية (لاندسات وأستر) من خلال الخصائص الطيفية مؤشرات أخرى للتفسير، ومن خلال طرق معالجة خاصة للصور أيضاً يمكن إبراز مكونات معينة في الصورة اعتماداً على الخصائص الطيفية لهذه المكونات.

تتيح البيانات الطبوغرافية إمكانية إنتاج نموذج الارتفاع الرقمي سواء بالاعتماد على المبدأ الترادفي أو القياس المباشر باستخدام تقنيات LIDAR أو RADAR. وقد قدمت نماذج الارتفاع الرقمية فيما يتعلق بالوصف وإعداد الخرائط الجيومورفولوجية والجيولوجية استخدامات كثيرة. وخاصة في تلك المناطق التي تحددت مورفولوجيتها بالعوامل الجيولوجية (مثل تفاوت مقاومة الصخور لعوامل التجوية) أو بالبنيات الجيولوجية، كما يقدم نموذج الارتفاع الرقمي من خلال إمكانية تحليله طبوغرافيا أساسا جيدا للتحليل المورفوبنيوي.

وقد فتحت آفاق أخرى من خلال الربط ما بين نماذج الارتفاع الرقمية والصور الفضائية، وأصبح من الممكن من خلال معالجة نماذج الارتفاع الرقمية في برمجيات نظم المعلومات الجغرافية نمذجة وعرض وتحليل العمليات التي تتعلق بالخواص الجيومورفولوجية، حيث يمكن حساب العديد من البارامترات الجيومورفومترية مثل الانحدار واتجاه الانحدار وتقوس المنحدرات، وتأتي أهمية هذه البارامترات من أنها على علاقة وثيقة بالعمليات

الجيومورفولوجية التي تحدث على سطح الأرض، فالعمليات الجيومورفولوجية تغير من مظاهر سطح الأرض وهذه الأخيرة تحدد وتنظم هذه العمليات، مثلا كلما كان الانحدار أشد كانت إمكانية نقل المواد بفعل المياه الجارية أكبر، ومن ناحية أخرى يتعلق تأثير أشعة الشمس ومحتوى التربة من المياه بكل من الانحدار واتجاه الانحدار.

وللاطلاع أكثر على معالجة وتفسير الصور الفضائية يمكن الإشارة إلى كتابات KRONBERG (1985) وBERGER (1994) و DRURY (2001).

4 البيانات المستخدمة وتحضيرها رقميا

تشمل منطقة الدراسة كامل محافظة حلب وأجزاء كبيرة من محافظات سورية رئيسة أخرى (إدلب، حماه، حمص، الرقة). وقد توفرت لهذه الدراسة بيانات عن هذه المنطقة على شكل خرائط ورقية ومشاهد صور فضائية، وكذلك بيانات الارتفاع الرقمية SRTM بقدرة تمييز 90 م لكامل المنطقة. هذه البيانات ذكرت بالتفصيل في الجداول 4-1 و4-2 و4-3.

وقد تمت معالجة هذه البيانات وتحضيرها مكتبياً من أجل التفسير ومن أجل التحضير للأعمال الحقلية. وقد كان هذا ضرورياً للتمكن من القيام بربط التحضير والتفسير المكتبي مع الواقع باستخدام نظام تحديد المواقع الجغرافي (GPS)، وذلك عند القيام بالعمل الحقلي كما هو الحال عند أخذ العينات الحقلية.

4.1 الخرائط الطبوغرافية والجيولوجية

تغطي الامتداد الكامل لمنطقة الدراسة بشكل أساسي ثلاث رقع طبوغرافية ذات المقياس 200000/1 وهي خريطة حلب II وحماه IX وسلمية XX. ويكون تباعد خطوط التسوية لهذه الخرائط هو 20م. بالإضافة لذلك توجد أجزاء من هذه المنطقة على الرقع الطبوغرافية (III، XXI، XIII، XIV، XV) لاحظ الشكل (2-1). وينطبق هذا التوزيع على حالة الخرائط الجيولوجية ذات المقياس 200000/1.

الجدول 4-1: الخرائط المتوفرة لمنطقة الدراسة

الخرائط	المقياس	تاريخ الإصدار	المنتج
طبوغرافية	200000/1	1940 - 1938	ألمانيا
طبوغرافية	200000/1	1984 – 1961	الاتحاد السوفييتي
جيولوجية	200000/1	1964	الاتحاد السوفييتي
جيومورفولوجية	1000000/1	1963	الاتحاد السوفييتي
التربة	1000000/1	1980	أكساد
الوحدات الليتولوجيا	500000/1	1982	الاتحاد السوفييتي
هيدروجيولوجية	500000/1	1982	الاتحاد السوفييتي
المستويات الحاملة للمياه	1000000/1	1964	الاتحاد السوفييتي
استخدامات الأراضي	200000/1	2003	سوريا (وزارة الزراعة)

أنتجت الرقع الطبوغرافية ذات المقياس 200000/1 بين عامي 1940 و1941 من قبل قسم القياسات والخرائط الحربية في ألمانيا بتكليف من قبل المساحة العسكرية الألمانية، وقد تم إسنادها جغرافيا وتخزينها على شكل معلومات رقمية مساحية ضمن قاعدة البيانات، وكانت هذه الخرائط قد حضرت على أساس الخرائط الفرنسية التي كانت أعدت في عام 1920 وفق نظام الإحداثيات الجغرافي السوري لامبرت (دير الزور) على أساس إهليلج

كلارك 1880. أما الخرائط الطبوغرافية الحديثة لسوريا ذات التسميات العربية فقد تم إعدادها ما بين عامي 1972 و1984 من قبل مؤسسة المساحة العسكرية السورية، وهي تستند إلى الخرائط الروسية التي تم إنتاجها عام 1963 على أساس الصور الجوية وذلك وفق إسقاط جاوس كروغر (ميركاتور المستعرض) والنظام الجيوديزي لبولكوفو 1942. هذه الخرائط تم مسحها ضوئيا وإسنادها جغرافيا وتخزينها.

وقد استعملت الخرائط الطبوغرافية لتحديد المواقع والمسميات على الصور الفضائية ووضع تصور لشبكة التصريف المائية بالإضافة لدعم عمليات التفسير المورفولوجي لسطح الأرض في الصور الفضائية ونموذج الارتفاعات الرقمي. ومن أجل الوصف الجيولوجي (نوع الصخور، العمر الجيولوجي، البنيات التكتونية) تم أيضا مسح الخرائط الجيولوجية ذات المقياس 200000/1 ضوئياً وإسنادها جغرافياً وتخزينها. أعدت هذه الخرائط عام 1963 من قبل نفس الفريق الروسي الذي أعد الخرائط الطبوغرافية.

وكانت نتيجة مقارنة الصور الفضائية المحضرة مكتبياً والخرائط الجيولوجية، أن العديد من الوحدات الليتولوجية (الشكل 1-4) يمكن تحديدها على الصور الفضائية بشكل أفضل منه على الخرائط الجيولوجية 200000/1، ولذلك كان استخدام المصدرين معا خلال التفسير الجيومورفولوجي ضرورياً ومفيداً جداً.

4.2 نموذج الارتفاع الرقمي

توفر لهذه الدراسة إلى جانب الخرائط الطبوغرافية نموذج الارتفاعات الرقمي (SRTM) على شكل معلومات رقمية مساحية (*Raster*) بقدرة تمييز مكاني 90 متر، وأتيحت هذه البيانات مجانا على الشبكة العنكبوتية، وكانت حتى تاريخ 2005/07/21 غير منتهية التحضير (*Version* 1). فقد كانت تحتوي على فراغات كثيرة تفتقد لقيم الارتفاعات. وقد تم نشر العديد من الأبحاث التي عالجت هذه المشكلة للعمل على إزالة هذه الفراغات (مثلا Olaya، 2004). وفي 2005/07/21 تم إصدار النسخة الثانية من هذه البيانات (*Version* 2) وذلك بعد تصحيحها من قبل وكالة الفضاء الأمريكية (NASA).

مع بداية هذا العمل توفرت بيانات النسخة الأولى ل SRTM، ومن الملاحظ أن البيانات التي تغطي منطقة الدراسة تتصف بوجود عدد قليل من الفراغات مما يدل على تجانس هذه المنطقة، وأغلب هذه الفراغات توجد في المناطق التي تتضمن سطوح مائية صغيرة، لذلك تم استخدام برنامج SAGA من اجل إزالة هذه الفراغات (الشكل 2-4).

وبالنتيجة تم إنتاج نموذج ارتفاعات رقمي للمنطقة باستخدام عدة رقع من SRTM (الجدول 2-4). وقد تم تغيير نظام الإحداثيات للنموذج المنتج من نظام الإحداثيات الجغرافي إلى نظام ميركاتور المستعرض العالمي (UTM) وفق النظام الجيوديزي العالمي (WGS84).

الجدول 2-4: يوضح بيانات SRTM المستخدمة في الدراسة

قيم خط الطول	قيمة خط العرض
E036 و E037 و E038	N35
E036 و E037 و E038	N36

تبدي بيانات SRTM - كما هو حال جميع البيانات الرادارية في حال السطوح المتجانسة رغم التجانس - نوعاً من البنيات الكروية على السطح الذي يتم تصويره. ويرجع تشكل هذه البنيات التي تعرف بالبقع (SPECKLE) للتداخل الموجي، الذي ينشأ أثناء انعكاس الأمواج الرادارية المتماثلة (HILDEBRANDT، 1996 و HAAG، 1998)، وهذا يعني أن الأمر يتعلق بظاهرة ترتبط بطريقة عمل النظام الراداري. ومن أجل تفادي ظهور هذه البنيات قدر الإمكان استخدم المرشح المتعدد الاتجاهات (*LEE-FILTER*) من خلال برنامج SAGA وبنواة عمل بمقدار 3*3. ومن إيجابيات هذا النوع من الترشيح (الشكل 3-4) أنه يحافظ على وضوح البنيات الخطية مثل الأودية والحواف الصخرية والمنحدرات (LEE، 1980 و OLAYA، 2004).

استخدم نموذج الارتفاع الرقمي المنتج من أجل استنباط خطوط تقسيم المياه وأحواض التصريف وشبكة التصريف المائية باستخدام الأداة (ARCHYDRO)، التي تتيح الحصول على هذه القيم آلياً، وفي بادئ الأمر أعطت هذه الأداة نتائج خاطئة بشكل كبير فيما يخص استنباط شبكة التصريف، لأن البرنامج لم يتمكن من تحديد اتجاهات الجريان المائي في وسط منطقة الدراسة (الشكل 4-4). وكان السبب في ذلك أن الخوارزميات المستخدمة من قبل البرنامج لا يمكنها حساب اتجاهات الجريان المائي في المناطق المنبسطة عندما يكون تباين الارتفاع قليلاً، ولحل هذه المشكلة تم استخدام خوارزمية JENSON و DOMINGUE (1988) والتي تمكن من إضافة سويات صغيرة في الأجزاء المنبسطة (أي إضافة خلايا في الأجزاء التي يكون فيها ارتفاع الخلايا الأقل ارتفاعاً مماثلة في الارتفاع لمجاوراتها). حيث تتوفر هذه الخوارزمية في برنامج TAS (نظام تحليل التضاريس) المتوفر على الشبكة العنكبوتية من قبل جون ليندزي من جامعة مانشستر. وقد لوحظ نفس الخطأ عند استعمال النسخة النهائية (النسخة 2) لبيانات SRTM، لذلك لم يتم استخدام النسخة الجديدة لبيانات SRTM.

4.3 بيانات الأقمار الصناعية

استخدمت في هذه الدراسة عدة صور فضائية من نوع لاندسات وأستر تعود إلى أزمنة مختلفة، ونظراً للامتداد منطقة الدراسة على مساحة واسعة فقد تطلب الأمر استعمال أربعة مشاهد لاندسات متجاورة لتغطيتها (الشكل 2-1). وقد تمت تغطية الجزء الأكبر من المنطقة (70% تقريبا) بالمشهدين 173035 و174035 من نوع لاندسات. وتمت تغطية الباقي بالمشهد 173036 الذي يغطي حوالي 20% والجزء الباقي (10%) تمت تغطيته بالمشهد 174036 (الجدول 3-4).

الجدول 3-4: المشاهد المستخدمة في الدراسة

Path-Raw	TM	ETM	ASTER
173-35	30.07.1990	18.08.2000	
173-36	12.06.1990	18.08.2000	
174-35	01.10.1987	22.06.2000	
174-36	26.05.1987	22.06.2000	
173-35	-	-	05.10.2003
173-36	-	-	05.10.2003
173-36	-	-	25.03.2005

ويتطلب استعمال بيانات الأقمار الصناعية معالجتها رقميا، حيث تهدف المعالجة إلى زيادة التباين بين المكونات والمعطيات الأرضية في الصور، وبالتالي إعادة إنتاج صورة جديدة بتمايز أفضل وإسناد جغرافي دقيق، وبهذا الشكل يصبح تفسير الصور أكثر منطقية وأكثر توثيقاً. يندرج تحت مفهوم معالجة الصور جميع العمليات التي تتم بواسطة الحاسوب من أجل إعداد وتحسين وتفسير الصور الفضائية الرقمية، ويعتمد مبدأ معالجة الصور رقمياً على تغيير قيمة كل عنصر (بكسل) من عناصر الصورة إلى قيمة جديدة بواسطة علاقات رياضية، وهذا ما يصطلح عليه عمليات التحويل (*TRANSFORMATION*). وأكثر هذه العمليات شيوعا هي التصحيحات الهندسية (جيومترية) والإشعاعية (راديومترية) أو ما يعرف الإعداد الأولي وكذلك عمليات التحسين والتصنيف.

وبما أن هدف العمل هو دراسة جيومورفولوجية مورفوبنيوية فإن التفسير البصري لعناصر الصور المحضرة جيدا أفضل بكثير من التصنيف الرقمي (LIST وآخرون، 1990) لذلك تم هنا التركيز أكثر على الإعداد الأولي وتحسين الصور.

4.3.1 الإعداد الأولي للصور

تتضمن البيانات الأصلية للصور الفضائية (الخام) أخطاء تعود لنظام التصوير الفضائي وأخرى لا تتعلق بنظام التصوير، وهذه الأخطاء يمكن تصحيحها بواسطة عمليات مختلفة، ولا يمكن استعمال البيانات الفضائية بشكل عملي إلا بعد إجراء هذه التصحيحات.

4.3.1.1 التصحيحات الهندسية (الجيومترية)

تبدي الصور الفضائية - بصفتها بيانات مساحية رقمية (*RASTER*) - قالب اصطفاف خاص يتكون من عناصرها المربعة (بكسل)، ويتميز كل بكسل بدرجة لونية رمادية معينة، وتتوزع هذه العناصر وفق نظام اصطفاف متعامد، حيث تقع نقطة الصفر فيه في الزاوية العلوية اليسرى. يتم تسجيل العناصر المربعة (البكسل) من قبل أنظمة الأقمار الصناعية بدون أي إسناد جغرافي يسمح بإعداد الخرائط مباشرة منها. وبناء عليه لابد من تصحيح هذا الخطأ بواسطة الإسناد الجغرافي من أجل تحويل نظام توزع عناصر الصورة إلى نظام توزع جغرافي أرضي، وهذا الأمر يعتبر شرطا أساسيا للعمليات المرجعة جيوديزيا في نظام المعلومات الجغرافي (GIS).

وتؤدي عملية التصحيح هذه إلى مشكلة في إعادة توزيع قيم الدرجة اللونية الرمادية لكل عنصر من عناصر الصورة (بكسل)، وذلك لأن عناصر الصورة المصححة لا تتطابق بالتغطية مع عناصر الصورة الأصلية (الشكل 4-5). ويتم حل هذه المشكلة بطرق رياضية تدعى إعادة توزيع البيانات (*RESAMPLING*)، ويوجد ثلاث طرق يمكنها أن تعكس نوعا ما عناصر الصورة الأصلية الصغيرة جدا في الصورة الجديدة. إن الطريقة الأبسط حسابيا هي طريقة المجاور الأقرب (*NEAREST NEIGHBOUR*) حيث يتم فيها أخذ قيمة الشدة اللونية من عنصر الصورة الأصلية لتعطى دون تغيير للعنصر الأقرب في الصورة المصححة. وقد تم اعتماد هذه الطريقة لأن الطريقتين الأخريين CUBIC & BILINEAR تؤديان إلى تغير في قيم الشدة اللونية.

لقد تمت عملية الإسناد الجغرافي لصور الأقمار الصناعية باستخدام برنامج ENVI (*ENVIRONMENT FOR VISUALIZING IMAGES*) وذلك بطريقة إسناد صورة إلى صورة حيث تم اعتماد الصور الأرشيفية المسندة جغرافيا كقاعدة لإسناد باقي الصور. وقد كانت الصور الأرشيفية مسندة جغرافيا وفق نظام الإحداثيات UTM (ميركاتور المستعرض العالمي) في النظام الجيوديزي العالمي (WGS84). أما بالنسبة لبيانات الصور الفضائية من التابع ASTER فقد تم شراؤها على شكل بيانات من المستوى 1A أي أنها بدون أي تصحيحات.

وعلى الرغم من أن برنامج ENVI يمكنه تصحيح هذه الصور هندسيا بشكل آلي فقد تم إسنادها جغرافيا بطريقة الإسناد صورة إلى صورة على قاعدة صور اللاندسات وذلك من أجل ضمان التطابق الكامل في التغطية بين جميع البيانات المستخدمة. وتقع منطقة الدراسة ومشاهد اللاندسات المغطية لها ضمن نطاق واحد هو UTM 37 شمالا مما يعتبر نقطة إيجابية لهذا العمل حيث لم يتطلب الأمر التعرض لمشاكل الانتقال بين نطاقين من نطاقات نظام الإحداثيات UTM.

4.3.1.2 التصحيحات الإشعاعية

يؤثر كل من الامتصاص والانتثار في الغلاف الجوي على نقل الإشعاع الشمسي على طول مساره من الشمس إلى سطح الأرض ومن سطح الأرض إلى المجس. وتتغير الإشارة التي يتم قياسها من قبل المجس وفقاً للطول الموجي ولتركيب الغلاف الجوي. وبشكل عام يكون تبعثر الإشعاع ذي الطول الموجي الأقصر أكثر من تبعثر الإشعاع ذي الأمواج الطويلة. لذلك يكون هناك تبعثر شديد وبشكل ملحوظ في أجزاء الأشعة فوق البنفسجية والأشعة الزرقاء من الطيف الشمسي. لهذا السبب فإن جودة دراسة سطح الأرض والعمليات التي تحدث عليه باستخدام الصور الفضائية تتحدد من خلال المعلومات المتوفرة عن حالة الغلاف الجوي عند أخذ الصورة الفضائية. وللقيام بتصحيح الأخطاء الإشعاعية بشكل كامل يجب توفر قيم (الحرارة والضغط الجوي ورطوبة الهواء وكمية الهباء (الرذاذ) في الجو.. الخ)، وذلك لحظة التصوير ولكامل المساحة المصورة. ومع أن هذه المعلومات غير متوفرة للفترات التي تم فيها تصوير المشاهد الفضائية المستخدمة في هذه الدراسة، فإنه نظرا لكون مناخ منطقة الدراسة جاف يمكن إزالة تأثيرات الظروف الجوية باستخدام عمليات تصحيح إشعاعي مبسط مثل استنباط المكون القاتم (*DARK OBJECT SUBSTRACTION*).

ويقوم مبدأ الجزء القاتم على افتراض أن الصورة الفضائية تتوفر فيها مكونات قاتمة (مياه أو ظل مظلم) والتي لا توفر أي انعكاس للإشعاع، وبالتالي فإن قيمة الخط البياني اللوني لهذا المكون يجب أن تكون في الحد الأدنى وقريبة من الصفر، وفي حال لم يكن ذلك موجوداً فإن الانحراف عن قيمة الصفر في الخط البياني اللوني يكون بتأثير الانتثار في الغلاف الجوي. وبناء على ذلك يكون تصحيح التأثيرات الجوية بطرح القيمة اللونية الدنيا لكل نطاق على حدة من مجمل الخط البياني اللوني لهذا النطاق وبذلك يتم إزاحة الخط البياني كاملا باتجاه القيمة صفر (JENSEN، 1996).

وتعاني هذه الطريقة من سلبية: أن الافتراض (ببساطه) أن العناصر القاتمة لا تعكس الأشعة ليس مطابقا للواقع بشكل كامل، وبالإضافة إلى ذلك فإن هذه الطريقة تأخذ بالاعتبار الجزء المضاف بتأثير الانتثار في الغلاف الجوي وتغفل الأجزاء الناتجة عن تضاعف القيمة خلال عملية الانتقال في الغلاف الجوي (*TRANSMITTANCE*).

4.3.2 معالجة الصور

تسمح التفسيرات الغرضية والفيزيائية لبيانات بارامترات الانعكاس والقوام (*TEXTURE*) المأخوذة بأنظمة الأقمار الصناعية باستنباط مؤشرات على الحالة الفيزيائية والمورفولوجية لمكونات منطقة ما. ويمكن أن يتم رفع درجة وضوح واستنباط بارامترات الانعكاس والقوام من خلال عمليات معالجة متعددة للصور الفضائية، والتي يمكن توجيهها وفقا للهدف المطلوب دراسته. ويتم تفسير بيانات الصور الفضائية بشكل بصري أو باستخدام التصنيف الرقمي. وقد تطورت عملية التفسير البصري لبيانات الاستشعار عن بعد بشكل كبير في حالة التطبيقات الجيولوجية/الجيومورفولوجية، وفيما يلي سيتم توضيح بعض أساليب معالجة الصور التي تم استخدامها في هذه الدراسة.

4.3.2.1 التركيب اللوني

عند معالجة بيانات الصور الفضائية وخاصة البيانات متعددة الأطياف تستخدم عدة طرق للتركيب اللوني، وتأتي إيجابية التركيب اللوني من كونه يوفر عرضاً بالألوان المرئية لبيانات من أطياف مختلفة، ومن بين الإمكانيات المختلفة للتركيب اللوني المعروفة هناك نوعان هما التركيب RGB (أحمر، أخضر، أزرق) والتركيب IHS (*Intensity Hue Saturation*)، اللذان يعتبران الأكثر انتشاراً في مجال معالجة البيانات الفضائية.

وفي حالة التركيب اللوني من نمط RGB يمكن حساب عدد الصور الملونة التي يمكن الحصول عليها من عدد N من النطاقات وفق المعادلة التالية:

$$M = n!/(n-3)!$$

وبذلك فإنه في حالة الصور لاندسات TM (6 نطاقات) يمكن أن نحصل على 120 تركيباً لونياً، ونتيجة للتنوع الكبير في ترابط النطاقات (*Correlation*) ببعضها البعض فإن كل تركيب لوني يتضمن معلومات مختلفة عن الآخر. يمكن الحصول على المحتوى الأكبر من المعلومات عندما تكون قيمة الترابط بين النطاقات دنيا. لذلك فإن التراكيب اللونية للصور ذات الترابط القليل جدا تمتاز بوضوح وتمايز جيد بين مكوناتها.

يطلق على التركيب اللوني RGB في مجال الاستشعار عن بعد اسم التركيب اللوني الزائف (*Falce Color Composite*)، وذلك لأن المعلومات - التي يتم عرضها ملونة بواسطة التراكيب اللونية - لا تتوافق غالباً مع الألوان الطبيعية التي يمكن تمييزها ضمن المجال الطيفي للعين البشرية، وبذلك يمكن القول: إن التركيب اللوني الزائف يقوم بوظيفة ترجمة للبيانات التي توجد ضمن الصور الفضائية إلى ألوان يمكن تمييزها من قبل العين البشرية. هذا وليس من الضروري أن يتم صنع الصور المركبة اللونية من بيانات خام وإنما يمكن أن يتم إخضاع البيانات لعمليات معالجة أولية مثل حساب الصور النسبية أو المكونات الرئيسية أو تغيير درجة اللون الرمادي، وفي بعض الحالات يكون القيام بذلك مطلوباً للوصول إلى تراكيب لونية جيدة التباين بين مكوناتها وخاصة بالنسبة لمعلومات يكون الهدف من معالجتها زيادة وضوحها أو تحسين إمكانية التعرف عليها.

النموذج الثاني للحصول على صور لونية: هو النموذج IHS (*Intensity Hue Saturation*) وهو يدعى أيضا HSB (*Brightness، Saturation،Hue*)، وفي هذه الحالة لا يتم الاعتماد على مبدأ مزج الألوان الرئيسة الثلاث (أحمر، أخضر، أزرق)، وإنما يتم الاعتماد على درجة اللون الرمادي (*Hue*) ودرجة الإشباع (*Saturation*) والشدة اللونية (*Intensity*). حيث يصف الإشباع نسبة اللون الرمادي في الصورة الملونة، وعندما تكون قيمة الإشباع صفراً فإن ذلك يعني أنه لن يكون هناك تمثيل للون معين وإنما ستكون القيمة ممثلة لدرجة اللون الرمادي فقط، وتصف الشدة اللونية توزع اللون الرمادي على مقياس من اللون الأبيض حتى الأسود، وهذا الأسلوب في الحصول على الصور الملونة هام جداً في عدة حالات لمعالجة الصور مثل حالة تحسين قدرة التمييز الأرضية (*Fusion*).

4.3.2.2 دمج الصور (تحسين قدرة التمييز الأرضية)

تقدم عملية دمج الصور - التي تتم غالبا بين بيانات ذات قدرة تمييز أرضية وطيفية متباينة- صوراً جديدة تكون مفيدة جدا في عمليات التفسير ذات الأهداف الجيولوجية والجيومورفولوجية. وفي أغلب الأحيان تطبق هذه العملية باستخدام صور متعددة الأطياف من نوع لاندسات مع بيانات ذات قدرة تمييز أرضية أكبر مثل (النطاق البانكروماتي في سبوت أو لاندسات +ETM)، وذلك للحصول على بيانات جديدة تتضمن إيجابيات ومحاسن كلا

المصدرين (KAUFMANN، 1989 & ZUMSPREKEL و PRINZ، 2000). ومن الشروط الرئيسة لاستخدام هذه التقنية بنجاح الإسناد الجيوديزي الدقيق قدر الإمكان للبيانات المستخدمة.

يتيح البرنامج المستخدم في هذه الدراسة عدة إمكانيات لدمج الصور (*SHARPENING*)، وقد استخدمت في هذه الدراسات تقنية الدمج HSV (*HUE*،*SATURATION*، *VALUE*) والتي تدعى أيضا IHS وتقنية الدمج PC (*PRINCIPAL components TRANSFORMATION*) وتقنية الدمج CN (*COLOR NORMALIZED*) (الشكل 6-4).

مبدأ عمل طريقة IHS (*Intensity Hue Saturation*): يتم في البداية تحويل الألوان من نوع التركيب اللوني RGB إلى IHS ومن ثم يتم استبدال الشدة اللونية بالشدة اللونية للنطاق البانكروماتي والأساس ذي القدرة التمييزية الأدنى بالأساس ذو القدرة التمييزية الأعلى ويتبع ذلك التحويل من النمط اللوني IHS إلى النمط RGB (BÄHR وVÖGTLE، 1991).

طريقة PC وتدعى أيضا PCS (*Principal* COMPONENT SUBSTITUTION): تعتمد على استبدال النطاق ذي القدرة التمييزية الأدنى بالنطاق ذي القدرة التمييزية الأعلى بدون أي تغيير في الخصائص الطيفية، ويتبع ذلك عملية تحويل (*TRANSFORMATION*) عكسي لتصبح أبعاد البكسل (قدرة التمييز الأرضية) للبيانات المتعددة الأطياف مساوية للقيمة الأكبر باستخدام إحدى طرق *RESAMPLING* المعروفة (*NEAREST NEIGHBOR* أو *BILINEAR* أو *CUBIC CONVOLUTION*).

طريقة CN (*Color Normalized*): تستند إلى دمج وفق أساس رياضي بين صورة ملونة والبيانات ذات القدرة التمييزية الأعلى، ويتم هنا ضرب القيمة اللونية لكل نطاق من نطاقات الصورة الملونة بنسبة القيمة اللونية للصورة ذات القدرة التمييزية الأعلى إلى مجموع القيمة اللونية للنطاقات الثلاث (في الصورة الملونة).

اختبر AL-JUAIDI وآخرون (2003) طرق دمج الصور المختلفة من أجل القيام بالدراسات الجيومورفولوجية في الصحراء، وتوصلوا إلى نتيجة مفادها بأن طريقة PCS تعتبر الأفضل من أجل تحسين التفسير البصري.

4.3.2.3 زيادة تمايز المكونات

تشغل القيمة الطيفية للبيانات الأولية (الخام) حيزاً محدداً من مجال التدرج اللوني الرمادي، بحيث لا تغطي هذه القيم إلا حيزا صغيرا من المجال الذي يتراوح بين القيمة صفر و256، لذلك تظهر هذه البيانات تمايزا منخفضا بين مكوناتها.

وللحصول على تباين مرتفع يجب أن يتم استخدام كامل المجال اللوني للون الرمادي (*Gray Scale Colors*) أي كافة القيم اللونية المقدرة ب 256 (الصور 8 بت). ويظهر الشكل (الشكل 8-4) توزع قيم اللون الرمادي في البيانات الخام للمشهد 173036 +ETM.

يمكن تحسين الصور (التي نتيجة ذلك تكون الصور قليلة التباين وبالتالي صعبة التفسير) من خلال عملية بسط أو مد التباين (*Stretching*)، وهناك عدة طرق لبسط التباين (بسط شدة اللون الرمادي). من أجل تفسير البنيات الخطية والفوالق والحواف والحدود الليتولوجية تعبر طريقة البسط الخطي الأفضل، حيث يتم توزيع القيمة اللونية الدنيا والعليا في الصورة الأصلية على كامل المجال اللوني المتاح بطريقة متساوية، وذلك من أجل رفع الفروق في قيمة اللون الرمادي ضمن الصورة (الشكل 9-4).

طريقة البسط وفق قيمة الجذر التربيعي (*Square Root*) كانت مفيدة جداً أيضاً حيث خفضت من القيم العالية للون الرمادي (قلصت المناطق ذات الإضاءة الشديدة) وبسطت القيم اللونية المنخفضة (قللت من اللون الأسود أو الظلام في الصورة)، وبذلك أمكن تمييز كثير من التفاصيل في الأجزاء المظلمة من الصور (في مناطق البازلت ضمن منطقة الدراسة) مع المحافظة على التفاصيل الأخرى الموجودة في المناطق ذات الإضاءة العالية (الشكل 4-10).

4.3.2.4 تحليل المكونات الأساسية

يمكن استخدام طريقة تحويل المحاور الرئيسة (تعرف بتحليل المكونات الرئيسة PCA أو بمبدأ تحويل المكونات PCT) لتحسين الصور ومن جهة أخرى لتقليل حجم البيانات (KRONBERG، 1985)، ويعتمد الأمر هنا على عملية تحويل رياضية تؤدي إلى إنتاج صورة جديدة، ويتم في هذه العملية حساب مجموع من العوامل عشوائيا، ومن ثم يغير توزع عناصر الصورة في المستوي الإحداثي (ثنائي البعد) بحسب علاقة خطية لهذه العوامل، بحيث تتلقى هذه المكونات القيمة العليا لتباينها في النطاقات التي تدخل في الحساب، وبذلك تتخذ الصور الجديدة توزعاً جديداً للقيم الطيفية في المستوي ثنائي البعد (GILLESPIE وآخرون، 1986)، وبعكس البيانات الأصلية لا تبدي البيانات الجديدة علاقة خطية فيما بينها. ومن خلال عملية التحويل يعبر عن تباين كل متغير من خلال المكونات الرئيسة، فيتلقى المكون الرئيس الأول الجزء الأكبر من قيمة التباين الكلي، ويتلقى المكون الثاني جزء التباين الذي لم يتم التعبير عنه في المكون الأول (ذلك أن هذه القيمة تكون عمودية على القيمة الأولى)، وكذلك الأمر لباقي المكونات. ويمكن أن تخدم هذه الطريقة تحسين مظاهر الحواف عند القيام بتفسير البنيات الجيولوجية (SANDER، 1996).

يكون عدد النطاقات الناتجة عن هذه العملية مطابقا لعدد النطاقات المدخلة، مما يعني أننا نحصل في حالة مشهد لاندسات على ستة نطاقات PCA، ويبدي النطاق الأول PCA1 الجزء الأكبر من قيمة التباين، بينما يظهر التباين الأدنى في النطاق الأخير أي PCA6، واعتماداً على هذه الخاصية تؤمن هذه الطريقة توفيراً في حجم البيانات، وذلك من خلال إظهار جزء كبير من المعلومات لمشهد فضائي (دون أي نقص هام) من خلال عدد قليل من نطاقات هذا المشهد.

وتتأثر هذه الطريقة بمجموعة من العوامل المؤثرة (تاريخ التصوير، طبيعة سطح الأرض، غطاء التربة، جزء المشهد الذي يجرى عليه الحساب ...الخ)، وهذا يؤدي إلى تباين في نتائج الحساب في الصور الفضائية، وتلعب هنا أيضا نوعية المكونات دوراً هاماً (SCHOWENGERDT، 1997)، فعندما يكون لدينا منطقة من سطح الأرض مغطاة بشكل متجانس بغطاء نباتي يؤدي ذلك إلى خصائص طيفية متقاربة عند مضاهاة البكسلات في الصورة.

وفي التطبيقات الجيولوجية يعتبر سطوع الصخور العامل الأهم (KRONBERG، 1985)، حيث أن بعض الوحدات الليتولوجية (التي لا يمكن تمييزها في الصور الأصلية) تصبح واضحة في الصور الناتجة عن هذا الحساب، ولذلك يعد تحليل المكونات الرئيسية جيد جدا من أجل تمييز الوحدات الجيولوجية المختلفة (KENEA، 1997).

4.3.2.5 الصور النسبية

من أجل تمييز المواد المختلفة المكونة لسطح الأرض يمكن حساب صور نسبية من نطاقات مختلفة وفقا لمبدأ حساب رياضي. في الصور الناتجة يتم التخلص من البيانات الزائدة (القيم التي تسبب عدم وضوح في الصور) وتوضيح المعلومات غير الواضحة (التي كانت مختفية نتيجة وجود قيم زائدة لبيانات أخرى). ويمكن أن يتم هذا الربط الرياضي بين نطاقين أو عدة نطاقات. ويمكن إجراء هذه العملية الحسابية على نطاقات مشهد واحد كما يمكن إجراؤها على بيانات من أوقات مختلفة.

اعتمد في العمل الحالي بشكل كبير على القيام بعملية تقسيم ما بين صورتين، حيث يمكن فهم طريقة الصور النسبية في هذه الحالة على أنها عملية تخفيض، حيث يتم في الصور الناتجة تقسيم قيم الشدة اللونية لكل بكسل في الصورة الأولى على قيمها في البكسل المقابل من الصورة الثانية، وبناء عليه فإن قيمة اللون الرمادي في الصور الناتجة لا تمثل مقياساً لشدة الانعكاس وإنما النسبة ما بين قيمها في نطاقين. تقود عملية حساب الصور النسبية إلى الحصول على صور غنية بالمعلومات وبتباين شديد بين مكوناتها، فمن خلال عملية التقسيم يخفض تأثير ظاهرة التبعثر والتباين في شدة الإضاءة، ليتم من خلال ذلك أيضاً تقليل تأثير التباينات الطبوغرافية، إلا أن لهذه العملية أحيانا تأثيرات سلبية (خاصة في مجال الدراسات الجيولوجية) كونها تؤدي أحيانا إلى زيادة تأثير قيم التشويش.

يمكن معالجة الصور النسبية ببناء تراكيب لونية منها، أو من خلال إضافة نطاقات أخرى للوصول إلى إجراء تصنيف رقمي لمكونات الصور في عملية متسلسلة باستخدام البرمجيات. وتعتمد ماهية المعلومات المكتسبة من خلال حساب الصور النسبية بجزئها الأكبر على النطاقات المستخدمة، فيجب اختيار النطاقات الداخلة في عملية الحساب بحيث يقع الأول ضمن المجال الطيفي والثاني خارج المجال الطيفي، الذي يكون فيه المكون المنشود ذو قيمة انعكاس دنيا أو عليا (VINCENT، 1997)، ويمكن اختيار القنوات المثالية لهذه العملية من خلال تحليل القيم الطيفية للبيانات الأصلية.

وقد اتخذت الصور النسبية مجالاً واسعاً في الاستخدامات الجيولوجية، حيث تمكن أحيانا من زيادة وضوح التباينات الصغيرة في الخصائص الطيفية للمواد المكونة لسطح الأرض (GOETZ وآخرون، 1975 & WILLIAMS، 1983). باستخدام هذه التقنية يمكن تحديد نطاقات امتصاص لمواد بعينها من خلال مقارنة الانعكاس في مجالين لقيم الموجة الطيفية، فالفلزات الغضارية يمكن زيادة وضوحها من خلال حساب النسبة 7/5 لصور لاندسات TM (HILDEBRANDT، 1992). وتكون الصور النسبية بشكل عام مفيدة جدا للتمييز ما بين مكونات السطح المختلفة بمعايير كمية، خاصة عند القيام بالتفسيرات البصرية للصور.

4.3.2.6 تقنيات الترشيح

يمكن من خلال استخدام تقنيات الترشيح فصل المعلومات المنشودة أو غير المرغوب بها أو زيادة وضوح معلومات معينة (De Lange، 2006)، وتعتمد هذه التقنية على عمليات مكانية حيث أن تغير قيمة كل بكسل يكون بالترابط مع قيم البكسلات المحيطة به. وتتم هذه العمليات باستخدام كم هائل من الخوارزميات المختلفة وفقا لأهداف المعالجة.

تستخدم تقنيات الترشيح بشكل متكرر لتحسين الصور. بعض هذه العمليات مثل *low pass filter* تؤدي إلى نوع من الصقل أو معادلة التباين في الصور، يمكن أن تستخدم لإزالة التشويش في الصور أو إزالة القيم المحلية الخاطئة. عمليات أخرى مثل *high pass filter* يتمثل تأثيرها بزيادة وضوح القيم الكثيرة التكرار في الصورة الأصلية، وتفيد هذه التقنية قبل كل شيء في زيادة وضوح الحواف. تصنف أنواع الترشيح هذه تحت

اسم الترشيح الخطي، ويمكن أن يتم توجيه هذا الترشيح وفق اتجاه معين مما يخدم الدراسات الجيولوجية في حال تفسير البنيات الجيولوجية. وقد تم تطوير عدة تقنيات ترشيح مثل *morphological filters* التي تخدم تحسين الحواف مثل *Laplace* و*Sobel*، التي تبرز التغيرات في قيم اللون الرمادي على شكل حواف، وهناك تقنيات ترشيح *Statistics filters* مثل *Median* و*Gauian* وغيرها، وبالإضافة إلى ذلك هناك *adaptive filter* (*Lee* ،*Frost*) التي تخدم إزالة التشويش في الصور.

تستند تقنيات الترشيح إلى مبدأ النافذة المتحركة (*moving windows*) وهي عبارة عن قالب من الخلايا تتحرك في الصورة (عادة من اليسار في الأعلى) وفي كل خطوة تقوم بإجراء عمليات حسابية على البكسل الموجود في مركز النافذة، وتؤثر مساحة هذه النافذة على إمكانية التعرف على البيات في الصور الفضائية. يمكن استخدام النوافذ كبيرة المساحة من أجل تمييز المناطق واسعة الامتداد مثل الأراضي الزراعية والتكشفات الجيولوجية، وبالمقابل تستخدم النوافذ الصغيرة من أجل توضيح البنيات الخطية (الشكل 11-4)، ويؤدي استخدام النوافذ الكبيرة إلى نوع من عدم الوضوح في الصور، أما استخدام النوافذ الصغيرة فيؤدي إلى زيادة وضوح معلومات غير مرغوب بها مثل البنيات الناتجة عن الأنشطة البشرية.

5 الوصف الجيومورفولوجي للمنطقة

يوجد العديد من أساليب التمثيل والوصف الجيومورفولوجي وبالتالي طرق للدراسات الجيومورفولوجية (الجدول 5-1)، ومن خلال استخدام إحدى هذه الطرق فقط يمكن الحصول على ما يدعى بالخريطة الجيومورفولوجية المتخصصة، وبالمقابل يمكن من خلال استخدام طريقتين أو أكثر الحصول على تمثيل وتحليل جيومورفولوجي عام يوفر توصيفاً أكثر شمولية للجيومورفولوجيا.

الجدول 1-5: طرق الدراسات الجيومورفولوجية حسب (DEMEK ET. AL.، 1982)

الطريقة	اهتمامات الطريقة
المورفولوجية	تتضمن أيضا التحليل المورفومتري وتقوم على تثبيت حدود وأبعاد عناصر سطح الأرض، تحديد مكونات أشكال سطح الأرض، البحث في العلاقة المتبادلة بين عناصر سطح الأرض وخصائصها التصنيفية ونموذج توزعها.
المورفوسحنية	تدرس العلاقة مابين سطح الأرض ومابين التوضعات الجيولوجية المترافقة ويتطلب القيام بها إجراء دراسات مخبرية من أجل تحديد عمر التوضعات.
المورفوبنيوية	تهتم بدراسة العلاقة ما بين سطح الأرض وما بين البنيات الجيولوجية. وأهم الطرق التي تعتمدها هو تفسير الصور الجوية والفضائية.
المورفوتكتونية	يتم التركيز هنا على بحث العلاقة بين أشكال سطح الأرض والحركات الحديثة للقشرة الأرضية. وتتطلب الإلمام بالتطور الجيولوجي للمنطقة المدروسة والأخذ بالاعتبار الحركات القديمة والحديثة من حيث النوع والمنحى والشدة.
المورفوغرافية	يتم الحديث هنا عن علاقة سطح الأرض مع الأغلفة الأرضية الأخرى (الأتموسفير والهيدروسفير والكيريوسفير والبيوسفير).
المورفوديناميكية	تهتم بتوضيح آلية العمليات الخارجية والداخلية وتستخدم لذلك الطرق التالية: قياسات حقلية في مواقع معينة (مثل القياسات الجيوديزية). تفسير الحوادث الكارثية من خلال التحليل الإحصائي للفواصل الزمنية لحدوثها. القيام بدراسات تجريبية. تفسير الصور الفضائية أو الجوية المأخوذة قبل وبعد حصول أحداث معينة.
الباليوجيومورفولوجية	تهتم بدراسة شكل سطح الأرض خلال الأزمنة الجيولوجية السابقة لأن تحليل سطح الأرض الحالي يتطلب الاهتمام بفهم تغيرات سطح الأرض الذي سبقه.

وقد ركزت الأبحاث الجيومورفولوجية في النصف الأول من القرن العشرين على دراسة التصنيف الجيومورفولوجي وتطور سطح الأرض، في ذلك الوقت وضعت الدراسة الجيومورفولوجية بالمقياس الإقليمي تحت اسم الجغرافيا الفيزيائية (BLAIR، 1986)، وفي النصف الثاني تطورت الدراسات الجيومورفولوجية باتجاه الدراسة الميكانيكية والديناميكيةِ لعمليات جيومورفولوجية محددة مثل العمليات النهرية والريحية (STRAHLER، 1952).

استخدم الجيومورفولوجيون حتى أواسط القرن السابع عشر الأنماط المختلفة من الخرائط الطبوغرافية من أجل وصف الأشكال الرئيسية لسطح الأرض، وذلك بالاستناد للمعلومات التي تتضمنها عن المواصفات المورفومترية والمورفولوجية لسطح الأرض. ذلك أنه يمكن دراسة العديد من أشكال سطح الأرض وعلى عدة مقاييس من خلال معاينة الخرائط الطبوغرافية ، إلا أنها لا تتضمن جميع المعلومات الجيومورفولوجية الضرورية عن سطح الأرض خاصة عندما يتعلق الأمر بالأشكال التي تكون صغيرة جداً مقارنة بمقياس الخريطة المستخدمة.

وإضافة للاستخدام المورفومتري والمورفولوجي يمكن من وجهة نظر KLIMASZEWSKI (1982) استخدام الخرائط الطبوغرافية لتحليل منشأ أشكال سطح الأرض، على الرغم من أن الخرائط الطبوغرافية لا تتضمن معلومات عن عمر ومنشأ أشكال سطح الأرض.

وأصبحت الدراسات الجيومورفولوجية - من خلال توفر البيانات الفضائية بشكل متزايد وبقدرات تمييز مكانية متعددة - أكثر سهولة متخذةً منحى التمثيل متعدد الجوانب وبالترابط مع العلوم الأخرى، خارجة بذلك عن الطرق الكلاسيكية في الأبحاث الجيومورفولوجية من أجل الحصول على فهم أفضل للجيومورفولوجيا (BLAIR، 2003).

وهكذا فإنه من الممكن التمييز بين أربعة أنواع من الدراسات الجيومورفولوجية التي تعتمد استخدام الاستشعار عن بعد وفقاً ل VERSTAPPEN (1977) وهي: الدراسات المورفومترية والمورفولوجية/المنشئية والمورفوديناميكية والجيومورفولوجية البيئية. وكل نوع من هذه الأنواع يمكن أن يستفيد بشكل ما من الاستشعار عن بعد، وتوفر الصور الفضائية - قبل كل شيء- من خلال قدرتها على إعطاء بيانات بمقاييس كبيرة أسساً لإعداد الخرائط الجيومورفولوجية.

وإن جودة وتوزع المعلومات المتاحة من خلال الاستشعار عن بعد تؤمن تفاصيل أكثر من تلك المعلومات التي يتم جمعها بالقياسات والدراسات الجيومورفولوجية التقليدية. بالإضافة لذلك فإن المقارنة بين صور فضائية مأخوذة في أزمنة مختلفة يعطي تصوراً عن طبيعة وشدة العمليات الجيومورفولوجية (المورفوديناميكية) في مناطق واسعة.

5.1 التحليل الجيومورفومتري لمنطقة الدراسة

يهتم التمثيل الجيومورفومتري بشكل أساسي بالشكل الفراغي والملموس لأشكال سطح الأرض وخصائصها، وحسب DIKAU (1988) ينطوي هذا النوع من العلم تحت اسم الجيومورفولوجيا الكمية. ومن خلال التحديد الدقيق للخصائص الجيومورفومترية لسطح الأرض يجمع هذا العلم بشكل وثيق بين فرعي الجيومورفومتري والجيومورفوغرافي (ROESCHMANN و LEHMEIER ، 1993).

إن الجيومورفوغرافي بمعناها الدقيق هي وصف سطح الأرض باستخدام الطرق النوعية، وغالبا ما يتم تضمين هذا التحديد المعاني الجيومورفومترية بحيث تعرف الجيومورفوغرافيا بأنها وصف أشكال سطح الأرض بالطرق الكمية والنوعية. في عام 1894 أطلق PENCK على الوصف والتمثيل الحسابي لأشكال سطح الأرض تسمية الأوروغرافي والأوورومتري، وفي كتابه مورفولوجيا سطح الأرض أدرج PENCK شرح هذا العلم تحت مصطلح المورفوغرافي والمورفولوجي.

وحسب EVANS (1972) يمكن تقسيم الجيومورفومتري (الشكل 1-5) إلى فرعين عام وخاص: الفرع العام يتضمن أساليب قياس وتحليل خصائص تضاريس سطح الأرض القابلة للتطبيق على أي سطح مستمر، الفرع

الخاص يتضمن أساليب القياس والتحليل لأشكال محددة من تضاريس سطح الأرض والتي يمكن فصلها بحدود واضحة عن أشكال السطح المجاورة لها. وكمثال على الفرع الخاص يمكن ذكر تحليل شكل شبكات وأحواض التصريف المائية.

وحسب EVANS (1980) فإن أهم القيم الجيومورفومترية هي: الارتفاع وتوزعه إحصائياً والانحدار واتجاه الانحدار والانحناء (التقوس). وبالإضافة لذلك هناك قيم أخرى مثل توزع الارتفاعات (تباين الارتفاعات النسبي، خشونة التضاريس) والقيم الهيدروغرافية (كثافة شبكة التصريف وأطوال المسالك المائية) والتي يتم إدراجها في حالات معينة. وقد تم استخدام التمثيل الإحصائي للبيانات الجيومورفومترية بشكل عام من أجل وصف معالم سطح الأرض سواء على مقاييس محلية أو مقاييس إقليمية (MARK، 1975). أما الحصول على القيم الحسابية من أجل الوصف الجيومورفومتري لأشكال سطح الأرض فكان يتم سابقاً (حسب مقياس الخريطة الطبوغرافية) إما من خلال القياس المباشر في الحقل أو من الخريطة مباشرة مما يتطلب جهودا كثيرة، هذا النوع من العمل تم تسهيله بشكل كبير من خلال استخدام نماذج الارتفاع الرقمية وقد تم تطبيق ذلك منذ نهاية السبعينيات لدراسة المعالم الجيولوجية والجيومورفولوجية.

يقصد بمسمى نموذج الارتفاعات الرقمي (DEM) التمثيل الرقمي المبسط لسطح الأرض، ويتألف نموذج الارتفاعات الرقمي من عدد كبير من النقاط الموزعة شبكياً والتي تمتلك إحداثيات ثلاثية الأبعاد. وهناك مصطلح أقل استخداماً من هذا التعبير هو مصطلح نموذج التضاريس الرقمي (DTM). وتقتصر البيانات في نموذج الارتفاعات الرقمي على تخزين قيم الارتفاعات فقط، أما نموذج التضاريس الرقمي فيمكن أن يتضمن بيانات طبولوجية ووصفية كأن يتضمن وصفاً لحواف الكويستا أو السدود أو الأغوار ...الخ (WEIBEL HELLER، 1991).

وهذا يعني أنه في حالة نموذج التضاريس الرقمي يمكن لكل نقطة منه أن يكون لها دلالة تضاريسية خاصة أو يتم ربط النقاط مع بعضها من أجل تمثيل البنيات الخطية البارزة في التضاريس، وبشكل مشابه يمكن أن يتم في كل نقطة تخزين معلومات عن الانحدار واتجاه الانحدار، وبهذا الشكل فإن نموذج الارتفاعات الرقمي بصفته نظام ثلاثي الأبعاد ببيانات عن XYZ هو نموذج لتمثيل سطح الأرض فقط مستخدماً البعد الثالث بشكل ارتفاع عن نقطة ثابتة، لذلك يوصف غالبا بأنه 2.5 الأبعاد لأن صفة ثلاثي الأبعاد المتضمنة لمعلومات عن العمق غير موجودة فيه (WEIBEL HELLER، 1991).

وقد فتح استخدام نموذج الارتفاعات الرقمي ونموذج التضاريس الرقمي آفاقا جديدة في مجال تحليل سطح الأرض مما أحدث تطورات كبيرة في مجالات الهيدروجيومورفولوجي والجيومورفومتري (الجيومورفولوجيا الكمية) والمورفولوجيا البنيوية والموفوتكتونيك (الجيومورفولوجيا التكتونية الرقمية).

5.1.1 أحواض التصريف الرئيسية والفرعية

يعتبر حوض التصريف وحدة جيومورفولوجية المنشأ نظراً لتأثير العمليات الجيومورفولوجية في تشكلها وخاصة عمليات الحت النهري، وهو إحدى الوحدات الطبوغرافية التي يمكن استخدامها بشكل جيد في الوصف الجيومورفولوجي والجيومورفومتري لتضاريس سطح الأرض.

وقد شكلت دراسة حوض التصريف في كثير من الدراسات ركيزة للتحليل الجيومورفولوجي والجيومورفومتري (CHORLEY، 1969 وHORMANN، 1971). وتنفصل أحواض التصريف عن بعضها

البعض بخطوط التقسيم المائي التي تنشأ تحت تأثير التضاريس على السلوك الهيدرولوجي، أي التأثير المتبادل بين الصخور المتكشفة والمياه السطحية. وهكذا فإنه نظراً للتأثير الكبير للتضاريس على المياه الجارية والدورة المائية في اليابسة يتم غالباً معالجة حوض التصريف الهيدرولوجي من وجهة النظر الجيومورفولوجية. إلى جانب ذلك تلعب معاملات حوض التصريف الجيومورفومترية مثل (HYPSOMETRISCHE KURVE UND DAS HYPSOMETRISCHE INTEGRAL) دورا كبيرا، كونها مفيدة جدا في تحديد خصائص مختلفة مثل مستوى الأنشطة التكتونية في منطقة ما (KELLER و PINTER، 2002).

كان يتم تحديد أحواض التصريف - قبل استخدام نماذج الارتفاع الرقمية - بالطرق اليدوية، وكانت تميز أحواض التصريف المتجاورة عن بعضها بواسطة التحليل البصري للخرائط الطبوغرافية، وذلك لأن مسار خطوط التسوية والمجاري المائية يسمح برسم خطوط التقسيم المائي وتحديد مصبات أحواض التصريف. ومع ازدياد انتشار نماذج الارتفاع الرقمية تم تطوير العديد من الخوارزميات لاستنباط المعاملات الهيدرولوجية بواسطة الحاسوب مثل اتجاه الجريان السطحي ومسارات الجريان المائي وأحواض التصريف (MOORE وآخرون، 1991).

وتوجد هذه الخوارزميات دائماً ضمن أدوات برمجيات نظم المعلومات الجغرافية، ويعتبر تطوير هذه الخوارزميات من أهم النقاط التي تركز عليها الأبحاث الحالية خاصة من أجل تحسين النمذجة الهيدرولوجية والهيدروجيولوجية، وبهذا الشكل أخذت الدراسة الجيومورفومترية لأحواض التصريف مكانها بقوة كاتجاه بحث مرموق في مجال الجيومورفولوجيا، مدعومة بإمكانية التحديد الواضح والسهل لكل من أحواض التصريف وخطوط التقسيم المائي.

يرتبط الوضع الهيدروغرافي في منطقة الدراسة سواء خطوط الجريان المائي أو حدود الأحواض المائية بشكل كبير بالتقسيم البنيوي من جهة وبالوضع الأوروغرافي المورفولوجي من جهة أخرى (WOLFART، 1967)، وبأخذ هذا الأمر بعين الاعتبار فإنه من المهم جداً معالجة حوض التصريف الهيدرولوجي في هذا البحث كوحدة جيومورفولوجية خاصة من أجل التمثيل الإقليمي لجيومورفولوجيا المنطقة، لذلك تم في بداية العمل تحديد خطوط التقسيم المائي وبالتالي الأحواض الرئيسية ثم الأحواض الفرعية.

تقسم المنطقة وفقا لخطي تقسيم مائي رئيسيين إلى ثلاثة أحواض رئيسة هي أحواض العاصي وحلب والفرات، ومن الجدير بالذكر هنا أن هذا التحديد على الأغلب أدق بكثير من التحديد اليدوي القديم لهذه الأحواض. وعلى الرغم من ذلك فإن هذا التوصيف عام جداً وليس متكاملاً من أجل القيام بدراسة هيدرولوجية أو جيومورفولوجية للمنطقة، ويظهر ذلك بوضوح في حالة حوض حلب بشكل خاص الذي يمكن تقسيمه إلى ثلاث مناطق رئيسية تتمتع بخصائص هيدرولوجية وجيومورفولوجية مختلفة، خاصة فيما يتعلق بالعمليات الجيومورفولوجية المسيطرة في كل منها، وهذه المناطق الفرعية هي: منطقة الجبول، منطقة قويق والمطخ، ومنطقة الخرايج (الشكل 2-5).

يمكن التمييز في غرب المنطقة المدروسة بين منطقتين فرعيتين في حوض العاصي هما منطقة عفرين (في الشمال الغربي) ومنطقة العاصي الأوسط والأدنى (في الجنوب الغربي). أما في الشرق فإنه يمكن عملياً تمييز حوض الفرات فقط مع وجود منطقة فرعية في الزاوية الشمالية الشرقية لمنطقة الدراسة والتي تصب في نهر الساجور الذي يصب بدوره في نهر الفرات.

يمكن من خلال رسم المنحنيات الطبوغرافية ذات الاتجاه غرب-شرق (مواقعها على الشكل 5-2) إعطاء تصور واضح عن شكل التضاريس السطحية ومواقع خطوط التقسيم المائي، والتي تظهر بشكل واضح الفرق الكبير بين مستوى المجاري المائية في أحواض التصريف الداخلية (240م فوق سطح البحر في منطقة نهر قويق و300 م في الجبول) ومستواها في الغرب (بين 100 – 180م في عفرين والعاصي)، وعلى العكس من ذلك شرقاً فإن الفرق في المستوى بين حوض الجبول وحوض الفرات المجاور عملياً لا يمكن تحديده.

يعطي المقطعين الطبوغرافيين (مصياف والسعن) تصوراً جيداً عن التضاريس في الجنوب (الشكل 5-3)، ويظهر مقطع مصياف التضاريس غرب وشرق وادي العاصي حيث يقطع في الغرب هضبة مصياف وفي الشرق يظهر انحداراً بسيطاً يمثل أقدام السلسلة التدمرية ثم يبدي ارتفاعاً ملحوظاً (900م فوق سطح البحر) عند قطعه للسلسلة التدمرية. أما مقطع السعن فيقطع وادي نهر العاصي وفالق البحر الميت في الغرب وأقدام السلسلة التدمرية في الشرق.

أما وسط منطقة الدراسة فقد تم تمثيله من خلال مقطعين طبوغرافيين هما مقطع خان شيخون ومقطع خناصر (الشكل 5-4) اللذان يتقاطعان في الغرب مع جبل الزاوية ويظهران انحداره الشديد باتجاه الغرب وتناقص انحداره بشكل تدريجي نحو الشرق، ويظهر من خلال هذين المقطعين في الشرق تضاريس الأحواض المغلقة للمطخ والجبول والأغطية البازلتية لحماة وجبل الحص وجبل شبيث.

إلى الشمال من مدينة حلب يمكن تمثيل التضاريس من خلال مقطع الباب الطبوغرافي، ويظهر هذا المقطع كما هو حال المقاطع الأخرى انحداراً شديداً في الغرب باتجاه وادي نهر عفرين، الذي يعتبر نتيجة لفالق عفرين التابع لفالق البحر الميت، ونحو الشرق يجتاز هذا المقطع وادي قويق وتلال هضبة الباب (الشكل 5-4).

5.1.2 استنباط المعاملات الجيومورفومترية

تقدم المعاملات - التي تشتق من نموذج الارتفاع الرقمي خاصة الارتفاع (الارتفاع المطلق والنسبي) والانحدار - بيانات رقمية، يمكن استخدامها بشكل مباشر في التفسيرات الجيومورفولوجية، ويمكن استعمال قيمها في مجال التفسير الرقمي لتضاريس سطح الأرض بهدف حل الكثير من المسائل العلمية، وينطوي تحت ذلك كلاً من التصنيف الجيومورفومتري ورسم الخرائط والتمثيل الفراغي لبنيات وتضاريس سطح الأرض. وفيما يلي سيتم شرح هذه المعطيات بشكل موجز واستخدامها من أجل وصف الوحدات الجيومورفولوجية الرئيسة في المنطقة المدروسة. وقد تمت عملية الاستنباط في برنامج ArcGIS باستخدام التحليل ثلاثي الأبعاد (3D-Analyst).

5.1.2.1 الارتفاع (الارتفاع المطلق والنسبي)

يندرج تحت تعبير الارتفاع كلاً من الارتفاع المطلق وهو الارتفاع فوق سطح البحر مقدراً بالمتر، والارتفاع النسبي والذي يؤخذ منسوباً إلى النقطة الأكثر انخفاضاً في المنطقة المدروسة للدلالة على درجة تعقد جيومورفولوجيا المنطقة. وقد تم استخدامه منذ نهاية القرن التاسع عشر في الدراسات الجيومورفولوجية. وهناك عدة تعاريف للارتفاع النسبي وأكثرها شيوعا هو تعريفه بأنه المسافة بين القمة وقاع أحد الأودية المجاورة لها، وحدده بعض المؤلفين مثل Barsch & Caine (1984) على أنه نسبة تغير الارتفاع بالمتر إلى المساحة بالكيلومتر المربع.

وقد استعمل Penk (1894) الارتفاع النسبي من أجل تحديد المرتفعات والجبال في الطبيعة. واعتمادا على قيمه قام Passarge (1921) بالتمييز بين الأصناف التالية: أرض سهلية (50م تقريبا)، مرتفعات (50-200م)، أرض جبلية (200-500م)، جبال متوسطة الارتفاع (500-1000م) وجبال شاهقة (< 1000م).

ومن جهة أخرى تم استعمال الارتفاع المطلق في كثير من المؤلفات القديمة من أجل وصف وتحديد الوحدات الجيومورفولوجية (Ritter، 1817 & Penck، 1894 & Passarge، 1921 & Hagedorn و Poser، 1974). واستنادا إلى قيم الارتفاع المطلق ميز Passarge (1921) أيضا بين فئات الأراضي المنخفضة والأراضي المتوسطة والأراضي المرتفعة والأراضي الألبية (نسبة لجبال الألب). ولم يقم Passarge بالربط بين نوعي الارتفاع في تصنيف واحد لتحديد وحدات سطح الأرض المختلفة.

تعتبر قيمة الارتفاع المطلق قيمة ثانوية عند تحديد مظاهر سطح الأرض ويجب ربطه مع معايير أخرى من أجل تمييز الأجزاء المختلفة من سطح الأرض، ومع ذلك يمكن استعماله في المنطقة قيد البحث من أجل الوصول إلى تصنيف أولي لمظاهر السطح. وبالاعتماد على تقسيم Passarge (الجدول 2-5) يصنف الجزء الأكبر من منطقة الدراسة على أنه أراضي متوسطة الارتفاع، ويشذ عن ذلك كلاً من حوض الغاب ووادي نهر عفرين اللذين ينطويان تحت فئة الأرض المنخفضة، ومن أجل تبسيط عملية تمثيل مظاهر سطح الأرض المختلفة في المنطقة المدروسة تم تقسيم المنطقة على أساس الارتفاع المطلق إلى تسعة أصناف (الشكل 5-5).

الجدول 2-5: التصنيف الجيومورفولوجي على أساس الارتفاع المطلق.

Hagedorn (1974)		Passarge (1921)	
التضاريس	الارتفاع (متر ع البحر)	التضاريس	الارتفاع (متر ع البحر)
ضعيفة التضرس (أراض منبسطة، سهول)	0 – 30	أراض منخفضة	0 – 200
معتدلة التضرس (تلال)	30 – 200	تضاريس معتدلة	200 - 1500
متوسطة التضرس (أراض جبلية)	200 – 1000	أراض مرتفعة	1500 - 3000
شديدة التضرس (أراض الجبال الشاهقة)	> 1000	أراض ألبية	> 3000

5.1.2.2 الانحدار

يمكن تعريف الانحدار بأنه قيمة ميل الخط المرسوم من النقطة المدروسة باتجاه التغير الأكبر لارتفاع النقاط المجاورة لها، أو يعرف بأنه قيمة الزاوية ما بين الأفق والسطح الذي يحتوي النقطة المدروسة مقدرة بالدرجة أو النسبة المئوية. وتعتبر قيمة الانحدار من أهم القيم التي تستخدم لوصف مظاهر سطح الأرض.

ويمثل تصنيف زاوية الانحدار في مجموعات ونطاقات حسب Demek وآخرون (1982) أفضل التصنيفات لوصف سطح الأرض، الذي قام بتصنيف عدة أشكال لسطح الأرض حسب قيم الانحدار إلى نطاقات، وعلى سبيل المثال ضمن النطاق (1° - 3°) أدرجت الأشكال التالية: المصاطب بأنواعها نهرية وبحرية والهضاب والمرتفعات التي تبرز بين الأودية.

يسمح تحليل الانحدار إلى جانب الارتفاع بتمييز الوحدات المختلفة لسطح الأرض، وهذه الخطوة تخدم بشكل كبير باقي نقاط البحث في هذه الدراسة، وللوصول إلى تمثيل جيد يوضح المعالم المورفولوجية للمنطقة تم وضع تصنيف خاص للانحدار، وذلك بعد الأخذ بالاعتبار أن أعلى قيمة للانحدار في المنطقة المدروسة تعادل 46,15° فتم تتميز الفئات التالية: (0° - 2°، 2 - 4°، 4° - 8°، 8° - 16°، 16° - 32°، 32° - 40°، 40° - 46,15°)، ومكن ذلك من إبراز معالم سطح الأرض في المنطقة بما في ذلك حواف الكويستا، والتي تظهر بوضوح إلى الشمال الشرقي من مدينة حلب وفي شمال وشمال غرب السلسلة التدمرية، إذ لم يكن بالإمكان إبراز هذه الحواف بدون استخدام هذا التقسيم بتباعدات صغيرة القيمة.

الجدول 2-5: أنواع المنحدرات (DEMEK وآخرون، 1982)

التوصيف	قيمة زاوية الانحدار		
	تحت المجموعة		المجموعة
السهول (أفقية)	0°	0°	0°
منحدرات بسيطة (منبسطة)	1°	1° - 3°	1° - 7°
	2° - 3°		
	4° - 7°	4° - 7°	
منحدرات معتدلة (انحدار بسيط)	8° - 11°	8° - 15°	8° - 25°
	12° - 15°		
	16° - 25°	16° - 25°	
انحدار شديد (جرفي)	26° - 35°	26° - 35°	26° - 60°

ومن ناحية أخرى تعتبر دراسة توزع قيم الانحدار إحصائياً إحدى خطوات الوصف الأولي في الوصف الجيومورفومتري لمظاهر سطح الأرض، حيث يسمح شكل المدرج التكراري لقيم الانحدارات بتكوين صورة عن توزع هذه القيم، فالتحليل الإحصائي لقيم الانحدار في منطقة الدراسة (الشكل 6-5) يظهر بوضوح أن الجزء الأكبر من المنطقة يتمتع بانحدار أقل من 40°، بينما تتمثل أشكال السطح ذات الانحدار الأكبر من 40° (شديدة الانحدار) في المدرج التكراري بشكل قليل جدا، وهي توجد في المناطق التي تأثرت بالحركات التكتونية بشكل كبير وبشكل خاص في الغرب حيث الحركات التكتونية الحديثة، والتي ما زالت مستمرة في وقتنا الحاضر، وتوجد كذلك قيم عالية للانحدار في المناطق التي يغطي فيها البازلت سطح الأرض بالإضافة إلى مناطق بعض حواف الكويستا والشواهد الجبلية.

5.1.3 وصف الوحدات المورفولوجية الرئيسية لسطح الأرض

تعرف عملية تصنيف الوحدات الرئيسية لسطح الأرض ووضع حدود لها ورسم خرائطها في المراجع الجيومورفولوجية تحت اسم التمثيل الجيومورفولوجي الإقليمي، وتستند هذه العملية إلى إيجاد قوالب وتصنيفات محددة لأشكال سطح الأرض استناداً إلى طرق التحليل الجيومورفولوجية المختلفة (DEMEK،1976).

وصفت المنطقة المدروسة من قبل WOLFART (1967) على أنها هضبة تتكون من طبقات صخرية توضعت بشكل أفقي، وتعرضت المنطقة خلال الأزمنة الجيولوجية المختلفة لعدة عمليات تسوية (بناء سهول) (راجع الفقرة 2.1.2)، وأصبح الجزء المركزي من المنطقة عبارة عن سهل ممهد (PENEPLANES)، وقد تشكل إثر توقف الأنشطة التكتونية واستمرار عمليات الحت التي توضعت نواتجها في الأحواض المغلقة. بعد أخذ ذلك بالاعتبار تم تمثيل الوحدات الرئيسية لسطح الأرض باستخدام طرق التمثيل ثلاثي الأبعاد لنموذج الارتفاع الرقمي بواسطة الحاسوب، وقد أصبحت هذه الطرق في الوقت الحاضر شائعة جدا لأن برمجيات نظم المعلومات الجغرافية أصبح بإمكانها استخدام تقنيات مختلفة لإظهار سطح الأرض بشكل ثلاثي الأبعاد ومعاينته من كافة الجهات.

وتتضمن هذه التقنيات تمثيل خطوط تساوي الارتفاع (الشكل 7-5) ونموذج التضاريس المظللة وغيرها (KRAAK و ORMELING ،2003). ويعتبر استخدام نموذج التضاريس المظللة الأكثر انتشاراً واستخداماً لأنه يرفع من درجة وضوح التغيرات المختلفة لمظاهر سطح الأرض مما يسمح بوصف وتمثيل واقعي لها (BRASSEL، 1974& HORN،1981 & ONORATI وآخرون، 1992).

تستخدم طريقة التضاريس المظللة تقنية إضاءة سطح الأرض من جهات ومن ارتفاعات اختيارية. ويمكن أن تتم مقاطعة أو ربط نموذج التضاريس المظللة ونموذج الارتفاع الرقمي مع البيانات الغرضية الأخرى مثل نماذج الانحناء والانحدار مما يمكن من إعطاء تفسيرات جيومورفولوجية أفضل لهذه المعايير (THELIN و PIKE،1991). وبذلك أصبح لنموذج التضاريس المظللة استخدامات أكثر فعالية وانتشارا في التحاليل الجيومورفولوجية وقبل كل شيء المورفوتكتونية وذلك في استنباط البنيات ذات الامتداد الإقليمي (SMITH و CLARK، 2005)، وسيتم التطرق لهذا الدور في الجزء الخاص بتفسير العناصر الخطية من هذه الدراسة.

يوفر الامتداد ARCSCENE من باقة برمجيات نظم المعلومات الجغرافية ARCGIS إمكانية العرض ثلاثي الأبعاد لسطح الأرض بطرق متعددة على قاعدة نموذج الارتفاع الرقمي، ويمكن أيضا إظهار الصور الفضائية أو الجوية بشكل ثلاثي الأبعاد بالاعتماد على قيم نموذج الارتفاع الرقمي لإظهار البعد الثالث (الشكل 8-5)، وباستخدام لوحة المفاتيح أو فأرة الحاسوب يمكن استعراض المنطقة الممثلة من كافة النواحي فراغيا. وبذلك يلعب نموذج الارتفاع الرقمي بالترابط مع الصور الفضائية دوراً كبيراً في عملية وصف وتفسير البنيات الكثيرة، والتي تتطلب دراستها عند عدم توفر ذلك القيام بتفسيرات فوتوجيولوجية (التصوير الجوي الجيولوجي) وأعمال حقلية كثيرة. وقد استخدمت هذه الطريقة في هذا العمل بشكل كبير خاصة من أجل استعراض وتحليل الخصائص المورفوبنيوية، ووفرت في كثير من مراحل العمل بديلاً جيداً للمعطيات الحقلية.

من خلال التصورات التي ذكرت أعلاه عن الخصائص الجيومورفومترية للمنطقة وباستخدام حاسبة بيانات الخلوية المساحية (*RASTER CALCULATOR* في برنامج ARCGIS) تم تحديد الوحدات المورفولوجية الرئيسية لسطح الأرض في المنطقة، فتم في البداية تحديد الوحدات ذات الارتفاع المطلق (≥200M) والانحدار (≥15%)، فأعطت نتيجة الحساب بيانات خلوية مساحية بقيمتين هما 0 و1، وبعد تحويل البيانات الخلوية المساحية إلى بيانات خطية (مضلعات) تم حذف البيانات الخطية ذات القيمة صفر لأن القيمة صفر تعني أن هذه البيانات لا تحقق شرطي الارتفاع والانحدار المذكورين سابقا، بينما تمثل المضلعات المتبقية حدوداً للوحدات المورفولوجية الرئيسية.

ويمكن إظهار هذه الخريطة الغرضية الناتجة فوق الصور الفضائية أو أي خريطة أخرى مثل نموذج الارتفاعات الرقمي الذي تم تصنيفه أعلاه من أجل تسهيل الوصف وتصور للوضع الجيومورفولوجي بشكل أفضل (الشكل 5-9). وبالأخذ بعين الاعتبار جيولوجية المنطقة وما ذكر أعلاه يمكن تمييز الوحدات المورفولوجية لسطح الأرض الواردة في الجدول (5-4).

الجدول (5-4): الوحدات المورفولوجية لمنطقة الدراسة

الوحدة المورفولوجية	الارتفاع المطلق (م)	الوحدات المورفولوجية لمنطقة الدراسة	الليتولوجيا
أراضي منخفضة	0 - 200	الأحواض التكتونية	توضعات رباعية
أراضي متوسطة الارتفاع	200 - 400	أودية الأنهار الرئيسة المنخفضات الطبوغرافية	توضعات رباعية
	400 – 700	الهضاب (كلسية وبازلتية) الشواهد الجبلية (بقايا الهضاب).	طبقات حجر كلسي أغطية بركانية
	700 – 1000	المناطق الجبلية.	طبقات حجر كلسي

5.1.3.1 أودية الأنهار الرئيسة

ينضوي تحت هذا التعبير أودية العاصي وعفرين وقويق والساجور والفرات، بالنسبة لوادي العاصي يقع جزء منه (العاصي الأعلى) خارج منطقة الدراسة، بينما يجرى نهر العاصي الأوسط في جنوب غرب المنطقة آخذاً شكلاً متعدد التعاريج ضمن واديه، ويتراوح المستوى الطبوغرافي له ما بين 275متر و225 متر، ويصبح مستواه في سهل الغاب الواقع مباشرة غرب هذا الجزء حوالي 170 متر، ويمتاز وادي العاصي في الجزء المذكور بوجود جروف ذات انحدار شديد وارتفاع نسبي واضح، ويلاحظ في الجنوب وجود انعطاف حاد في وادي العاصي. ويدل كل من مظهر الوادي الخانقي والانعطاف الحاد للعاصي في هذا الجزء على وجود تأثير تكتوني بشكل لا يقبل الشك.

أما بالنسبة لمورفولوجيا كل من وادي عفرين والفرات يمكن التعرف عليها بوضوح من خلال مقطع الباب الطبوغرافي، وبما أنهما يعتبران حدودا للمنطقة المدروسة فلن يتم التطرق إليها.

وعلى العكس من الأنهار الثلاثة السابقة أي العاصي وعفرين والفرات التي تمتاز بجريان دائم، يكون الجريان في نهر قويق موسمي حيث يكون ضمن الأراضي السورية غالبا في حالة جفاف، وذلك بسبب احتجاز مياهه على الجانب التركي. وينبع نهر قويق من جبال طوروس في تركيا ويجتاز منطقة الدراسة بمسار مواز تقريبا لخطوط الطول. ويجري نهر قويق ضمن واديه بشكل متعرج مابين الحدود التركية ومدينة حلب ضمن سهل واسع، وإلى الشمال من مدينة حلب (10كم شمالا) يظهر وادي النهر خصائص خانقية، ففي هذا الجزء تتقارب الهضاب المحيطة مسببة تناقص عرض الوادي إلى 300م فقط. ويرجع الانعطاف والشكل الخانقي لوادي قويق في جنوب مدينة حلب كما هو حال نهر العاصي إلى تأثيرات تكتونية أيضا.

5.1.3.2 المنخفضات الطبوغرافية

تتوافق المنخفضات الطبوغرافية مع الأحواض المغلقة وهي بحيرة الجبول ومنخفض المطخ وسبخة الخرايج (الشكل 7-5). وتوحي مورفولوجيا هذه الأحواض ومورفولوجيا حدودها إلى إمكانية وجود منشأ بنيوي لها. وخاصة أن نشأة هذه الأحواض وفقاً ل WOLFART (1967) كانت في نهاية البليوسين وبداية البلايستوسين، وهي فترة نشاط تكتوني واسع في المنطقة أدى في فترة الرباعي على الأغلب إلى تشكل بحيرات تحولت لاحقا إلى أحواض مائية موسمية. وتنتهي في هذه الأحواض معظم الأودية الموجودة في المنطقة المدروسة.

5.1.3.3 الهضاب الكلسية

يمكن ملاحظة مظاهر الهضاب في ثلاثة أجزاء من المنطقة هي منطقة مصياف ومنطقة الزاوية وسمعان وكذلك منطقة الباب.

توجد هضبة مصياف في جنوب غرب منطقة الدراسة ما بين نهر العاصي قرب مدينة حماة وفالق البحر الميت (السلسلة الساحلية). وتقع الهضبة على ارتفاع يعادل تقريبا 450م عن سطح البحر، وتمتاز مقارنة بمحيطها بتضاريس ليست هادئة.

وتمتد هضبة كل من جبل الزاوية وجبل سمعان إلى الشمال من هضبة مصياف والشرق من سهل الغاب، وأقصى ارتفاع لجبل الزاوية يعادل 939م بينما جبل سمعان يعادل 870م. وتبدي الهضبة باتجاه الغرب والشمال الغربي انحداراً شديداً، بينما تنحدر بلطف نحو الشرق.

وإلى الشرق من جبل سمعان ما بين مدينة حلب ونهر الفرات تمتد هضبة الباب على مستوى يتراوح ما بين 400م وحتى 600م. ويمكن من خلال معاينة هذه المنطقة بشكل ثلاثي الأبعاد وصفها بأنها نوع من السهل الممهد (الشكل 10-5)، حيث يمكن تمييز عدة مناطق سهلية فيها، وتنتهي هضبة الباب في الشرق بمظاهر تضاريسية واضحة عند حدود سهل الفرات.

5.1.3.4 الهضاب البازلتية

تمتاز مظاهر سطح الأرض في عدة أجزاء من المنطقة بوجود أغطية بازلتية على مساحات واسعة، ويمكن تمييز ثلاثة حقول بازلت رئيسة في المنطقة. يفصل كل من حقل شبيث (160 كم^2) وحقل الحص (8800 كم^2) الأحواض المغلقة عن بعضها البعض. أما الحقل الثالث فيمتد إلى الشرق من مدينة حماة شمالا حتى مركز منطقة الدراسة، ويحد منخفض الخرايج من الغرب. وتظهر هذه الحقول في المنحنيات الطبوغرافية على شكل هضاب مسطحة ومقطعة بالأودية بشكل بسيط، وإلى الشرق من مدينة حماة تبدي هذه الهضاب حوافاً حادةً واضحة يصل ارتفاعها عن المناطق المجاورة لها إلى 300م. وعلى العكس من ذلك يتلاشى حقل حماة البازلتي إلى الشرق من مدينة معرة النعمان تدريجياً.

5.1.3.5 المناطق الجبلية

تقع مظاهر سطح الأرض ذات الخصائص الجبلية الواضحة في جنوب-شرق منطقة الدراسة. وينضوي هذا الجزء ضمن سلسلة الجبال التدمرية الشمالية. ويصل ارتفاع التضاريس هنا حتى 1000م فوق سطح البحر وتتميز بسطوح واسعة الامتداد وأجنحة واضحة المعالم يتناقص انحدارها تدريجيا نحو الشمال. ويلاحظ على المقاطع الطبوغرافية وجود العديد من الأودية الخانقية التي تقطع السطح. وتلاحظ الأودية الخانقية وحواف الكويستا عند أقدام هذه الجبال.

5.2 الوصف الجيومورفولوجي باستخدام الصور الفضائية

يعتبر رسم الخريطة الجيومورفولوجية أهم وسائل عرض نتائج الدراسات الجيومورفولوجية لأنها من ناحية تؤمن عرضاً متجانساً ذا تغطية كاملة لسطح المنطقة المدروسة، ومن ناحية أخرى يقدم الوسيلة الضرورية للربط مع العلوم المجاورة، ومن هذا المنطلق يجب أن يتضمن الوصف الجيومورفولوجي المتكامل إلى جانب وصف أشكال سطح الأرض معلومات عن الليتولوجيا والهيدروغرافيا (KLIMASZEWSKI، 1990).

وقد تغيرت تقنيات إعداد الخرائط بشكل مطرد منذ أن تم وضع تقنيات الاستشعار عن بعد في حيز التطبيق، فاكتسبت هذه التقنيات أهمية كبيرة وأصبحت جزءاً أساسياً في بناء أي خريطة جيومورفولوجية خاصة عندما يتعلق الأمر بمستوى إقليمي. وتعتبر الصور الفضائية المصححة بعد تحميل المسميات المكانية عليها مصدراً مهماً جداً للمعلومات عند القيام بالعمل الحقلي الجيولوجي والجيومورفولوجي.

وحسب رأي LIST وآخرون (1990) يمكن اعتبار الصور الفضائية (مجازاً) خرائط طبوغرافية أو جيولوجية. وفي حال دراسة سطح الأرض على مستوى إقليمي بمقياس 1:100.000 وحتى 1:1.000.000 تعتبر صور اللاندسات مناسبة جداً، فحسب رأي ABER وآخرون (1993) تمثل صور لاندسات مصدرا جيدا للمعلومات لإعداد الخرائط الجيومورفولوجية بمقياس 1:100.000 أو أصغر من ذلك. وتعبّر الصور الفضائية عن أهميتها - ليس فقط من خلال كونها تعتبر أساس لرسم الخرائط – بل من خلال استخدامها لفهم توزع المظاهر الجيومورفولوجية.

في منطقة الدراسة التكوين الليتولوجي للوحدات المورفولوجية الرئيسة هو صخور كلسية ومارن وبازالت وتوضعات رباعية. للقيام بوصف الجيومورفولوجي وإعداد خريطة جيومورفولوجية للوحدات المورفولوجية تم استعمال الطرق البصرية والرقمية لتفسير الصور الفضائية. وهكذا تطلب الوصول إلى وصف متكامل لسطح الأرض في منطقة الدراسة - إلى جانب الوصف المورفولوجي السابق - استخدام عدة طرق لمعالجة الصور الفضائية.

5.2.1 اختيار نطاقات التركيب اللوني والصور الملونة

تم في بادئ الأمر اختيار التركيب اللوني المناسب للوصف الجيومورفولوجي وإعداد الخريطة باستخدام الأسلوب الإحصائي بواسطة الكومبيوتر، وذلك بتطبيق العملية الحسابية المشهورة التي تدعى معامل *OPTIMUM-INDEXFAKTOR* (OIF) الذي يقوم بإعداد قيمة إحصائية بحساب الانحراف المعياري للنطاقات المختلفة وكذلك معامل الارتباط (النطاقات الأقل ترابطا لتقليل إمكانية تكرار المعلومات) من أجل اختيار التركيب الأكثر غنى بالمعلومات (مثال على هذه الطريقة الجدول 5-5). وقد استعمل هذا المعامل OIF بنجاح في دراسات أخرى مشابهة مثلا من قبل DWIVEDI (1992) ومن قبل HILDEBRANDT (1992).

استخدمت قيم المعامل OIF كوسيلة استرشاد لاختبار عدة تراكيب لونية (الشكل 5-11) مع الأخذ بعين الاعتبار أن نطاقات المجال الطيفي المرئي (1 و2 و3) ونطاقات الأشعة تحت الحمراء المتوسطة (5 و7) شديدة الترابط فيما بينها (MULDERS، 1987). وبذلك تم التوصل إلى أن أفضل التراكيب اللونية هي التي تكون محتوية على إحدى قناتي الأشعة تحت الحمراء المتوسطة (5 أو7).

إضافة لذلك ومن أجل تفسير أفضل للمظاهر الجيومورفولوجية، تم أيضا تركيب الصور الناتجة عن تطبيق مبدأ تحليل المكونات على النطاقات الست لمشاهد اللاندسات +ETM 7 حيث أعطى التركيب اللوني للنطاقات الثلاث الأولى تمييزاً مفيداً جداً للوحدات الليتولوجية خاصة في منطقة السلسلة التدمرية (الشكل 11-5). وأمكن من خلال ذلك تمييز الوحدات الليتولوجية المختلفة العائدة للكريتاسي ونواتج تجويتها بدرجة وضوح جيدة. وبالإضافة لذلك أعطت عملية التحويل العكسي لنتائج حساب PCA (WILLIAMS، 1983) بيانات ذات وضوح لوني محسن حيث أن هذه العملية تؤدي إلى إزالة تشويش المكونات الرئيسية في الصورة.

الجدول (5-5): قيم OIF للتراكيب اللونية (أحمر، أخضر، أزرق) لمشاهد لاندسات المستخدمة

التركيب اللوني	قيمة معامل المؤشر المثالي			
(RGB)	173036	173035	174036	174035
123	7،071	5،261	8،347	9،137
124	6،760	5،418	8،224	9،119
125	7،023	5،600	8،381	8،627
127	6،793	5،543	8،091	8،615
234	7،336	6،051	8،879	9،399
235	7،593	6،056	8،945	8،813
237	7،358	6،184	8،722	8،812
345	7،715	6،483	9،421	8،806
347	7،483	6،597	9،169	8،786
457	7،412	6،298	9،125	8،252
134	7،207	6،043	8،834	9،201
135	7،468	6،092	8،932	8،622
137	7،234	6،032	8،630	8،578
145	7،148	6،189	8،802	8،612
147	6،922	6،305	8،573	8،634
157	7،169	6،100	8،637	8،041
245	7،282	6،112	8،865	8،888
247	7،054	6،224	8،623	8،901
257	7،297	5،995	8،655	8،297
357	7،722	6،223	9،132	8،111

5.2.2 بناء الصورة الموزائيكية

تطلب الوصف الجيومورفولوجي للمنطقة على أساس الصور الفضائية بناء موزائيك لتوفير بيانات خلوية مساحية مستمرة تغطي كامل سطح المنطقة المدروسة. وكما ذكر سابقا فإن تغطية المنطقة تتطلب أربعة مشاهد لاندسات. ومن أجل بناء الموزائيك لم يكن من الممكن استخدام قاعدة الربط بين المشاهد على أساس البكسل لأن المشاهد لا تعود إلى تحليق القمر الصناعي نفسه، بالإضافة إلى امتلاك هذه المشاهد خصائص مختلفة نتيجة اختلاف ظروف الغلاف الجوي والنباتات وغيرها. لذلك كان من الضروري تصحيح الأخطاء التي تنجم عن وضع الشمس بالنسبة للأرض والمسافة بين الأرض والشمس مما مكن من التخلص من تأثيرات الطبوغرافيا والغلاف الجوي (LILLESAND و KIEFER ، 2000). وقد تم الوصول إلى مقاربة خصائص صور المشاهد الأربعة المختلفة بعد القيام بعدة عمليات من تصحيحات إشعاعية وهندسية وملائمة الهيستوغرامات.

وقد تم بناء موزائيك من المشاهد +ETM 7 على قاعدة الربط الإحداثي، وهذه المشاهد هي المشهدين (173035 و173036) المأخوذين بتاريخ 2000/8/18 والمشهدين (174035 و174036) المأخوذين بتاريخ 2000/6/22. وقد سبب وجود الغطاء النباتي في حالة المشهدين الأخيرين أي في غرب المنطقة بشكل أوسع منه في شرقها تباينا واضحا في قيمة الانعكاس، مما تطلب معالجة وملائمة الهيستوغرامات لإزالة هذا التباين.

ونظراً لكون الصخور الرئيسية في المنطقة صخور كربوناتية وبازلت ونواتج تجويتها تم اختيار التركيب اللوني 741 من أجل بناء الموزائيك، وذلك لأن النطاق 7 (SWIR) في لاندسات +ETM 7 يغطي طيفياً مجال الامتصاص للهيدروكسيلات والكربونات وهو بذلك يمكن أن يستخدم كمؤشر على الفلزات الغضارية، كما أنه يمكّن من الفصل بين التوضعات الرملية والغضارية. وفي المجال الطيفي للنطاق 4 تنعكس أشعة الشمس بشكل كبير جداً من قبل النباتات وتمتص من قبل الماء مما يرفع درجة التباين مابين الصخور العارية والنباتات والتربة (خاصة الترب الرطبة). ويرفع النطاق 1 أيضاً درجة التباين لأن أشعة الشمس في مجاله الطيفي تُمتص من قبل النباتات وأكاسيد الحديد بشكل كبير نسبيا (GRIPPEN، 1989).

ويتمتع هذا التركيب اللوني أيضاً بميزة إيجابية أخرى وهي: أنه يعطي صورة بالألوان المألوفة للعين حيث يكون الماء باللون الأزرق والنباتات باللون الأخضر والصخور في التدرجات اللونية للون الأحمر والأصفر والبني. ويعتبر كثير من المؤلفين مثل KAUFMANN و PFEIFFER (1986) & KENEA (1997) أن هذا التركيب اللوني هام جداً للتفسير الجيولوجي للخصائص الليتولوجية والبنيوية في المناطق الجافة، لذلك تم أيضاً في هذا العمل استخدام هذا التركيب اللوني للقيام بالتفسير في عدة أجزاء من المنطقة.

5.2.3 التفسير الجيومورفولوجي للصور الفضائية

تم في هذه الدراسة اختبار العديد من التراكيب اللونية وتطبيق عدة عمليات معالجة للصور الفضائية للوصول إلى وصف متكامل للخصائص الجيومورفولوجية للمنطقة، مكنت من التوصل لإيجاد عدد من التراكيب اللونية والعمليات المناسبة لهذه الاستخدامات.

وكانت أكثر العمليات فائدة عملية حساب نسب النطاقات لبعضها (*RATIO*). فالقشرة الملحية – وهي الظاهرة الجيومورفولوجية الأوسع انتشارا في وسط منطقة الدراسة وخاصة في الأحواض المغلقة - تم وصفها باستخدام التركيب اللوني (RGB) من الصور النسبية 3/1 و5/7 و3/5 والتي أعطت نتائج جيدة جداً، حيث ظهرت التوضعات الملحية والسطوح المتملحة بلون أخضر فيروزي والماء بلون ليلكي قاتم إلى أزرق. وباستخدام النطاق الحراري 6 من صور TM في تركيب لوني مع القناتين 7 و1 تم الحصول على فصل أفضل حتى للدرجات

المختلفة للتملح كما في محيط بحيرة الجبول، فظهرت السطوح المتملحة بتدرج لوني مع تزايد التملح من اللون الأصفر حتى الأحمر القاتم (الشكل 12-25).

ومن ناحية أخرى تطلب وصف التوضعات اللحقية المنتشرة ما بين الأحواض المغلقة والسلسلة التدمرية البحث عن تراكيب لونية توفر الفصل الجيد ما بين تكشفات الصخور المتماسكة والتوضعات المفككة. وقد تم استخدام طريقة نسب النطاقات لأن هذه الطريقة تخفف من تأثير الانعكاس الشديد، ذلك أن خصائص هذا الجزء من المنطقة تشبه الخصائص الصحراوية وبالتالي يكون انعكاس أشعة الشمس فيه عالياً جداً. وسجلت أفضل النتائج عند استخدام التركيب اللوني (RGB) من الصور 3/1 و5/7 و3/5 ومن الصور 3/1 و5/7 و3/5، حيث أمكن أيضاً إبراز الفوارق الليتولوجية حتى ضمن بعض التشكيلات العائدة لنفس العمر الجيولوجي، كما أنه قد أمكن تمييز التوضعات اللحقية الحديثة (الأودية النشطة) عند أقدام السلسلة التدمرية (الشكل 5-13).

وبالنسبة لمناطق انتشار البازلت فقد أمكن تمييزها بوضوح في الصور الفضائية من خلال التباين الواضح بينها وبين محيطها خاصة في الغرب حيث يغطي البازلت الصخور الكلسية، وكذلك في الأجزاء الداخلية حيث يغطي البازلت طبقات المارن التي تم حتها تاركة البازلت يظهر بشكل كويستا ذات انحدار مميز. ويظهر تفسير الصور الجوية وجود بعض الأودية والمنخفضات ضمن حقول البازلت تتجمع فيها نواتج تجوية البازلت، ويمكن تمييزها في الصور الفضائية بتباين قليل بالنسبة للبازلت نفسه. وتعود هذه القيمة المنخفضة للتباين إلى تغطية البازلت غالبا بغطاء رقيق من التربة الناتجة عن التجوية. ومن أجل زيادة التباين وللقيام بوضع الحدود الجيومورفولوجية للبازلت تم استخدام عدة عمليات تحسين للصور (الشكل 5-14). وتظهر بنية نواتج التجوية المتجمعة في المناطق المنخفضة في البازلت أنها تتكون من مواد ناعمة نوعا ما وهذا ما تم توثيقه أثناء العمل الحقلي، الذي بين أن عمليات تجوية البازلت ليست كاملة حتى وقتنا الحاضر، حيث أن معظم مناطق البازلت عبارة عن سطوح مقفرة مغطاة بالحجارة (PAVEMENT).

تظهر الهضاب الكلسية في المنطقة بشكل عام على شكل سطوح جرداء، فبالرغم من قلة انحدار وارتفاع هذه المناطق إلا أن نواتج التجوية تم غسلها بشكل كامل، وتوجد في هذه الهضاب تقريبا جميع أشكال الكارست (الدولينات والهوات UVALAS والدارات POLJE والكهوف الخ) التي وصفت من قبل ROTHER (1993) في مناطق البحر المتوسط. ومن خلال تفسير الصور الفضائية المتوفرة ونتيجة لصغر قدرة التمييز المكانية يمكن التعرف فقط على بعض هذه الظاهر: فبعض الأشكال النموذجية للكارست السطحي مثل الدولينات لا يمكن تمييزها مباشرة في الصور الفضائية، إلا أنه من الممكن بصورة غير مباشرة توقع وجود الدولينات المرتبطة بالبنيات التكتونية من خلال تفسير القسمات الخطية قبل القيام بالعمل الحقلي، وقد توثق ذلك في منطقة هضبة مصياف، حيث تبين أثناء التوثيق الحقلي وجود حوالي 14 دولينة موزعة على طول وادٍ (تم تفسيره مسبقاً على أنه وادي خطي)، وقد صادف خلال فترة العمل الحقلي أن إحدى هذه الدولينات قد غارت أثناء العمل وكانت بأبعاد 2*2م وعمق حوالي 3م. ومن ناحية أخرى تمثل الهوات (UVALAS) والدارات (POLJE) الأشكال النموذجية للكارست التي يمكن تمييزها في الصور الفضائية للمنطقة، وقد لوحظ وجودها في معظم أرجاء المنطقة وبمقاييس متعددة وخاصة في الجزء الغربي، حيث تشكل الدارات ضمن تكشفات الكارست الجرداء ما يشبه واحات لأراضي زراعية تظهر في الصور الفضائية بتباين جيد عن محيطها. وباستخدام النطاق الحراري 6 من لاندسات TM أمكن أيضاً تمييز سطوح الكارست حديثة التشكل، حيث تظهر هذه السطوح بلون أصفر فاتح.

تتميز مظاهر سطح الأرض في المنطقة الواقعة عند أقدام السلسلة التدمرية - نتيجة لفقدان الحركات التكتونية- بوجود بقايا حواف الطبقات (*SCARPEMENT*)، وباستخدام عمليات الترشيح المورفولوجي (مثل مرشح *SOBEL*) في هذه الأجزاء التي تعتبر تقريباً خالية من الغطاء النباتي أمكن إظهار معالم بقايا الحواف المورفولوجية والبنيات الجيولوجية بشكل جيد جداً. وعند رسم هذه المعالم الجيومورفولوجية قليلة الوضوح لعب أيضاً استخدام النطاق رقم 8 (قدرة التمييز المكاني 15م) دوراً كبيراً، خاصة من خلال استخدامه لرفع قدرة تمييز الصور الملونة المركبة من النطاقات الأخرى من 30متر إلى 15متر باستخدام أساليب الدمج التي حسنت إمكانية التعرف على التفاصيل الصغيرة (الشكل 15-5).

6 التمثيل والتحليل المورفوبنيوي

يشتمل مصطلح المورفوبنيوية على الوحدات الجيومورفولوجية التي تعكس البناء التكتوني (البنيات الحديثة أو العميقة) والتركيب الليتولوجي للقشرة الأرضية من جهة ومظاهر تضاريس السطح وصفاتها من جهة أخرى (DEMEK وآخرون،1982)، ومن هنا فإنه من الضروري دراسة أشكال سطح الأرض في منطقة ما في إطار علاقتها مع جميع البنيات التكتونية في تلك المنطقة، ويجب التمييز هنا ما بين بنيات مورفولوجية موجبة (نشطة) وبنيات مورفولوجية سالبة.

ويقصد بالبنيات المورفولوجية الموجبة: الأشكال التي ترتبط بالحركات التكتونية الحديثة والديناميك المرافق لها أي التي أخذت شكلها بفعل_متزامن مع العمليات الداخلية والخارجية، وتوجد هذه الأشكال في محيط منطقة الدراسة على امتداد فالق البحر الميت. أما النوع الثاني (البنيات المورفولوجية السالبة) فهو يمثل حالة من التجانس ما بين تضاريس سطح الأرض والشروط البنيوية التكتونية والليتولوجية، حيث تكون المظاهر الجيومورفولوجية قد تشكلت بفعل عمليات تكتونية قديمة جيولوجياً كما هو الحال في وسط منطقة الدراسة.

تقوم عملية التحليل المورفوبنيوي لأشكال سطح الأرض على دراسة العلاقات الأساسية ما بين أشكال سطح الأرض والحركات التكتونية الحديثة أو البنيات العميقة. وللقيام بهذا التحليل توفر طرائق الاستشعار عن بعد وسيلة سريعة وقليلة التكاليف، فالصور الفضائية يمكنها أن تعطي معلومات قيمة عن البنيات الجيولوجية وحتى عن التاريخ التكتوني للمناطق الواسعة الامتداد (LIST وآخرون ،1990 & AKMAN و TÜFEKÇI، 2004)، ويمكن دعم التصورات التي تبنى على تفسير هذه الصور من خلال بعض الأعمال الحقلية التقليدية، مما قد يسمح بإعطاء تصورات حتى عن البنيات الجيولوجية تحت السطحية.

وأهم الطرق المتبعة للقيام بهذه الدراسات هي تفسير العناصر المورفولوجية الخطية، وقد استخدمت هذه الطريقة في كثير من الأبحاث لدراسة البنيات التكتونية والتكتونيك (HOBBS، 1912& FRISCH، 1997). وتطور هذا التطبيق ليصبح أحد الوسائل الرئيسية في التحليل التكتوني باستخدام الصور الجوية والتفسير الستيريوسكوبي (الفوتوجيولوجي) وبيانات الاستشعار عن بعد الأخرى (SIEGAL GILLESPIE ، 1980 & DRURY ، 2001 & SALVI، 1995). وبالإضافة لذلك استخدمت البيانات الطبوغرافية والمنحنيات البيانية وطرق التحليل الإحصائي، وتطور استخدامها أكثر مع توافر نماذج الارتفاع الرقمية.

وأدى هذا التطور إلى نشوء مفهوم الجيومورفولوجيا التكتونية الرقمية، وهو يتكون من الربط بين ثلاث فروع هي الجيولوجيا البنيوية والجيومورفولوجيا والتحليل الرقمي لتضاريس سطح الأرض (JORDAN وآخرون، 2003 & JORDAN، 2003). ويتمثل الهدف الرئيس لهذا الشكل من الدراسة بالتعرف على المظاهر المورفوبنيوية من خلال نماذج الارتفاع الرقمية وبالتالي الحصول على معلومات عن التكتونيك.

وقد تطور مفهوم تفسير مورفولوجيا أشكال سطح الأرض من وجهة النظر الجيولوجية البنيوية بشكل جيد على أيدي كثير من الباحثين أمثال PROST (1994) & KELLER و PRINTER (2002) & BURBANK و ANDERSON (2001) الذين ناقشوا ذلك في مؤلفاتهم مع التركيز على علاقة أشكال سطح الأرض مع الفوالق.

تقوم معالجة هذه المسألة في الدراسة الحالية على وضع تصور لاتجاه البنيات الخطية وعلاقة توزعها مع التكتونيك العام للمنطقة، وسيتم أيضا محاولة ربط نتائج التفسير مع البناء التكتوني العام للمنطقة.

6.1 التحليل المورفوبنيوي الإحصائي

شهدت الدراسات المورفوبنيوية تقدماً كبيراً بعد البدء باستخدام نماذج الارتفاع الرقمية (SIMPSON وANDERS، 1992 & BYRD، 1994 & COLLET وآخرون، 2000) وبيانات التصوير الفضائي أومن خلال الجمع بين المصدرين (FLORINSKY، 1998 & CHOROWICZ، 1999). وعلى سبيل المثال قام ONORATI وآخرون (1992) بدراسة التكتونيك في إيطاليا على مستوى إقليمي من خلال دراسة الانحدار واتجاهاته ، وكذلك قام JORDAN وآخرون (2005) بعرض طريقة لدراسة الجيومورفولوجيا التكتونية الرقمية باستنباط البنيات المورفوتكتونية آلياً. ويركز هذا النوع من الدراسات على أن المعايير الجيومورفومترية (الانحدار واتجاه الانحدار) - نظرا لإمكانية ارتباطها بشكل وثيق مع التغيرات المكانية للمورفوتكتونيك وبالتالي بالتكتونيك إضافة لليتولوجيا - يمكن أن توفر وصفاً جيداً للخصائص المورفوبنيوية، ومن هذا المنطلق تم في هذا البحث بداية حساب وتحليل اتجاه الانحدار ثم ربطه مع الانحدار وتحليلهما معاً.

يقصد باتجاه الانحدار وضع المنحدرات فراغيا بالنسبة لزاوية سقوط أشعة الشمس عليها، وبالتالي يمكن إعطاء قيمة هذا الاتجاه مقدرة بالدرجة ومنسوبة لاتجاه الشمال الجغرافي (360° - 0°). وبهذا الشكل تعبر القيم الدنيا والعليا عن نفس الاتجاه فالقيم المتباعدة عدديا مثل 5° و355° تكون متطابقة تقريبا بالاتجاه. ويتم تصنيف الاتجاه في ثمانية أنواع يمتلك كل منها مجال بقيمة 45°، وفي الحالات الطبيعية توجد هذه الأنواع بنسب متقاربة. وقد أظهر تحليل اتجاهات الانحدار في المنطقة المدروسة (الشكل 1-6) وجود سيطرة نسبية للاتجاه نحو الشمال-الغربي أو الجنوب-الشرقي (26.98%) وكذلك نحو الغرب أو الشرق (24.79%). وبالمقابل كانت نسبة الاتجاه نحو الشمال أو الجنوب هي الأخفض (23.60%) ويتضح ذلك من الجدول (1-6).

وبالأخذ بعين الاعتبار المعطيات الجيومورفولوجية الأخرى والتطور الجيولوجي والباليوجغرافي للمنطقة يمكن استخدام التقييم الإحصائي للقيم السابقة بشكل شرطي لتكوين تصور أولي عن الوضع المورفوبنيوي. ويدل تمثل جميع الاتجاهات المفترضة عمليا للانحدار بهذه الصورة (من وجهة نظر بنيوية) على إمكانية انعكاس اتجاهات التكتونيك (الفقرة 2-3) في مورفولوجيا سطح الأرض للمنطقة. وبشكل طبيعي فإن النسبة العالية للانحدارات باتجاه الغرب ترجع إلى تأثير فالق البحر الميت الأحدث نشاطاً من حيث العمر الجيولوجي.

الجدول (1-6): كثافة توزع قيم المعرض

الاتجاه	النسبة (%)	عدد PIXEL	اتجاه الانحدار
E-W	23.60	856659	N أو S
NW-SE	24.63	894033	NE أوSW
N-S	24.79	899755	E أوW
NE-SW	26.98	979136	NW أو SE
العدد الكامل للعناصر الخلوية المساحية (البكسل) في المنطقة هو 3629583 بكسل			

أمكن باستخدام *Raster Calculatur* مقاطعة البيانات الخلوية التي تمثل اتجاهات الانحدار مع البيانات الخلوية التي تمثل قيم الانحدار الأكبر من °1، حيث اعتبرت البيانات الخلوية بميل أقل من °1 عائدة لسطوح أفقية. وتمت معالجة البيانات الخلوية الناتجة في برنامج ArcGIS باستخدام كل من مرشح *Boundary Clean* ومرشح *Majority* بهدف حذف العناصر (البكسلات) المفردة (الشكل 2-6). وقد أظهرت مقارنة هذه النتيجة مع الخريطة الغرضية للفوالق التي تم رسمها على أساس الخرائط الجيولوجية أن هناك نوعاً من التوزع الخطي للعناصر الخلوية ذات القيم المتشابهة على طول الفوالق المعروفة في المنطقة. وقد لوحظ هذا النوع من التوزع الخطي أيضا في مناطق أخرى بشكل يمكن تأويله على أنه مؤشر على العناصر المورفوبنيوية الخطية، ويظهر ذلك بوضوح عند ربط هذه النتيجة مع مؤشرات أخرى مثل نموذج ظل التضاريس.

من خلال هذا التحليل والقبول بأن اتجاه الانحدار يمكن أن يعطي صورة جيدة عن الوضع المورفوبنيوي للمنطقة يمكن أن نستنتج بأن البنيات الخطية ذات الاتجاه شمال-شرق هي المسيطرة في المنطقة (الجدول 1-6). ومن أجل التأكد أن هذا الربط الإحصائي (ما بين التكتونيك واتجاه الانحدار) منطقي، سيتم في الخطوات التالية القيام بتحليل القسمات الخطية.

6.2 التفسير البصري للعناصر الخطية

تطور مفهوم تفسير الظواهر الجيومورفولوجية من وجهة نظر الجيولوجيا البنيوية بشكل كبير ويمكن ملاحظة ذلك من خلال كتابات PROST (1994) و KELLER & PINTER (2002). وفي هذا المجال لاقت طرق التفسير البصري للمظاهر المورفوبنيوية باستخدام تفسير القسمات الخطية في الصور الفضائية انتشاراً كبيراً. وتطلب انتشار استخدام مفهوم القسمات الخطية العمل على وضع تعريف محدد لهذا المصطلح، فناقش O'LEARY وآخرون (1976) أصل واستخدام مصطلح *Linear*، *Lineation*، *Lineamente*، ووضعوا القسمات الخطية (*Lineamente*) ضمن مفهوم جيومورفولوجي واضح، حيث اعتبروا بأنها: جميع مظاهر سطح الأرض التي يمكن رسمها بشكل خطي مستقيم أو قليل الانحناء.

وحسب رأي كل من Clark وWilson (1994) تعرف القسمات الخطية: بأنها جميع العناصر الخطية المستقيمة التي تشاهد على سطح الأرض وتعكس ظواهر جيولوجية أو جيومورفولوجية. وفي مجال النمذجة الرقمية تعرف القسمات الخطية بأنها سلسلة متصلة من العناصر الخلوية (بيكسلات) ذات الخصائص المتماثلة (KOIKE وآخرون، 1998).

في عام 1977 أطلق KRONBERG تسمية (*Photolineationen*) على الخطوط التي تنتج عن تقاطع البنيات الجيولوجية مع سطح الأرض والتي يمكن ملاحظتها في الصور الفضائية أو الجوية على شكل خطوط منحنية أو مستقيمة (في حالة الفوالق الشاقولية) أو غير منتظمة حسب زوايا ميل السطوح الفالقية أو سطوح الشقوق، وحسب رأي PROST (1994) يقدم تفسير الصور الفضائية تصوراً لتكتونيك البنيات الكبيرة أكثر تكاملاً ووضوحاً من التصور الذي يقدمه العمل الحقلي.أما في الدراسات الجيومورفولوجية فقد تكون المظاهر الخطية ذات أصل فراغي (هندسي) فقط، وذلك نتيجة التغيرات في ارتفاع سطح الأرض (وادي أو حافة طبقة أو انقطاع في الانحدار).

سيتم في هذا الجزء من العمل في البداية استخدام المعايير الطبوغرافية والمورفولوجية وشبكة التصريف على أساس نموذج الارتفاع الرقمي من أجل استنباط القسمات الخطية، ثم سيتم ربط نتيجة التفسير مع الصور الفضائية وتدقيقها من خلال تطبيق معايير الفوتوجيولوجي والفوتوجيومورفولوجي.

6.2.1 استنباط القسمات الخطية باستخدام نموذج الارتفاع الرقمي

اتخذ نموذج الارتفاع الرقمي من خلال العديد من الدراسات مكانه كطريقة ناجعة من أجل تفسير المظاهر الخطية أو المورفوبنيوية لسطح الأرض وتوضيح الحدود البنيوية ورسم خرائطها وتوزعها فراغياً، وبالتالي دراستها وتحليلها (MURPHY، 1993 & WDOWINSKI و ZILBERMAN ، 1997 & GOLDSWORTHY و JACKSON، 2000 & GANAS وآخرون، 2001 & VYSOTSKY وآخرون، 2002 & JORDAN، 2003). وقد استخدمت في معظم هذه الدراسات تقنية نموذج التضاريس المظللة فقط أو بالترابط مع المعايير الجيومورفومترية مثل الانحدار والتقوس وخطوط الجريان والمعطيات الأخرى التي يمكن استنباطها من نموذج الارتفاع الرقمي. وقد استخدمت تقنية نموذج التضاريس المظللة بنجاح لتمثيل ودراسة العناصر المورفولوجية الخطية في المناطق الجليدية (LIDMAR-BERGSTRÖM وآخرون، 1991) وكذلك على امتداد البنيات الفالقية (LEEDER و JACKSON، 1993 & PIKE، 2000 & GANAS وآخرون، 2001 & GANAS، 2002 & OGUCHI، 2003). وتتجلى الفائدة الرئيسة لاستخدام هذه التقنية في إمكانية تطبيق اتجاه إضاءة اختياري وملائم من أجل التحليل المورفولوجي، مما يسهل إبراز العناصر البنيوية أو التغير المفاجئ في الطبوغرافيا بشكل مثالي (PIKE، 1992)، ويتم ذلك بتغيير الارتفاع والاتجاه المفترض للشمس.إن الناحية السلبية في هذه الطريقة: أنه وفقا لزاوية الإضاءة المستخدمة تكون بعض العناصر الخطية غير واضحة (*AZIMUTH-BIASING*)، مما يستلزم تغيير الزاوية من أجل تحسين رؤية هذه العناصر (LIDMAR-BERGSTRÖM وآخرون، 1991)، وفي نفس الوقت تعتبر هذه الإمكانية ميزة إيجابية أيضا (ONORATI وآخرون، 1992) لأنها تسمح بدراسة البنيات وفق زاوية إضاءة وارتفاع للشمس تحدد حسب حاجة المفسر (SMITH و CLARK ، 2005)، بحيث يمكن معاينة البنيات في منطقة ما من كافة الاتجاهات (الشكل 6-3).

ونظراً لكون المنطقة قيد الدراسة تمتاز بتضاريس غير معقدة وحتى منبسطة في أجزائها المركزية ، كان من الضروري مضاعفة البيانات شاقولياً بمقدار 5 مرات لتحسين إمكانية تحديد العناصر المورفولوجية، ومع الأخذ بعين الاعتبار أن البنيات الجيولوجية في المنطقة ذات منحى NE-SW وNW-SE وN-S، فقد تم معاينة عدة نماذج باستخدام إنارة من اتجاهات SE وSW وNE وNW مع تثبيت ارتفاع الشمس المفترضة وفق زاوية قيمتها 45°. وتم في البداية تعقب البنيات الخطية على امتداد الفوالق المثبتة مسبقا في الخرائط الجيولوجية، ومن ثم تعقب العناصر المورفولوجية الخطية التي من الممكن أن يكون لها أصل بنيوي (الشكل 6-4).

استخدم نموذج الارتفاع الرقمي لاستنباط خطوط الجريان المائي. وتتمتع هذه الطريقة بإيجابية كبيرة مقابل ترقيم المجاري المائية المثبتة في الخرائط الطبوغرافية، كون ذلك يوفر تطابق كامل بين نتائج التفسيرات المبنية عليها وعلى نموذج الارتفاع الرقمي. ومن هذا المنطلق فإنه من الممكن وبسهولة ربط المظاهر المورفوبنيوية الخطية التي يتم تفسيرها اعتماداً على شبكة التصريف المائي مع نتائج التفسير الأخرى لنموذج الارتفاع الرقمي.

6.2.2 تعقب القسمات الخطية في الصور الفضائية

يستند التفسير البصري للقسمات الخطية حسب دراسات كثيرة إلى عدة معايير، تستند بدورها إلى خصائص الصور أو العناصر المورفولوجية التي يمكن تمييزها في الصور الفضائية. ويندرج تحت هذه الخصائص اللون والقوام والتدرج اللوني، وتحت تعبير العناصر المورفولوجية كلاً من الانعطاف الحاد أو الاستقامة في خطوط الجريان المائي السطحي والجروف والحواف المستقيمة وغيرها (LATTMAN وPARIZEK، 1964)، وقد استخدمت جميع هذه العناصر في الدراسة الحالية من أجل تفسير الصور المتوفرة.

توفرت لعملية التفسير عدة صور فضائية (راجع الجدول 2-3) تم التقاطها في فترات زمنية مختلفة وبالتالي في أوضاع متعددة للشمس وشروط مناخية مختلفة، ويعتبر هذا من النواحي الايجابية للعمل، خاصة أنها وفرت إمكانية التفسير تحت تأثير حالات ظل مختلفة، لأن الظل يخفي أحياناً بعض البنيات المورفولوجية. وقد لعب برنامج ArcGIS في هذا المجال دوراً كبيراً من خلال إمكانية وضع عدة صور فوق بعضها البعض ومعاينتها تباعاً.

لم تكن عملية تعقب القسمات الخطية في بعض الأجزاء بالأمر السهل، وكانت أحياناً معقدة وصعبة نتيجة لعدم تكشف الصخور من ناحية وللخصائص الليتولوجية المميزة للمنطقة من ناحية أخرى، حيث تتكشف في المنطقة أنواع متشابهة من الصخور البركانية والرسوبية من أعمار الكريتاسي وحتى الثلاثي الحديث، ويضاف إلى ذلك تداخل الصخور البركانية والرسوبية أو تغطية الصخور البركانية للصخور الرسوبية. وبنتيجة هذا كله كان من الصعب التثبت من حدود السويات الستراتغرافية والسحنية وتعقبها على امتدادات كبيرة، لهذا السبب اعتمدت في تفسير القسمات الخطية المعايير غير المباشرة للتفسير الجيولوجي للصور الفضائية (الفوتوجيولوجي).

وقد تم استخدام عدة طرق لمعالجة وتحسين الصور للقيام بالتفسير، فاستخدمت عملية مد التدرج اللوني خطياً 2% (*Stretching*) في عدة أجزاء، وأعطت عمليات الترشيح *Sobel* و*High-Pass* أيضاً نتائج جيدة خاصة بعد عمليات دمج الصور لتحسين قدرة التمييز المكانية، وتم تطبيق عملية الترشيح الموجهة في عدة اتجاهات، وقد ساعد ذلك في زيادة وضوح القسمات الخطية في عدة أجزاء من المنطقة، وكذلك كان الأمر عند استخدام مبدأ *Principal Component Analysis* (الشكل 5-6).

وإلى جانب استخدام الصور الملونة التي أعطت نتائج إيجابية جيدة أثناء التفسير الليتولوجي والجيومورفولوجي، واستخدمت من أجل تتبع القسمات الخطية أيضا صور النطاقات المفردة (أبيض وأسود)، حيث كان التباين أحيانا أفضل منه في الصور الملونة، كما أنه أثناء تفسير هذه الصور يمكن العمل بتركيز أكبر لأن الألوان قد تؤدي إلى انصراف التركيز عن المهمة الرئيسية للتفسير.

وفي المناطق المغطاة بتوضعات رباعية تم تفسير القسمات الخطية اعتمادا على التغير اللوني في التربة وتوزع النباتات، حيث أن هذه الظواهر يمكن تفسير وجودها حسب Roland (1973) بأن التشققات والفوالق تشكل نطاقات ضعيفة يمكن للتجوية فيها أن تؤدي عملها بشكل قوي جداً، وتملأ نواتج التجوية الشقوق، مما ينتج عنه مظاهر واضحة بشكل خطوط قاتمة. يؤدي الفعل القوي للحت تحت تأثير المياه الجارية في المناطق المشققة إلى تشكل شبكات تصريف مائي متعددة الأحجام والأشكال بحيث أن الأودية التي تأخذ أشكالاً مستقيمة يمكن اعتبارها قسمات خطية.

وفيما يخص اتجاه الأودية تسمح معاينة الصور الفضائية بالافتراض أن الأودية التي تكون متوازية إلى ما تحت المتوازية أو متعامدة بالنسبة لبعضها البعض قد تشكلت متأثرة بالعوامل البنيوية التكتونية. وقد تم أثناء عملية التفسير استخدام الصور النسبية (*Ratio*)، مما ساعد على إبراز شبكة التصريف بشكل جيد جداً عند استخدام التركيب اللوني (RGB) من الصور 7/5 و5/4 و3/1 (الشكل 6-6)، وكان الدور الأكبر في الوصول إلى هذا الوضوح للنجاح في خفض تأثير ظاهرة السطوع.

6.3 توزع اتجاهات القسمات الخطية

تمتلك القسمات الخطية التي تم تفسيرها وتخزينها إحداثيات ثنائية البعد (س،ع) دون بيان اتجاهاتها. لذلك فإنه من أجل التقييم الإحصائي لاتجاهات القسمات الخطية استخدمت الأداة *EASY CALCULATE* في برنامج ARCGIS من أجل حساب الزوايا الكائنة بين القسمات الخطية والشمال الجغرافي، ومن ثم تم تخزين نتيجة هذا الحساب على شكل بيانات نصية (TXT) وتحليلها في برنامج *STEREONET* الخاص بالدراسات البنيوية التكتونية، وبذلك تم عرض هذه النتائج على شكل وردة الاتجاهات البنيوية (الشكل 7-6)، فتبين وجود ثلاثة اتجاهات رئيسة للقسمات الخطية، وكان الاتجاه المسيطر هوNE-SW ± بالإضافة للاتجاهين NW-SE ± وN-S ±. ومن أجل مقارنة هذه النتيجة مع ما ورد في الدراسات السابقة حول الاتجاهات البنيوية في المنطقة، تم التطرق لنظرية النطاقات الفالقية القصية الريغماتيكية (*RHEGMATIC*) والتي تقترح: أن القشرة الأرضية مجزأة من خلال توزع منتظم لفوالق إزاحية متعامدة، نشأت بتأثير ضغوط إقليمية في الأزمنة الجيولوجية المبكرة. وقد استخدمت هذه النظرية من قبل WOLFART (1967) لتفسير التكوين المورفولوجي الأوروغرافي لسطح الأرض في شمال غرب سوريا، والذي اعتمد في افتراضه على تحليل شبكة التصريف المائي من أجل تحديد الفوالق القصية المفترضة والتي تتقاطع مع بعضها البعض بزوايا تقارب 90°، ونتيجة هذا التصور فإن الجزء الأكبر من المنطقة وهو الجزء الذي يقع بين نهر الفرات ومنخفض الغاب ينتمي إلى نطاق كبير هو نطاق البقاع الذي يتقاطع في جزئه الجنوبي جنوب غرب دمشق بزاوية حادة حوالي 20° مع السلسلة التدمرية ويمتد نحو الشمال-الشرقي بطول يقارب 430كم. وقد افترض WOLFART أن شدة التكتونيك في هذا النطاق تتناقص نحو الشمال-الشرقي، وأنه نتيجة هذا الوضع تشكلت في المناطق الواقعة بين الفوالق الإزاحية (جنوب هضبة حلب) أحواض الجبول والمطخ والخرايج الضحلة، التي تظهر بالفعل وكأنها مرتبطة في أجزائها الخارجية بفوالق ممتدة على طول الأودية الرئيسية في المنطقة. وفي دراسة أخرى من أجل تفسير الفرق بين الإزاحة التي سجلت في جنوب فالق البحر الميت والتي تقدر ب 105كم والإزاحة التي سجلت في شمال فالق البحر الميت والمقدرة ب 25كم تم اقتراح عدة نماذج. من هذه النماذج أن الجزء الشمالي لفالق البحر الميت يقع شمال منطقة تفرع السلسلة التدمرية (جنوب غرب دمشق) مما يعني أن هناك فارق يقدر ب 80كم تقريباً مفقود ضمن سوريا. وتم اقتراح أحد نماذج تفسير هذا الوضع من قبل WALLEY (1988) وعدل من قبل CHAIMOV وآخرون (1990)، وهو يفترض بأن 80كم من هذه الحركة كان باتجاه NE-SW على طول فوالق إزاحية متفرعة ذات حركة يسارية. وفي دراسة حول اتجاهات الضغوط في المنطقة الواقعة بين فالق البحر الميت والفرات سجل ZANCHI وآخرون (2002) في عدة أجزاء من المنطقة وجود طيات ذات اتجاه E-W وتشققات ذات اتجاه N-S (في صخور الكريتاسي والباليوجين والتورتونيان) تتقاطع مع فوالق عادية ذات اتجاه NW-SE، وفي الجزء الغربي من المنطقة سجلت هذه الدراسة إلى جانب الفوالق العائدة لفالق البحر الميت ذي الاتجاه N-S ضمن الطبقات الكلسية من عمر التورتونيان وجود فوالق عادية باتجاه NW-SE وNE-SW.

تظهر مقارنة نتائج الدراسة الحالية مع ما ورد في الدراسات الأخرى تطابقاً كبيراً فيما بينها، فالاتجاهات الثلاثة الرئيسية للقسمات الخطية تنسجم مع التطور التكتوني للمنطقة، والعدد الكبير من القسمات الخطية ذات الاتجاه NE±SW يتوافق مع الاتجاه العام للبنيات التكتونية في السلسلة التدمرية وجبال لبنان الشرقية وسهل البقاع. ومن ناحية أخرى أظهرت مقارنة خريطة توزع القسمات الخطية مع الخريطة الغرضية التي تتضمن الفوالق المتكشفة والعميقة (تحت السطحية) ترابطاً كبيراً بين البنيات التكتونية تحت السطحية والخصائص المورفولوجية التي تم تفسيرها على شكل قسمات خطية.

7 بناء قاعدة البيانات الهيدروجيومورفولوجية

تستعمل الخرائط الجيومورفولوجية التفصيلية في العديد من المجالات التطبيقية (تخطيط المدن، الزراعة والغابات، مشاريع البناء مثل بناء السدود، الاستكشاف والتنقيب عن المصادر الجيولوجية، إعداد الخرائط)، ويتوجب في عدة حالات استكمال معلومات الخريطة الجيومورفولوجية بمعلومات أخرى من أجل الوصول للأهداف المنشودة (DEMEK، 1976)، مثلاً لدراسة المصادر الطبيعية المتجددة مثل المياه الجوفية يقدم كل من الوصف الفراغي والتصنيف الجيومورفولوجي معلومات مفيدة جدا. ومع تزايد استخدامات الجيومورفولوجيا التطبيقية تطورت بشكل مضطرد الأبحاث الجيومورفولوجية ذات التوجه الهيدرولوجي وكذلك طرق إعداد الخرائط الخاصة بذلك (الهيدروجيومورفولوجي)، ويتم في هذا النوع من الدراسات ربط البيانات الجيومورفولوجية القابلة للتقييم نوعياً أو كمياً (مثل قيمة الانحدار واتجاه الانحدار وخريطة الأشكال الرئيسية لسطح الأرض ...الخ) مع البيانات الليتولوجية والتكتونية والمناخ والنباتات واستخدامات الأراضي، وذلك من أجل دراسة الجريان المائي السطحي والرشح وبالتالي تغذية المياه الجوفية.

للقيام بهذا التطبيق تم اختيار المنطقة الواقعة بين السلسلة التدمرية والأحواض المغلقة، واعتمد في هذا الاختيار على عدة عوامل أهمها التنوع الكبير في الظواهر الجيومورفولوجية التي تؤثر بشكل مباشر إيجابا أو سلبا على الوضع المائي. وبهدف بناء قاعدة بيانات تخدم دراسة مصادر المياه السطحية والجوفية والمشاكل المرتبطة بها تم تخزين كافة المعلومات التي توفرت في هذه الدراسة بعد تحضيرها وإعدادها بشكل مثالي للاستخدام (الجدول 1-7).

الجدول (1-7): محتويات قاعدة البيانات الهيدروجيومورفولوجية

الخرائط الغرضية	طبوغرافية (الوديان) – جيولوجية (الليتولوجيا، الستراتغرافيا، التكتونيك، التوضعات الرباعية) – الهيدروجيولوجيا (المستويات الحاملة للمياه) – الترب – استخدامات الأراضي.
الجداول	بيانات الآبار المحفورة وبيانات التركيب الكيميائي للمياه الجوفية
الوصف	خرائط الطبوغرافية وجيولوجية المسحوبة ضوئيا – صور فوتوغرافية – مقاطع جيولوجية
المرئيات	مشاهد فضائية من التوابع (TM, ETM+, ASTER)

وكمثال على إمكانية استخدام قاعدة البيانات أجريت في هذه الدراسة محاولة الوصول إلى تصور عن وجود تغذية للمياه الجوفية. وقد تم ذلك من خلال مقاطعة عدة خرائط غرضية مع بعضها البعض، وذلك بعد الأخذ بعين الاعتبار تأثير كل من مكوناتها على تسرب المياه أو الاحتفاظ بالمياه أو فقدانها (الشكل 1-7).

تم تحويل الخرائط الغرضية التي كانت قد أعدت على شكل بيانات موجهة (الجيومورفولوجيا والقسمات الخطية وشبكة التصريف) باستخدام ArcGIS إلى بيانات خلوية مساحية، ومن ثم تم إعطاء قيم نسبية لمكوناتها ليتم مداخلتها مع الخرائط الغرضية الأخرى. وكما مثلت القيم النسبية للبيانات الخلوية المساحية الناتجة عن عملية المداخلة مجموع القيم المختلفة في الخرائط الغرضية المستخدمة، وتمت إعادة تصنيفها في خمسة أصناف. بعد مناقشة وتوضيح تأثير المعطيات المستخدمة في الخرائط المختلفة على إمكانية تغذية المياه الجوفية أعطي كل مكون من مكونات هذه الخرائط تقييماً رقمياً معيناً بحيث أن هذه القيمة صممت في كل خريطة بشكل نسبي بين المكونات المختلفة لنفس الخريطة. وهكذا صممت بعض القيم بشكل دقيق علميا وبعضها الآخر بشكل افتراضي تقريبي وهذه القيم هي (1) جيد جدا و(2) جيد و(3) متوسط و(4) سيئ و(5) سيئ جدا (الجدول 2-7).

الجدول (2-7): معاملات بعض الخرائط الغرضية مع قيمها المعطاة.

القيمة	التصنيف	المعيار
1	توضعات لحقية سيلية	الليتولوجيا
2	دولوميت وحجر كلسي كتلي	
2	كونغلوميرا وحجر رملي	
3	بازلت	
3	كلس غضاري دولوميتي	
4	كلس غضاري حواري	
4	كلس رقيق التطبق	
5	جص أو مارل	
3	حقول مروية	استخدامات الأراضي
4	أراضي بعلية	
5	نباتات طبيعية	
4	150 - 200mm	الهطولات المطرية
3	200 - 250mm	
2	250 - 300mm	
1	300 - 400mm	
1	0° – 5°	الانحدار
2	5° – 10°	

القيمة	التصنيف	المعيار
	أنظر الجدول (3-7)	التربة
1	سرير الوادي	أشكال سطح الأرض
2	توضعات سيلية و كلاسيز	
3	نواتج تجوية البازلت	
3	نجود	
4	توضعات سيلية قديمة وبيدمنت	
4	مظاهر ناتجة عن التسوية	
1	0.00 – 0,39 km²	كثافة الشبكة المائية
2	0.39 – 0,77 km²	
3	0.77 – 1,16 km²	
4	1.16 – 1,54 km²	
5	1.54 – 1,93 km²	
5	0.00 – 0,31 km²	كثافة القسمات الخطية
4	0.31 – 0,62 km²	
3	0.62 – 0,93 km²	
2	0.93 – 1,24 km²	
1	1.24 – 1,55 km²	
	أنظر الجدول (4-7)	نوع القسمات الخطية

7.1 تحضير الخرائط الغرضية

توضح الخطوات التالية للعمل العوامل التي تم أخذها بالاعتبار عند إعطاء قيم نسبية لمكونات الخرائط الغرضية. ويوضح الشكل (2-7) الخرائط الغرضية المصنفة وفقاً للقيم المعطاة والتي تم لاحقاً مقاطعتها للحصول على خريطة المناطق المتوقعة لتغذية المياه الجوفية.

عند إعطاء قيم نسبية لمكونات الخرائط الغرضية للتربة واستخدامات الأراضي والليتولوجيا اعتمد جزئيا على المعاملات التي حددت في الخريطة الهيدروجيولوجية للنطاقات المائية المعدة من قبل مؤسسة SELKHOZPROMEXPORT في عام 1982. وقد تطرقت هذه الخريطة إلى دراسة الأحواض الهيدرولوجية لكل من حلب والعاصي ودمشق، وقسمت الأحواض إلى تحت وحدات مورفولوجية منشئية، وحملت على الخريطة قيم لعدة معايير (النفوذية المائية، تغير منسوب المياه الجوفية بعد ري الأراضي، سماكة المواد الرسوبات المفككة)، إلا أن هذه الخريطة لا تقدم معلومات مباشرة حول تغذية المياه الجوفية. ولا تغطي هذه الخريطة كامل المنطقة التي اختيرت للتطبيق الحالي (الشكل 7-3)، لذلك تم تقدير قيم المعاملات المذكورة في المناطق غير المغطاة من خلال مقارنتها بمناطق مشابهة مغطاة بالخريطة المذكورة.

7.1.1 الخرائط الغرضية للتربة

يتعلق الوضع المائي في منطقة ما بشكل وثيق بخصائص التربة في هذه المنطقة، لذلك تم وضع الخريطة الغرضية للتربة مع الأخذ بالاعتبار نوع التربة وسماكة التربة والتوضعات الرباعية المفككة والقشرة الرسوبية. ومن خلال ربط الصور الفضائية وخريطة الترب لسوريا تم رسم الحدود ما بين أنواع التربة المختلفة بشكل يدوي. وقد وجد أن التربة السائدة هي من نوع أريدسول *ARIDSOL* (جبسية وكلسية) وباليورثيدس وتوريورثينتس وإنسيبتيسول.

يغطي الجزء الأكبر من المنطقة ترب الأريدسول (الترب الصفراء)، التي تسيطر عليها الترب الجبسية والكلسية، ففي الجزء الشمالي الشرقي يؤدي الوضع الجيومورفولوجي وخصائص المياه الجوفية المحملة بالأملاح (نسبة الأملاح أكبر من 5 غ/ل) إلى إغناء التربة بالجبس والأملاح في سبخة الخرايج، وتتمثل الأملاح الموجودة بكبريتات وكلوريدات الصوديوم والكالسيوم والمغنيزيوم. أما الترب الكلسية فتنتشر فوق الطبقات الحوّارية المارنية للباليوجين واسعة الانتشار، ويظهر غالبا على سطح هذه الترب قشرة كلسية صلبة قليلة السماكة، وتمتاز الترب الموجودة فوق هذه القشرة بمحتوى عال من الحصى والحجارة. هذا وتعتبر الظروف السائدة مواتية للزراعة، لذلك يتم إزالة القشرة الكلسية وزراعة أشجار مثل الزيتون في هذه المناطق. أما نحو الشرق فإن القشرة الكلسية تغطي التوضعات اللحقية الرباعية والبليوسينية، وتكون هذه القشرة مغطاة بغطاء رقيق من المواد الناعمة (الشكل 7-4).

تأتي ترب إنسيبتيسول في المرتبة الثانية من حيث الانتشار، ويظهر مقطع هذه الترب وكذلك سطحها غالبا قطعاً من الحصى والحجارة، وتمتاز هذه الترب بشكل رئيس بوجود مستوى غني بالكلس، ومع ذلك تعد هذه التربة ذات إنتاجية عالية. أما في منطقة السلسلة التدمرية فتوجد ترب الباليورثيدس، وهي تمتاز بوجود مستوى كلسي قريب من السطح، نتج عن عملية إغناء بالكلس لتربة قديمة.

عند وضع الخريطة الغرضية للترب تم الأخذ بالاعتبار أن السماكة الكبيرة للتربة والتوضعات الرباعية ذات تأثير سلبي على تغذية المياه الجوفية، لأن ذلك يؤدي إلى بقاء الماء مدة أطول ضمن مقطع التربة مما يسمح بتبخره أو امتصاصه من قبل النباتات (الشكل 7-5). وفي المناطق التي تكون فيها السماكة غير كبيرة (30 – 70 سم) يمكن للماء أن يصل إلى سطح الحجر الكلسي ويتسرب عبر الشقوق نحو الأسفل، وقد تمت مراعاة هذا الرأي في منطقة البازلت لأن سماكة التربة أيضا قليلة جداً.

الجدول (3-7): قيم البيانات المستخدمة للحصول على الخريطة الغرضية للتربة.

الطبقة	المكون	القيمة	الطبقة	المكون	القيمة
سماكة التوضعات الرباعية	0 m	1	نوع التربة وحجم الحبات	باليورثيدس خشنة الحبات	3
	0 – 0,5 m	2		باليورثيدس متوسط الحبات	4
	0,5 – 2 m	3		أريدسول خشنة الحبات	2
	2 – 5 m	4		إنسيبتيسول متوسط الحبات	1
	> 5 m	5		إنسيبتيسول ناعمة الحبات	2
القشرة	غير موجودة	2	القشرة	قشرة كلسية	4

7.1.2 الخريطة الغرضية للمعطيات الجيومورفولوجية

يرتبط الوضع الجيومورفولوجي في هذه المنطقة بشكل وثيق بالبنيات التكتونية والتكوين الجيولوجي العام، ويعتبر بشكل عام نتاجا للعمليات التكتونية وعمليات التعرية التي أعقبتها. ومن وجهة النظر الهيدروجيومورفولوجية يمكن تصنيف مظاهر سطح الأرض في هذه المنطقة تحت ثلاث مسميات وهي: خطوط تقسيم المياه ومناطق تجميع المياه والحوض المغلق (سبخة الخرايج). توجد خطوط التقسيم في المناطق المرتفعة طبوغرافياً والتي توجد في منطقتين هما السلسلة التدمرية والهضبة البازلتية لحماة. أما مناطق تجميع المياه فتتمثل بالأجزاء المنخفضة طبوغرافيا وبخطوط جريان المياه، أما الوحدة الهيدروجيومورفولوجية الثالثة فتتمثل بالسهول التي تحتل منخفض الخرايج المكون بشكل رئيس من توضعات بحيرية مالحة. وبهدف الوصول إلى وصف جيومورفولوجي دقيق لهذه المنطقة استخدمت هنا إلى جانب صور اللاندسات صور من التابع الصنعي ASTER. وبالإضافة إلى ذلك تم القيام بعمل حقلي مكثف باستخدام تقنية تحديد المواقع الجغرافية (جهاز GPS 12 من شركة *GARMIN*) بهدف تدقيق وتوثيق التفسير والوصف الجيومورفولوجي وربطه مع الواقع العملي.

تعتبر بعض الوحدات الجيومورفولوجية مثل السهول الفيضية والتوضعات المفككة التي تملأ المنخفضات والمراوح اللحقية وغيرها مناطق نموذجية وملائمة بشكل جيد لحصول تغذية للمياه الجوفية. ومن جهة أخرى تعتبر التلال ذات الأصل البنيوي ومناطق سهول أقدام الجبال (البيدمنت) نطاقات ذات إمكانيات قليلة جداً لتغذية المياه الجوفية. وبناء عليه تم تمييز الوحدات الجيومورفولوجية منشئياً حيث يمكن التمييز في المنطقة بين وحدات نهرية سيلية (وحدات حت ووحدات تراكم) ووحدات بنيوية.

تتمثل الوحدات الناتجة عن الحت شمال السلسلة التدمرية إما بأشكال حتية خطية (وديان) أو أشكال سطوح حتية. السطوح الحتية هي سهول أقدام الجبال وال *GLACIS*. وقد اعتمد عند استخدام هاتين التسميتين على التمييز وفقا لرأي BESLER (1992) ما بين السطوح الحتية الصخرية (بيدمنت) والسطوح الحتية المغطاة بمواد مفككة ناتجة عن التجوية (كلاسيز)، حيث أن هذه الأخيرة توجد في محيط السلسلة التدمرية على شكل سهول مسطحة قليلة الميل ومغطاة بالحصى، وعلى هذا النحو تم إدراج المراوح الصغيرة والأشكال القمعية التي توجد عند مخارج الأودية الصغيرة في محيط المناطق المرتفعة طبوغرافيا ضمن أشكال الكلاسيز. وفي بعض الأجزاء تقطع سهول الكلاسيز بوديان لتبدو وكأنها مصاطب كلاسيز على جانب هذه الوديان (الشكل 6-7). أما التمييز ما بين الكلاسيز

والتوضعات المروحية فقد استند على ما يلي: في مناطق الكلاسيز يكون النقل أشد من عمليات الترسيب لذلك فهي تمتلك غطاء رسوبي رقيق، وفي مناطق الأشكال المروحية يكون العكس حيث أن عمليات الترسيب أشد من عمليات الحت والنقل. ومع الابتعاد عن السلسلة التدمرية تتداخل سطوح البدمنت والكلاسيز مع الأودية الواسعة والمراوح اللحقية التي تضمحل في حوض الخرايج المغلق. بعكس مناطق البدمنت (التي صنفت كنطاقات غير ملائمة لرشح المياه) يمكن اعتبار مناطق الكلاسيز نطاقات ملائمة للرشح، السبب في ذلك أن هذه الأخيرة خاصة في حالات المطر البطيء يمكن أن تمتص الماء وتسمح بتسربه بين المواد المفككة التي تغطيها.

تشكلت الوديان في هذه المنطقة كما هو حال باقي وديان سوريا في أوائل البلايستوسين (VAN LIERE ، 61/1960) وذلك على طول بنيات خطية (WOLFART،1967)، وقد تم إثبات ذلك أثناء تفسير القسمات الخطية في الصور الفضائية (الفقرة 6.5.2.2)، وشقت العديد من هذه الأودية طريقها في التوضعات اللحقية القديمة. تقع قيعان هذه الأودية طبوغرافيا بعمق بضعة أمتار بالنسبة لمحيطها، وبعض هذه الأودية صغير جدا وذو جوانب مسطحة بحيث لا يمكن تمييزها من مسافة عدة مئات من الكيلومترات، والبعض الآخر يكون ذا شكل صندوقي ويبدي جوانب شديدة الانحدار إلى شاقولية. طول هذه الوديان يمكن أن يكون أكبر من 10كم إلا أن غالبيتها تكون أقصر من 5كم (الشكل 7-7). نتيجة الانحدار الضعيف لسطح الأرض عند أقدام السلسلة التدمرية لا يكون جريان المياه السطحية (في حالات سقوط المطر الطبيعية) سريعا عبر هذه الأودية، وبالاعتماد على هذا كله يمكن الحكم بأن إمكانية تسرب المياه على طول هذه الأودية عالية جداً.

تتضمن كافة أودية المنطقة في سريرها مواد حتية متنوعة مثل الطمي ومواد أخرى سيئة التصنيف (حصى ورمال)، وتشكل هذه التوضعات على طول الأودية نطاقات ضيقة بعرض 20م إلى 50م وأحيانا بعرض أكبر من 100م وتكون هذه النطاقات أحيانا مجزأة ببعض المجاري المائية قليلة العمق.

توجد الوحدات الجيومورفولوجية الناتجة عن الترسيب الحديث من جهة في المناطق ذات الانحدار الشديد في أطراف السلسلة التدمرية والبازلت ومن جهة أخرى في أسرة الوديان الكبيرة خاصة في أدنى مجاريها. ضمن الهضبة البازلتية تتكون التوضعات في الوديان من نواتج التجوية التي قد تشكلت في جزئها الأكبر تحت ظروف رطبة. وتوجد أيضاً أشكال ترسيب أخرى مثل السطوح الناتجة عن التوضعات السيلية، التي تكون غالبا عبارة عن أغطية من توضعات قديمة كونغلوميراتية سيلية متماسكة، وتعيق هذه الأغطية جزئيا رشح المياه، وفي بعض المناطق تتحول هذه الأغطية بتأثير الأودية التي تقطعها بشكل واضح إلى سطوح تجوية. إن توضعات أسرة الأودية سواء الحديثة التي تكونت في بيئة جافة أو القديمة تصنف على أنها نطاقات جيدة لرشح المياه (الجدول 2-7).

الجزء الداخلي من المنطقة المأخوذة هنا بعين الاعتبار تشغله توضعات بحيرية مالحة (سبخة الخرايج). إلى الغرب يبدي سطح البازلت هضبة أفقية مسطحة ومقطعة جزئيا بالأودية، وبسماكة تصل حتى عشرة أمتار يرتفع البازلت مع المارن الواقع تحته حتى 300م عن المناطق المجاورة له، ويمكن اعتبار إمكانية رشح المياه في هذا الجزء نظرا للتجوية الشديدة والتشققات الكثيرة متوسطة حتى جيدة.

مظاهر سطح الأرض المرتبطة بالبنيات الجيولوجية أو المتأثرة بها توجد في جنوب المنطقة على شكل هضاب صغيرة أو نجود، حيث ترتبط النجود بالصخور الكلسية المطوية. وتوجد العديد من السطوح - المرتفعة نوعا ما عن محيطها – عند أقدام السلسلة التدمرية على شكل سهول ممهدة، وتغطيها نواتج تجوية متوضعة بصورة أفقية وبقايا توضعات سيلية.

7.1.3 الخريطة الغرضية لكثافة شبكة التصريف المائي

تمثل شبكة التصريف خلاصة للتأثير المتبادل ما بين العوامل المناخية والجيولوجية والهيدرولوجية والحيوية. أما كثافة شبكة التصريف فتمثل التوازن ما بين فعل الحت ودرجة ثبات الصخور المكونة لسطح الأرض، بحيث يكون الدور الأكبر فيها للمناخ والتركيب الليتولوجي.

ومن ناحية أخرى يرتبط نمط شبكة التصريف بشكل وثيق بالبنيات الجيولوجية الموجودة، خاصة الشقوق والفوالق. لذلك يوجد ترابط قوي ما بين شبكة التصريف ووجود وتوزع المياه الجوفية. تشير الكثافة المنخفضة لشبكة التصريف إلى مسامية عالية وبالتالي إلى احتمالية عالية لحدوث رشح للمياه. يستند ذلك إلى حقيقة أن كثافة شبكة التصريف تعتبر معيارا شديد الحساسية تجاه ذلك. وتعطي كثافة شبكة التصريف في كثير من الحالات معلومات حول العلاقة بين خصائص حوض التصريف والعمليات التي تجري ضمن هذا الحوض على امتداد خطوط الجريان المائي. ولذلك تم وضع الخريطة الغرضية لكثافة شبكة التصريف لإدخالها في استنباط المناطق المحتملة لتغذية المياه الجوفية.

وقد تم حساب الكثافة على مبدأ الكثافة حول النواة، ويقوم هذا المبدأ في الحساب على تكوين سطح هامشي في محيط كل خط، ويكون ذلك بالبحث عن النقاط وفق مسافة محددة وبشكل دائري لتتناقص القيمة التي تمثلها هذه النقاط بالابتعاد عن الخط المأخوذ بالاعتبار، وتكون هذه القيمة معادلة للصفر عندما تكون مسافة النقاط معادلة لنصف قطر البحث المحدد مسبقا. وتحسب قيمة الكثافة لكل خلية مساحية ناتجة على مبدأ جمع كافة قيم هوامش الخطوط القريبة من هذه الخلية (SILVERMAN، 1986).

7.1.4 الخريطة الغرضية للقسمات الخطية

تتمتع القسمات الخطية في المنطقة المدروسة بأهمية كبيرة من أجل إنشاء قاعدة البيانات الهيدروجيومورفولوجية وبالتالي دراسة تغذية المياه الجوفية، وقد تم تجسيد هذا الدور من خلال وضع خريطتين غرضيتين، حيث تم تصنيفها في ثلاثة أنواع، لأن هذه الأنواع تختلف عن بعضها البعض في التأثير الهيدروجيولوجي، وهذه الأنواع الثلاثة هي:

1. النوع (A) عناصر خطية تتطابق مع الفوالق المثبتة على الخرائط الجيولوجية.
2. النوع (B) عناصر خطية تنسجم مع البناء التكتوني للمنطقة.
3. النوع (C) عناصر خطية ذات منشأ بنيوي غير مؤكد.

وبعد ذلك حسب لكل نمط من هذه الأنماط نطاقات هامشية تحيط ببعضها البعض (*MULTIPLE RING BUFFER*) وذلك على مسافات تعادل 500م و 1500م و 2500م. يقوم برنامج ARCGIS في تقنية النطاقات الهامشية بتكوين *BUFFER POLYGONS* وفق أبعاد محددة سلفا أو وفقا لعدة أبعاد حول العنصر المطلوب، ويتم دمج الهوامش مع بعضها في حال حصول تراكب (الشكل 7-8). وبعد ذلك تم إعطاء قيم نسبية لمكونات الخريطة الغرضية اعتمادا على نوع القسمات الخطي وطبيعة الهوامش المحيطة (الجدول 7-4)، وقد استخدمت هذه الطريقة دون التمييز بين أنواع القسمات الخطية بنجاح من قبل HANSMANN وآخرون (1992) لدراسة إنتاجية آبار المياه الجوفية.

وفي خريطة غرضية أخرى تم تصنيف القسمات الخطية وفقا للكثافة، وقد استخدمت لحساب الكثافة نفس التقنية التي استخدمت لحساب كثافة شبكة التصريف، وكما هو معلوم يتم الربط دوما بين كثافة شبكة التصريف

وكثافة القسمات الخطية، حيث أن الكثافة العالية للقسمات الخطية تعني وجود نفوذية عالية، وبالتالي تكون إمكانية رشح المياه نحو الأسفل و حركة المياه الجوفية عالية.

وقد تمت مقاطعة الخريطتين الغرضيتين للقسمات الخطية مع بعضهما وإنتاج خريطة جديدة أعيد تصنيفها للحصول على خريطة غرضية واحدة تمثل القسمات الخطية.

الجدول (4-7): تقديرات قيم المناطق المحيطة بالقسمات الخطية.

النوع	المسافة (متر)	القيمة	النوع	المسافة (متر)	القيمة
B	2500	4	A	500	1
C	500	3	A	1500	2
C	1500	4	A	2500	3
C	2500	5	B	500	2
بدون منطقة هامشية		0	B	1500	3

7.1.5 الخريطة الغرضية لليتولوجيا

يتكشف في هذه المنطقة إلى جانب البازلت والحجر الكلسي الحواري المارني العائد للباليوجين صخور كلسية تعود للكريتاسي والإيوسين (الهيلفيتيان) وكذلك كونغلوميرا تعود للنيوجين. تدل المعطيات الحقلية على أن البازلت يمتاز بقابلية توصيل معتدلة إلى جيدة بالاتجاهين الأفقي والشاقولي، وذلك لكونه متأثر بالتجوية بشكل ملحوظ ولكون الاندفاعات البازلتية قد غطت تضاريس قديمة، كانت تتضمن وديان عديدة، لكن في المناطق التي سجل فيها وجود لقشرة كلسية، لوحظ أن هذه الأخيرة لها دور سلبي على رشح المياه (الشكل 9-7). أما الصخور الكلسية فإنها تبدي إلى جانب التفاوت في نسبة الكربونات فيها تفاوتا في صفات أخرى مثل السماكة وكثافة الشقوق ودرجة التأثر بالكارست. ومن خلال أخذ المشاهدات الحقلية بعين الاعتبار وبالاعتماد على تصنيف BRAHANA وآخرون (1988) تم إعطاء قيم نسبية لمكونات الخريطة الغرضية للتركيب الليتولوجي (الشكل 9-7).

7.1.6 الخريطة الغرضية لاستخدامات الأراضي والغطاء النباتي

انطلاقا من حقيقة التأثير الكبير للغطاء النباتي واستخدامات الأراضي على جريان المياه السطحية والتبخر وبالتالي على تغذية المياه الجوفية، فإن دراسة هذا الجانب لا يمكن تجاهلها عند البحث في هذا المجال. في هذا الإطار تقع منطقة الدراسة في النطاق الانتقالي ما بين مناطق البادية والمناطق الحضرية في سوريا، ويمكن أن نميز فيها نمطين من الأراضي هما: أراضي زراعية (حقول مروية وحقول بعلية) وتوجد في غرب وشمال غرب المنطقة المدروسة هنا. أما النمط الثاني فهو الأراضي التي تنمو فيها النباتات الطبيعية، ويوجد في الجزء الغربي حقول منفردة غير مروية من أشجار الفستق الحلبي والزيتون.

وتنتشر هنا الزراعات المروية للقطن والبطاطا والقمح. وبالاتجاه شرقا تنتشر الحقول البعلية للشعير والقمح. وغالباً ما يكون هناك مزج ما بين هذين النوعين في زراعة الحبوب، حيث يحصل ري للزراعات الشتوية في حال توفر المياه الجوفية. ومن ناحية أخرى تتطلب الزراعات الصيفية مثل القطن ريا مكثفا، ويتم

ذلك من خلال ضخ المياه الجوفية من المستوي العميق الحامل للمياه الجوفية للكريتاسي ذي الإنتاجية الكبيرة من المياه ذات الملوحة العالية، أو من المستوي العائد للباليوجين الأقل عمقاً ولكن أقل إنتاجية لمياه أكثر عذوبة. تستخدم الآبار المحفورة في المستوي الأخير لري مساحات صغيرة وللاستخدامات المنزلية، أما مياه المستوي العميق فتستخدم لري مساحات واسعة نسبيا. والطرق المتبعة للري هي عملية غمر الأراضي المقسمة على شكل أحواض أو بواسطة الرش، وبدون إتباع أي نوع من التنظيم لعمليات الري.

تم تصنيف المناطق الزراعية المروية من خلال حساب معامل NDVI (*NORMALISED DIFFERENCE VEGETATION INDEX*) في الصور الفضائية وذلك للمشهد لاندسات +ETM المأخوذ بتاريخ 2000/8/18. وصنفت بيانات NDVI وفقا للتصنيف غير المراقب (*UNSUPERVISED CLASSIFICATION*) في عشرة أصناف.

وقد أعطى حساب قيمة NDVI نفس القيمة في مناطق السلسلة التدمرية والحقول المروية، وتم حل هذه المشكلة من خلال مقاطعة بيانات NDVI مع نموذج الارتفاع الرقمي ووضع تصنيف جديد، بحيث افترض أن المناطق الواقعة على ارتفاع أكبر من 500م عن سطح البحر تتصف بغطاء نباتي طبيعي، وكانت النتيجة بيانات جديدة بقيمتين هما القيمة الصفر وتمثل خلاياه المساحية أراض ذات غطاء نباتي طبيعي، وخلايا القيمة فيها تعادل واحد تمثل الأراضي الزراعية بنوعيها المروية والبعلية، وفي مرحلة لاحقة قوطعت هذه البيانات مع البيانات المصنفة في الخطوة الأولى. وأعطت بيانات جديدة صنفت في ثلاثة أصناف (الشكل 7-11) وهي:

- صنف يمثل الأراضي المروية أعطي قيمة نسبية تعادل 3،
- وصنف آخر يمثل الأراضي البعلية أعطي قيمة نسبية 4،
- والصنف الثالث يمثل الأراضي ذات الغطاء النباتي الطبيعي بقيمة نسبية تعادل 5.

وقد جاءت القيمة 3 اعتمادا على أن عمليات الري تكون من مياه المستوي الجوفي العميق سواء في فصل الصيف أو الشتاء، وبالمقابل أعطيت القيمة 4 للنوع الثاني من الأراضي نظراً لري هذه الأراضي في فصل الشتاء أحياناً. وقد تم توثيق هذا التصنيف من خلال العمل الحقلي الذي أجري في صيف 2006 باستخدام قياسات GPS.

7.2 مناطق التغذية المحتملة للمياه الجوفية

تم حساب القيم النسبية لبيانات الخريطة الغرضية الناتجة عن مقاطعة كافة الخرائط الغرضية من خلال جمع القيم في كافة هذه الخرائط، ومن ثم صنفت هذه الخريطة في خمسة أنواع (الشكل 7-10). وتقوم هذه الطريقة على مبدأ *DRASTIC* للباحث ALLER وآخرون (1985)، والذي تم وضعه لتقييم حساسية المياه الجوفية للتلوث (*GROUNDWATER POLLUTION AND VULNERABILITY*). وبذلك أعطت الخريطة الناتجة بعكس الخريطة الهيدروجيولوجية الموضحة بالشكل (7-3) معلومات مباشرة حول مناطق التغذية المحتملة للمياه الجوفية وتصنيف هذه المناطق وفق درجات مختلفة.

وفي خطوة متقدمة تم استعراض هذه الخريطة بشكل ثلاثي الأبعاد في برمجية ARCSCENE للتمكن من ربط هذه النطاقات مع الوضع الجيولوجي للطبقات الواقعة تحتها (الشكل 7-11). ويلاحظ بأن المناطق ذات الاحتمالية العالية لتغذية المياه الجوفية يمكن تمييزها في ثلاثة أجزاء: الجزء الأول يوجد في محيط السلسلة التدمرية يحصل فيه تغذية للمياه الجوفية للحامل الجوفي العميق العائد للكريتاسي، والجزء الثاني يقع في مركز المنطقة ويؤدي إلى تغذية المياه الجوفية في الحامل الجوفي العلوي ضمن التوضعات الرباعية، والجزء الثالث يوجد في مناطق البازلت، وقد أظهر تفسير الصور الفضائية وكذلك العمل الحقلي تشكل ينابيع في محيط الهضبة البازلتية بعد موسم الأمطار.

7.3 دمج البيانات الهيدروكيميائية

هدف دمج البيانات الهيدروكيميائية في قاعدة البيانات إلى تحليل تأثيرات مظاهر سطح الأرض والعمليات الجيومورفولوجية على التركيب الكيميائي للمياه الجوفية، ويدور الحديث هنا عن المستوي الحامل للمياه الجوفية القريب إلى السطح، ولهذا الهدف تم إعداد الخريطة الغرضية للمستويات الحاملة للمياه الجوفية الأقرب إلى السطح، وذلك بهدف تسهيل تحديد مواقع جمع عينات المياه الجوفية (الشكل 7-12).

7.3.1 اختيار أماكن جمع العينات وجمعها

تطلب تحديد أماكن جمع العينات تقسيم المنطقة إلى أحواض تصريف صغيرة، وقد أعدت هذه الخريطة بواسطة الامتداد ArcHydro ومن ثم تم تعديلها. وقد كان هذا التعديل ضروري جدا لأن أحواض التصريف الطبيعية قد تغيرت في المنطقة بشكل ملحوظ بتأثير الأنشطة البشرية (إنشاء السدود الصغيرة وإجراءات حصاد المياه). وأجري التعديل من خلال ربط الخريطة الأولية لأحواض التصريف مع الصور الفضائية، فاستخدمت لتحديد مواقع السدود الصغيرة أحدث الصور المتوفرة للمنطقة من القمر الصناعي ASTER المأخوذة بتاريخ 2003/10/18 وكذلك في 2005/3/28، ذلك أن الصور الفضائية التي استخدمت في بداية الدراسة لم تكن تفي بالغرض لأن معظم المنشآت في المنطقة بنيت حديثا (الشكل 7-13).

اعتماداً على كافة المعطيات التي توفرت لفهم المنطقة خلال مراحل العمل المختلفة تم اختيار منطقتين صغيرتين لجمع عينات المياه الجوفية، تقع إحداهما مباشرة عند أقدام السلسلة التدمرية (منطقة A)، ويعتبر تأثير الأنشطة البشرية فيها ضعيف جدا، وتقع المنطقة الثانية في الغرب ممثلة بحوض تصريف صغير يقع ضمن مناطق البازلت (منطقة B).

أجري العمل الحقلي الخاص بهذا الجزء من العمل في نهاية فصل صيف وبداية فصل شتاء عام 2006، وجمعت 36 عينة في فصل الصيف وأربع عينات اختبار بعد أول حادثة هطول للأمطار في المنطقة. وحسب معطيات مالكي الآبار توجد المياه الجوفية في طبقات من الحجر الكلسي وطبقات حجر كلسي حواري تعود للباليوجين، وأعماق هذه الآبار تتراوح ما بين 40م و70م.

وأجريت في الحقل قياسات لدرجة الحموضة pH وتراوحت القيم ما بين 6.7 و7.8، وبهدف مراقبة محتوى الأملاح المنحلة تم في الحقل قياس الناقلية الكهربائية EC.

7.3.2 التصنيف الهيدروكيميائي للمياه الجوفية

تمتاز الناقلية الكهربائية بأنها يمكن أن تستعمل كمعيار لتقدير المكونات المنحلة في المياه والعمليات التي تجري فيه، إلا أن بعض التحاليل تكون ذات دلالة أكبر في حالات معينة، لذلك تم أخذ عينات للتحليل المخبري (كل عينة 10 مل بدون إجراءات حفظ) بالتوازي مع قياس الناقلية في الحقل، وأحضرت العينات إلى جامعة جوتنغن في ألمانيا، وأجريت التحاليل في قسم الجيولوجيا التطبيقية. تمت تصفية المياه ومعالجتها وفصل الشوارد الموجبة والسالبة باستخدام جهاز *DIONEX DX-500*.

تم حساب المواد المنحلة في الماء TDS (*Total Dissolved Solids*) من خلال جمع قيم جميع الشوارد الموجودة في الماء، وتم حساب قيمة البيكاربونات من خلال حساب الفرق بين مجموع الشوارد الموجبة ومجموع الشوارد السالبة. وتدل النتائج على أن 80% من العينات حسب تصنيف Carroll (1962) يمكن اعتبارها مياه عذبة (الجدول 7-5)، إلا أن الكثير من هذه القيم يقع على الحدود العليا للمياه العذبة، وتتجاوز كمية المواد المنحلة فيها 900 ملغ/ل (الجدول 7-6)، وتزداد قيمة TDS بالاتجاه نحو شمال وشرق المنطقة المدروسة. ويتوافق هذا الوضع مع الظروف الجيومورفولوجية للمنطقة، حيث توجد الأراضي المتملحة في شمال شرق منطقة الدراسة.

ترتبط قيمة TDS والناقلية الكهربائية بعضهما ببعض بشكل واضح، ذلك أن قيمة المواد المنحلة في السوائل تمثل محتواها من الأملاح، وهذه الأخيرة تحدد الناقلية الكهربائية للسوائل. ويعطي العرض البياني لقيمة TDS والناقلية الكهربائية تصوراً أولياً حول محتوى الأملاح في المياه المدروسة.

الجدول (7-5): التصنيف العام للمياه الجوفية (Carroll، 1962).

صنف المياه	TDS (mg/L)
عذبة	0 - 1000
غير صالحة	1000 – 10000
مالحة	10000 – 100000
شديدة الملوحة	> 100000

وللوصول إلى تصنيف جميع عينات المياه المدروسة تم استعراض النتائج على شكل عرض بياني بطريقة *PIPER*، وذلك باستخدام برمجية *AQUACHEM* v.5.0، حيث أمكن تمييز مجموعتين رئيسيتين من المياه:

- مياه ذات محتوى منخفض من الأملاح ونوعها مياه بيكاربونات كالسيوم صوديوم مغنيزيوم وتمتاز بالتتابع التالي للشوارد: $Ca^{2+} > Na^{+} > Mg^{2+} > K^{+}$ و $HCO_3^{-} > Cl^{-} > SO_4^{2-}$.
- مياه عكرة في الآبار التالية: بئر 6 (Na^{+} - Ca^{2+}- SO_4^{2-}–Cl^{-})، بئر 14 (Ca^{2+}- Mg^{2+}- Na^{+} - SO_4^{2-}–Cl^{-})، بئر 15 (Ca^{2+}-Mg^{2+}-Na^{+}-SO_4^{2-}-Cl^{-}) وبئر (Ca^{2+}-Na^{+}-Mg^{2+}-Cl^{-}-SO_4^{2-}) وكلها تقع شمال شرق المنطقة المدروسة.

الجدول (6-7): المحتوى الكلي للمواد المنحلة للعينات التي تم تحليلها.

العينة	TDS mg/l	العينة	TDS mg/l	العينة	TDS mg/l	العينة	TDS mg/l
1	546.1	**10**	944.0	**19**	402.0	**28**	1429.4
2	796.5	**11**	925.2	**20**	359.7	**29**	790.2
3	647.0	**12**	925.4	**21**	436.3	**30**	798.4
4	656.2	**13**	1366.5	**22**	420.3	**31**	1390.1
5	787.7	**14**	4667.9	**23**	491.8	**32**	1028.2
6	4425.3	**15**	4261.7	**24**	492.3	**33**	520.7
7	643.3	**16**	1850.4	**25**	515.4	**34**	512.7
8	821.1	**17**	912.7	**26**	723.1	**35**	531.3
9	960.5	**18**	820.3	**27**	402.2	**36**	540.2

وتظهر في الخريطة الشكل (7-14) - بجانب التمثيل البياني- المواقع الجغرافية لأخذ العينات، وقد تم تمييز المجموعتين السابقتين برسم خطين أحمر وأزرق يحيطان بالآبار الممثلة لهما. وبالإضافة لذلك يمكن تمييز مجموعة ثالثة انتقالية بين المجموعتين. ويظهر الجدول (7-7) أنواع المياه في جميع الآبار التي أخذت العينات منها والعائدة لمستوي الباليوجين بالإضافة إلى ثلاثة آبار تعود لمستوي الكريتاسي.

يتوافق التوزع الجغرافي للمجموعة الأولى للمياه مع مناطق تغذية المياه الجوفية المبينة في خريطة المناطق المحتملة للتغذية، حيث يكون محتوى الأملاح منخفض في حال وجود تغذية للمياه الجوفية ويزداد باتجاه مناطق الصرف.

الجدول (7-7): أنواع المياه الموجودة في الآبار المدروسة.

رقم البئر	نوع المياه	TDS mg/l	Na^{+} mg/l	Ca^{2+} mg/l	Mg^{2+} mg/l	Cl^{-} mg/l	SO_4^{2-} mg/l	HCO_3 mg/l	NO_3 mg/l
SP11	**Ca-Mg-SO4**	2731	109.7	421.0	197.6	177.3	1612	207.4	6.2
SP12	**Ca-Mg-SO4**	2376	80.0	336.1	202.1	187.9	1354	213.5	2.0
SP13	**Ca-Mg-SO4-Cl**	2458	124.0	350.4	192.9	319.2	1282	189.1	0.5
1	**Ca-Na-Mg-Cl-HCO3-SO4**	546	62.8	70.6	18.7	82.0	76.5	135.8	63.5
2	**Ca-Na-Cl-SO4**	796	98.4	105.5	25.1	130.5	171.6	123.5	99.4
3	**Ca-Na-Mg-Cl-SO4-HCO3**	647	80.7	78.2	23.5	98.7	124.1	138.5	81.3
4	**Ca-Na-Mg-Cl-SO4-HCO3**	656	81.7	79.3	23.8	99.7	125.3	142.2	82.2
5	**Ca-Na-Mg-Cl-SO4**	788	94.0	105.0	27.8	157.2	124.0	134.5	94.8
6	**Na-Ca-SO4-Cl**	4425	670.2	549.3	149.3	994.4	1613	134.2	674
7	**Na-Ca-Mg-HCO3-Cl-SO4**	643	97.0	51.5	29.6	101.2	99.2	198.5	98.3
8	**Na-Mg-Ca-Cl-HCO3-SO4**	821	126.7	65.4	40.7	162.2	141.1	222.8	129
9	**Na-Mg-Ca-Cl-HCO3**	960	166.4	63.5	47.6	222.8	126.2	272.1	168
10	**Na-Mg-Ca-Cl-HCO3**	944	162.9	63.1	45.6	212.2	118.7	284.7	165
11	**Na-Mg-Ca-Cl-HCO3**	925	160.6	59.5	45.3	205.4	120.2	275.8	163
12	**Na-Mg-Ca-Cl-HCO3**	925	164.2	58.0	44.5	207.2	118.2	278.4	166
13	**Na-Mg-Ca-Cl-SO4-HCO3**	1367	227.5	96.8	72.3	301.0	273.0	289.4	229
14	**Na-Mg-Ca-SO4-Cl**	4668	674.6	443.3	273.3	1118	1658	255.8	683
15	**Ca-Mg-Na-SO4-Cl**	4262	470.7	505.2	261.3	913.5	1603	155.9	478
16	**Ca-Na-Mg-Cl-SO4**	1850	221.5	241.3	76.7	391.7	445.1	150.7	224
17	**Na-Ca-Mg-Cl-SO4-HCO3**	913	129.4	101.7	35.4	197.6	156.5	176.6	131
18	**Na-Ca-Mg-Cl-HCO3-SO4**	820	107.4	81.4	42.7	167.9	147.9	251.2	111
19	**Ca-Na-Mg-HCO3-Cl**	402	38.5	47.2	18.4	41.4	45.6	170.7	39.2
20	**Ca-Na-Mg-HCO3-Cl**	360	33.1	43.3	15.7	38.3	15.5	172.9	33.6
21	**Ca-Na-Mg-HCO3-Cl**	436	42.4	51.1	20.0	59.8	15.0	212.6	43.1
22	**Ca-Na-Mg-HCO3-Cl**	420	40.7	47.7	19.3	45.6	25.2	190.7	41.6
23	**Ca-Na-Mg-HCO3-Cl**	492	47.4	60.4	19.7	56.1	23.7	238.2	48.5
24	**Ca-Mg-Na-HCO3-Cl**	492	30.4	72.3	23.0	61.9	26.4	186.7	31.1
25	**Ca-Mg-Na-HCO3-Cl**	515	42.9	56.6	31.0	67.8	41.2	209.9	44.8

7.3.2.1 هيدروكيمياء حوض التصريف الجزئي A (السلسلة التدمرية)

تبلغ مساحة هذه المنطقة حوالي 286.16 كم^2، تمتاز بتنوع التركيب الليتولوجي للصخور المكونة للسطح، في الشمال تتكشف صخور المارن والحجر الكلسي الحواري العائدة للباليوجين وفي الجنوب الحجر الكلسي المتطبق والدولوميت العائدة للكريتاسي، بينما يغطى الباليوجين في وسط المنطقة من كونغلوميرا نيوجينية.

تمتاز المياه الجوفية في الأجزاء العليا طبوغرافيا من هذه المنطقة بأنها عذبة ومن نوع المياه البيكربوناتية ذات التسلسل الشاردي $Mg^{2+} > Na^+ > Ca^{2+}$ و $SO_4^{2-} > Cl^- > HCO_3^-$، وباتجاه الشمال تتغير الخصائص الهيدروكيميائية بشكل واضح ويصبح التسلسل الشاردي كالتالي (Ca^{2+} /Mg^{2+} > Mg^{2+} /Ca^{2+} > Na^+) و (SO_4^{2-} /HCO_3^- > HCO_3^- /SO_4^{2-} > Cl^-) ويمكن تفسير ذلك على النحو التالي: توجد المجموعة الأولى مباشرة بجوار السلسة التدمرية حيث يمثل كل من الرباعي والنيوجين المستوي الحامل للمياه الأقرب إلى السطح، ويقع كل من هذين الحاملين على ارتفاع طبوغرافي أكبر من ارتفاع حامل الباليوجين. المياه الراشحة من السطح في الشتاء تتسرب من حاملي الرباعي والنيوجين عبر الشقوق وتصل إلى حامل الباليوجين. وتجري المياه السطحية نحو الشمال عبر الوديان باتجاه المجموعة الثانية. وتقوم هذه المياه بغسل نواتج التجوية في طريقها وترشح تدريجيا محملة بالمواد المنحلة لتصل إلى حامل الباليوجين مسببة ارتفاع تركيز الشوارد في مياهه (الشكل 15-7).

يظهر البئر 28 تركيز TDS مرتفعا بشكل ملحوظ (الشكل 15-7)، ويمكن إرجاع ذلك إلى رشح المياه بصورة مباشرة من الأودية الجافة المجاورة له. وتقع الآبار 29 و30 و31 و32 و33 على ارتفاع طبوغرافي واحد وتم حفرها بنفس العمق، ومع ذلك يتمتع البئر 31 مقارنة بالآبار الأربعة المجاورة له بتركيز TDS مرتفع نسبياً. نظراً لعدم وجود وادٍ مجاور بشكل مباشر للآبار المذكورة، تم التفكير بتفسير ذلك من خلال إمكانية وجود اتصال مع المستوي الجوفي العميق في المنطقة، إلا أن مقارنة البيانات أدت إلى نفي ذلك (الشكل 16-7)، لأن قيمة التركيز TDS في البئر SP9 أقل بكثير. ويمكن إرجاع هذه الحالة على الأغلب كما هو الحال في البئر 28 إلى وجود رشح مباشر للمياه من الوادي، الذي يقع على مسافة ليست ببعيدة من البئر المذكورة. و يمكن تفسير الوضع على أن البئر المذكورة توجد في مجال تأثير كارستي، يوفر اتصال هيدروليكي مع الوادي المذكور، ويدعم هذه الرؤية التركيز المرتفع للكالسيوم في هذا البئر (الشكل 16-7).

7.3.2.2 هيدروكيمياء حوض التصريف الجزئي B (مناطق البازلت)

يمتد هذا الحوض على مساحة تقارب 1046 كم2. يعطي التركيب الكيميائي للمياه الجوفية في الجزء الغربي للحوض صورة واضحة عن العمليات الجيومورفولوجية ونواتجها، ففي الأجزاء المرتفعة طبوغرافيا يكون تسلسل التركيز الشاردي للشوارد السالبة كالتالي $Mg^{2+} > Na^+ > Ca^{2+}$ وللموجبة $Na^+ > Mg^{2+} > Ca^{2+}$، ويمكن أن يعزى هذا التغيير النسبي في التسلسل إلى نواتج تجوية البازلت الغني بالصوديوم، وفي الجزء الشرقي يؤدي غسل الحجر الكلسي الحواري الباليوجيني إلى رفع تركيز المغنيزيوم في المياه هناك، أما شمالاً حيث يصب حوض التصريف في سبخة الخرايج يرتفع تركيز شوارد الكلور والكبريتات، حيث يغطي معظم مساحة السبخة المذكورة توضعات ملحية وجبس. ونظراً لذلك يأخذ التسلسل الشاردي لعدة آبار الشكل التالي $Mg^{2+} > Ca^{2+} > Na^+$ و $HCO_3^- > SO_4^{2-} > Cl^-$. وتلعب عمليات الري من المياه الغنية بالكبريت للمستوي الجوفي العميق دوراً كبيراً في هذا الوضع، ويدعم ذلك ارتفاع تركيز النترات في البئرين 6 و14 (الشكل 17-7).

7.3.3 مراقبة تغير الهيدروكيمياء في فصل الشتاء

بناء على التحليل الهيدروكيميائي لمياه الأمطار، الذي أجري عام 1990 على مياه الأمطار في المحطتين المناخيتين في حمص وتدمر (الجدول 8-7) الواقعتين إلى الغرب والجنوب الشرقي للمنطقة على الترتيب، فإن درجة الحموضة لمياه الأمطار (-pH) تتراوح ما بين 7.2 في حمص و7.4 في تدمر (KATTAN، 1997). وفي الشهر الثاني (شباط) كانت قيمة (TDS) في حمص 93 ملغ/لتر وفي تدمر 115 ملغ/لتر.

تمتاز مياه الأمطار كما هو ملاحظ بتركيز عالي من هيدروكربونات الكالسيوم، الذي يعود إلى وجود غبار كربونات الكالسيوم في الجو، ويتماثل تركيز الوارد المذكور مع التركيز المعروف لمياه أمطار شرق المتوسط بشكل عام (ROSENTHAL، 1987)، ويرجع المحتوى العالي من الكبريتات في حمص إلى التلوث الناتج عن النشاط الصناعي في المنطقة.

الجدول (8-7): تركيز الشوارد في مياه الأمطار لمدينة حمص ومدينة تدمر (KATTAN، 1997).

محطة القياس	التاريخ	pH	Ca^{2+}	Mg^{2+}	Na^{+}	K^{+}	HCO_3^-	SO_4^{2-}	Cl^-	NO_3^-	TDS
حمص	Jan 90	7.95	08	2.0	4.0	1.0	024	13	06	10	68
	Feb90	6.24	08	7.0	6.0	1.0	037	14	12	08	93
	Apr90	7.30	16	2.0	1.5	1.0	037	12	04	07	81
تدمر	Feb 90	6.98	24	2.0	2.0	1.0	061	09	04	12	115
	Mar 90	7.42	44	5.0	2.5	1.0	110	25	08	10	206

كما ذكر أعلاه تم القيام بالعمل الحقلي المخصص لهذا الهدف في نهاية فصل الصيف وبداية فصل الشتاء، إلا أن هطول الأمطار في شتاء 2006 تأخر بشكل كبير. وقد أمكن بعد هطول الأمطار قبل يومين من نهاية العمل الحقلي الحصول على أربع عينات اختبارية من المنطقة B. ويظهر تمثيل التركيب الهيدروكيميائي وفق *PIPER* (الشكل 18-7) تغير نسبي نحو مياه عذبة من النوع البيكاربوناتي (الجدول 9-7).

الجدول(9-7): المكونات الكيميائية لمياه بعض الآبار قبل وبعد هطول الأمطار.

رقم البئر	نوع المياه	TDS mg/l	Na^{+} mg/l	Ca^{2+} mg/l	Mg^{2+} mg/l	Cl^- mg/l	$SO4^{2-}$ mg/l	$HCO3^-$ mg/l	NO_3^- mg/l
1	Ca-Na-Mg-Cl-HCO3- $SO4^{2-}$	546.2	62.8	70.7	18.7	82.0	76.5	135.8	96.6
1R	Ca-Na-HCO3-Cl	731.3	70.9	104.4	22.1	83.3	78.3	269.3	99.7
2	Ca-Na-Cl- $SO4^{2-}$	796.5	98.4	105.5	25.1	130.5	171.6	123.5	138.5
2R	Ca-Na-HCO3-Cl-SO4	996.2	109.4	141.2	28.9	138.3	179.1	250.6	145.3
5	Ca-Na-Mg-Cl-$SO4^{2-}$	787.7	94.0	105.0	27.8	157.2	124.0	134.5	142.2
5R	Ca-Na-Cl-HCO3	964.7	103.0	137.2	31.1	164.1	129.6	251.4	145.1

يشير تمثيل *SCHOELLER* للعينات من الآبار 1 و2 و5 قبل وبعد هطول الأمطار إلى ارتفاع تركيز البيكاربونات والكالسيوم بعد هطول الأمطار (الشكل 19-7)، ويمكن إرجاع ذلك على الأغلب لعاملين، الأول هو رشح وتغذية مباشرة للمياه الجوفية من مياه الأمطار، والثاني حركة للمياه الجوفية القديمة من المناطق المجاورة تحت تأثير الضغط الناتج عن المياه الجديدة الراشحة في تلك المناطق.

8 خلاصة البحث

في نطاق هذه الدراسة تم دمج عدة طرائق من طرائق الدراسات الجيومورفولوجية. وتم تفسير طيف واسع من البيانات (بيانات ارتفاع رقمية، صور فضائية، خرائط) بالإضافة إلى معلومات حقلية باستخدام طرائق عملية دقيقة وأساليب جديدة ومتطورة للتفسير، وتم اختبار جدوى استخدام هذه البيانات والطرائق من أجل الدراسات الجيومورفولوجية التطبيقية من خلال أمثلة من شمال غرب سوريا. وللتوصل إلى ذلك تم استخدام عدد كبير من الوسائل للتمثيل البصري والثلاثي الأبعاد واستنباط المعلومات وإدارة البيانات المرجعة مكانياً وتحليلها. وكان الهدف من العمل توفير فهم للمعطيات الجيومورفولوجية والهيدروجيومورفولوجية في منطقة الدراسة. وجاء توجيه العمل باتجاه التطبيقات الجيومورفولوجية لخدمة المسائل الهيدرولوجية والهيدروجيولوجية انطلاقاً من أن إدارة مصادر المياه مسألة ضرورية وملحة من أجل التنمية المستدامة في شمال غرب سوريا.

8.1 النتائج

انطلاقاً من أهداف هذا البحث فإنه في الجزء الأول من هذا العمل بالاعتماد على نموذج الارتفاع الرقمي وإمكانيات برمجيات نظم المعلومات الجغرافية تم تصنيف الوحدات الجيومورفولوجية على مساحة واسعة تمتد لآلاف الكيلومترات المربعة. من خلال العلاقة المتبادلة بين القيم الجيومورفومترية (الارتفاع المطلق والانحدار) أمكن تمييز الوحدات الجيومورفولوجية على النطاق الإقليمي. وباستخدام إمكانيات برامج نظم المعلومات الجغرافية أمكن وصف شكل هذه الوحدات جيومورفومترياً ومورفولوجياً بصورة متكاملة. وقد أتبع ذلك بتفسير عدد من الصور الفضائية لمنطقة الدراسة (ASTER،Landsat) مما مكن من تكوين عدة استنتاجات وتصورات عن الوضع الجيومورفولوجي للمنطقة وخاصة فيما يتعلق بتكوين المواد الرسوبية والصخرية السطحية. وخلال عملية التفسير تم استخدام العديد من طرائق الاستشعار عن بعد للحصول على أكبر قدر ممكن من المعلومات الجيومورفولوجية والجيولوجية من معالجة الصور الفضائية.

وبذلك أمكن اختبار جدوى استخدام بعض الصور الفضائية وبعض طرق معالجة الصور في التطبيقات الجيومورفولوجية. فكانت طرق التركيب اللوني غير الحقيقي والصور النسبية وتحليل المكونات الأساسية من أفضل الطرق للوصف الجيومورفولوجي والليتولوجي. وأعطى تطبيق طرق زيادة وضوح الحواف نتائج جيدة جداً سواءً في حالة تطبيقها على الصور المنفردة (قناة واحدة) أو على الصور اللونية المركبة (عدة قنوات) وخاصة عند رسم القسمات الخطية.

إن هدف هذا الجزء من البحث ليس إجراء رسم جيومورفولوجي تفصيلي لكل منطقة الدراسة وإنما تكوين تصور عام إقليمي عن جيومورفولوجيا المنطقة (*REGIONALISIERUNG*)، لذلك كان التركيز على اختبار جدوى استخدام بيانات مختلفة من أجل الوصف الجيومورووفولوجي على المقياس الإقليمي من خلال تطبيقات برامج الاستشعار عن بعد ونظم المعلومات الجغرافية. وبناءً على ذلك اتخذت معالجة بيانات الارتفاع الرقمية والصور الفضائية منحى الوصف البصري والرقمي على نطاق إقليمي، بحيث تم التوصل لوضع تصور قريب جدا للوضع الجيومورفولوجي الحقيقي. وبذلك تم إبراز ما يلي:

- أن نظم المعلومات الجغرافية تمكن من إجراء حسابات سريعة ودقيقة وقابلة لمعالجة لاحقة وذلك للقيم الجيومورفومترية انطلاقا من بيانات الارتفاع الرقمية.

- أن نموذج الارتفاع الرقمي من نوع (SRTM) المعد والمصحح بشكل جيد بمساعدة إمكانيات برمجيات (GIS) يمكن من الحصول على وصف كيفي وكمي لجيومورفولوجيا منطقة ما.
- أن نموذج الارتفاعات الرقمي وكذلك التمثيل ثلاثي الأبعاد للصور الفضائية من خلال ربطها مع نموذج الارتفاعات الرقمي يمثلان إحدى الوسائل المفيدة جداً التي يمكن استخدام إمكاناتها في جهاز الحاسوب من أجل إبراز ومعاينة البنيات والسطوح الجيومورفولوجية والجيولوجية، والتي تتطلب دراستها باستخدام التفسير الستيريوسكوبي الكثير من الوقت والجهد.
- أن نموذج الارتفاعات الرقمي من خلال تغطيته الإقليمية الكاملة يمكن من استنباط العناصر الهيدروجيومورفولوجية (شبكة التصريف المائي، خطوط تقسيم المياه، أحواض التصريف) بواسطة جهاز الحاسوب، والتي تعتبر ضرورية جداً لبحث العلاقة المتبادلة بين الجيولوجيا والجيومورفولوجيا في منطقة ما.

في الجزء الثاني من هذا العمل تم القيام بتحليل مورفوبنيوي من خلال استعمال نموذج الارتفاع الرقمي والصور الفضائية. وتم القيام بهذا التحليل من خلال التفسير الآلي والبصري للعناصر المورفوبنيوية والجيومورفولوجية. في البداية ومن خلال استخدام إمكانات برامج نظم المعلومات الجغرافية تم استخدام العلاقة المتبادلة بين القيم الجيومورفومترية للانحدار واتجاه الانحدار ومناقشتها بالترابط مع اتجاه العناصر المورفوبنيوية. في خطوة لاحقة تم تفسير العناصر المورفوبنيوية الخطية اعتماداً على نموذج ظل التضاريس والصور الفضائية.

وللحصول على نموذج ظل التضاريس تم استخدام نموذج الارتفاع الرقمي من نوع (SRTM)، في إطار ذلك لعب التصور المسبق لوضع هذه البنيات دوراً كبيراً في اختيار اتجاه الإضاءة لبناء نموذج ظل التضاريس، كما أن إمكانيات مضاعفة قيم الارتفاع وقيم زاوية الاتجاه وقيم زاوية الشمس مع سطح الأرض كانت ذات أهمية كبيرة. لم تقتصر الفائدة الكبيرة لإمكانيات برنامج (ArcGIS) المختلفة على تحضير البيانات وتفسيرها فقط وإنما أيضاً لدى اختبار دقة النتائج فقد كان من إيجابياتها إمكانية مقاطعة نتائج الدراسات السابقة مع النتائج المستخلصة في هذه الدراسة مع بعضها بعضاً، والتي أظهرت أن بعض البنيات التكتونية تحت السطحية في منطقة الدراسة مثل الفوالق الموجودة عند أقدام السلسلة التدمرية يمكن التعرف عليها من خلال المظاهر الجيومورفولوجية في الصور الفضائية (انعطاف المجاري النهرية أو الإزاحة الأفقية لهذه المجاري).

في الجزء الأخير من هذا العمل تمت مداخلة البيانات الجيومورفولوجية المكتسبة خلال المراحل المختلفة لهذا العمل ليأخذ العمل الاتجاه التطبيقي للجيومورفولوجيا من خلال مداخلة عدة مكونات لسطح الأرض بنهج عملي منطقي. وقد تم اختيار الجزء الجنوبي الغربي لإجراء هذا التطبيق. وتستند هذه الخطوة على إجراء تحليل لمجموعة بيانات من نوع البيانات المساحية (*RASTER*) والتي تم تمييزها عن بعضها بقيم مختلفة. باستخدام إمكانيات برنامج (ArcGIS) أمكن تطوير علاقة رقمية من وجهة النظر الهيدروجيومورفولوجية. في نطاق ذلك وضعت قيد التطبيق التأثيرات الجيوبيئية للجيومورفولوجيا إلى جانب قيم مكونات النظام الجيوبيئي المحيطة القابلة للتقدير حسابياً والتي تؤثر بشكل أو بآخر على وضع المياه الجوفية والسطحية في منطقة الدراسة.

استوجب ذلك وضع توصيف دقيق للجيومورفولوجيا تم من خلال استخدام معلومات إضافية (صور فضائية من نوع ASTER وعمل حقلي باستخدام قياسات GPS)، وبذلك تم وضع وصف أدق للوحدات الجيومورفولوجية ووضع الحدود فيما بينها بشكل أكثر وضوحاً. وقد كان استخدام قياسات GPS ضرورياً جداً

من أجل ربط البيانات المعدة مسبقا (مكتبياً) في برمجية ArcGIS والبيانات التي تكتسب خلال العمل الحقلي، وكذلك من أجل المعالجة اللاحقة لجميع البيانات. في إطار التفسير الهيدروجيومورفولوجي أخذ بعين الاعتبار عدد من المعطيات الجيومورفولوجية (الوحدات الجيومورفولوجية، الانحدار، كثافة كل من شبكة التصريف والقسمات الخطية) والتي تظهر بوضوح مدى تأثير الجيومورفولوجيا.

بنتيجة ذلك تم الوصول إلى توصيف هيدروجيومورفولوجي يتضمن تصنيف نطاقات متوقعة لتغذية المياه الجوفية. وقد أظهرت خطوات هذا الجزء من العمل أن الربط بين بيانات التصوير الفضائي وبيانات نموذج الارتفاع الرقمي مفيد جداً، فالتحديد الدقيق لأحواض التصريف المائي أمكن التوصل إليه فقط من خلال معالجة معلومات إضافية للصور الفضائية الحديثة، التي تظهر حدود أحواض التصريف التي تغيرت نتيجة الأنشطة البشرية (بناء السدود). وبناء عليه: تم اختيار حوضي تصريف صغيرين يمتازان بتنوع الخصائص الجيومورفولوجية وبقيم مختلفة لإمكانية تغذية المياه الجوفية، وقد كان هذا التحديد المكتبي ضروريا من أجل التخطيط للأعمال الحقلية.

من خلال التحليل الكيميائي للمياه الجوفية أمكن بحث نتيجة تصنيف نطاقات تغذية المياه الجوفية والتأثير المتبادل بين الخصائص الكيميائية لمكونات سطح الأرض والمياه الجوفية. وقد أثبت ذلك أن الخريطة التي تم إعدادها في هذا العمل تؤمن مصدراً مهماً للحصول على المعلومات إلى جانب الخرائط الهيدروجيولوجية المتوفرة.

وفي هذا الجزء من العمل تم التركيز أيضاً على الخصائص الكيميائية والفيزيائية لمكونات سطح الأرض وخاصة نتائج التجوية والتي تلقى في وقتنا الحاضر اهتماماً كبيراً في الدراسات الجيومورفولوجية، وقد ظهر خلال ذلك تأثير نتائج تجوية الوحدات الصخرية المختلفة (البازلت والحجر كلسي والحوار) ونتاج العمليات الجيومورفولوجية (التملح) على تركيب المياه الجوفية.

بشكل موجز أدت هذه الدراسة إلى تطوير قاعدة بيانات شاملة، مكنت من مداخلة العوامل الجيومورفولوجية والجيولوجية مع العوامل الجيوبيئية. بنفس الوقت أمكن بحث فائدة استخدام إمكانيات نظم المعلومات الجغرافية لبحث المسائل الهيدروجيومورفولوجية.

8.2 المناقشة

أصبح من الممكن تصنيف الوحدات الجيومورفولوجية بشكل أكثر دقة مع تطور إمكانات معالجة المعلومات آلياً. بالاعتماد على تصنيف FENNEMAN (1931) للوحدات الفيزيوجغرافية جاء العديد من الأعمال مثل أعمال MILIARESIS وARGIALAS (1999) وMILIARESIS (2001). هذه الأعمال قامت بتصنيف وحدات سطح الأرض على مقاييس صغيرة في مناطق ذات تضاريس جبلية واضحة جدا (مناطق جبال زاغروس في ايران). البحث الحالي استوجب تطوير تصنيف خاص لأن الجزء الأكبر من منطقة الدراسة سطح منبسط. ومن أجل ذلك تم استخدام إمكانيات برمجية ArcGIS لمعالجة القيم الجيومورفومترية (مقاطعة البينات والتصنيف وإجراء العمليات الحسابية المعقدة والترشيح وتغيير البيانات من مساحية إلى شكلية وبالعكس).

وبالمقارنة مع الأعمال الأخرى التي اهتمت بتصنيف أشكال سطح الأرض اتخذ هذا العمل المنحى الحديث (FLORINSKY، 1998) وهو ربط أو دمج بيانات الارتفاع الرقمية وبيانات الصور الفضائية في برامج المعلومات الجغرافية بالإضافة إلى بيانات الخرائط المختلفة. بالمقابل فإن نموذج الارتفاع الرقمي لوحده فقط لا يوفر جميع المعلومات الضرورية للتحليل والوصف الجيومورفولوجي الدقيق.

عند تفسير الصور الفضائية تم استخدام طرق حساب الصور النسبية وطرق تحليل المكونات الرئيسية بشكل واسع لأن هذه الطرق بالمقارنة مع الطرق الأخرى لمعالجة الصور توفر إظهار بصري أفضل للظواهر الجيومورفولوجية وبالتالي تفسير أدق.

إن عدم تعقيد خصائص سطح الأرض في منطقة الدراسة كان سبباً في الميل لاستخدام نموذج الارتفاع الرقمي من نوع (SRTM) من أجل تفسير المظاهر المورفوبنيوية الخطية، على الرغم من إمكانية إنتاج نموذج ارتفاع رقمي انطلاقاً من الخرائط الطبوغرافية المتوفرة. ويعزى سبب هذا الاختيار إلى أن إنتاج نموذج الارتفاع الرقمي من الخرائط الطبوغرافية يؤدي إلى ضياع بعض بيانات الارتفاعات وذلك خلال عملية مداخلة قيم الخطوط المتباعدة جدا عن بعضها البعض في الأجزاء المنبسطة. بالمقابل فإنه عند إنتاج نموذج الارتفاع الرقمي من SRTM يتم تقدير قيم الارتفاع لكل خلية من خلايا النموذج على حدة. وفي هذه الحالة فإن خطورة ضياع ملامح العناصر المورفوبنيوية القليلة الوضوح أقل منه في حال البيانات المستندة إلى الخرائط الطبوغرافية. لذلك فإن نموذج الارتفاعات من نوع SRTM أكثر ملائمة لتفسير العناصر المورفوبنيوية الخطية من نماذج الارتفاع الأخرى. بالإضافة لذلك كان لاستخدام نموذج الارتفاع الرقمي والصور الفضائية دور إيجابي في أن دقة التحديد الجغرافي عالية وأن إمكانية كون العناصر الخطية التي تم تفسيرها ذات أصل جيومورفولوجي أو جيولوجي كبيرة جدا. على سبيل المثال عند تفسير القسمات الخطية بالاعتماد على الصور الفضائية فقط يكون هناك احتمال لحدوث التباس في التفسير حيث يمكن أن تظهر الطرق وحدود الأراضي الزراعية على شكل قسمات خطية، بالمقابل فإن هذا الالتباس لا يحدث في حال التفسير اعتمادا على نموذج الارتفاع الرقمي.

بالمقارنة مع الأعمال الأخرى تم في هذا العمل إجراء دراسات ميدانية باستخدام أجهزة التحديد المكاني (GPS)، وقد تم خلال ذلك التثبت من أنه في كثير من المواقع التي تم رسم قسمات خطية مكتبيا فيها توجد صخور مشققة و/أو متأثرة بالعمليات الكارستية. هذه الملاحظات الحقلية والتطابق مابين وردة الاتجاهات للعناصر المورفوبنيوية الخطية التي تم تفسيرها في هذا العمل وبين ما جاء في الدراسات السابقة حول تكتونية المنطقة يؤدي إلى التخمين بأن العناصر المورفوبنيوية الخطية على الأغلب تعكس بنيات جيولوجية سطحية أو تحت سطحية. بناء على ذلك يمكن القول بأن العناصر المورفوبنيوية الخطية في منطقة الدراسة (حواف، جروف، كويستا، وديان) ترتبط غالبا بتكتونيك المنطقة. إن استخدام قياسات التحديد المكاني في هذا العمل له إيجابيات أخرى بالمقارنة مع الطرق التقليدية للعمل الحقلي، فالنقاط المأخوذة والموصوفة تؤمن ربطاً مباشراً مع الواقع في برمجية ArcGIS مما يوفر نتائج دقيقة وواضحة.

اهتمت كثير من الدراسات كما هو حال الجزء الأول من هذا العمل بدراسة حالة سطح الأرض جيومورفوغرافيا أو جيومورفومتريا أو كما هو الجزء الثاني من هذا العمل أي مورفوبنيويا. بالإضافة لذلك تم السعي في هذا العمل إلى تطوير استخدام تطبيق لنتائج هذه الدراسات. وقد استند ذلك إلى أن الجيومورفولوجيا عبارة عن نظام معقد من عدد كبير من التأثيرات المتبادلة ما بين العمليات الجيولوجية الداخلية والخارجية، ليتم بذلك استخدام تأثيرات سطح الأرض وبالتالي العمليات الجيومورفولوجية الجيوبيئية لحل المسائل الهيدرولوجية والهيدروجيولوجية.

8.3 وجهات نظر مبنية على الدراسة

تتوافق الطرق المستخدمة في إطار هذا العمل ونتائجه مع عدة دراسات أخرى يمكن أن تكون أكثر عمقا، وقبل كل شيء يمكن من خلال إدخال بيانات استشعار عن بعد ذات قدرات تمييز مكانية أكبر وخواص طيفية أفضل أو من أنواع أخرى (بيانات رادارية) الحصول على معلومات أخرى لخدمة الدراسة، فإدخال بيانات استشعار عن بعد أخرى متعددة الأطياف ضمن قاعدة البيانات توفر إمكانية مراقبة وتحليل أفضل للأجزاء الرطبة من المنطقة. وتؤمن البيانات الرادارية معلومات كثيرةً، فهي من جهة توفر إمكانية دراسة رطوبة التربة ومن جهة أخرى دراسة البنيات الجيولوجية، سواء البنيات المتكشفة على السطح أو الموجودة تحت غطاء من المواد المفككة، ويمكن ربط هذه البيانات مع البيانات الأخرى لهذه الدراسة مما يمكن من الوصول إلى تفسير وتقييم جيومورفولوجي مورفوبنيوي أشمل وأكثر دقة. ويمكن استخدام التفسيرات المورفوبنيوية التي تمت في هذه الدراسة كأساس للتخطيط لإجراء قياسات جيوفيزيائية، ويعتبر إدخال نتائج هذه القياسات من حيث المبدأ ضمن قاعدة البيانات ممكناً وضرورياً في حال كان الهدف تحديد دقيق للبنيات الجيولوجية.

وفيما يخص بناء قاعدة البيانات الهيدروجيومورفولوجية يمكن إضافة بيانات مكملة وأكثر عمقاً من خلال تحديد الأجزاء الرطبة، ويتطلب ذلك استخدام بيانات ارتفاع رقمية بقدرات تمييز مكانية أفضل، حيث يمكن استنباط المنخفضات الطبوغرافية الموجودة في المنطقة، والتي تمثل مناطق تجميع للمياه السطحية وبالتالي مناطق رطبة، وبالطبع لا يعتبر هذا التحديد كافياً ودقيقاً، ويمكن استكماله بشكل جيد بإدخال بيانات استشعار عن بعد متعددة الأطياف أو بيانات رادارية.

نظرا لصعوبة وضع تصور عن الوضع الهيدرولوجي للمنطقة تقنياً – لعدم وجود قياسات هيدرولوجية منتظمة للجريان المائي السطحي – يوفر تحليل العلاقة بين الجيومورفولوجيا والتركيب الكيميائي للمياه إمكانيات متعددة لإدارة المصادر المائية هناك ومراقبة الوضع المائي. يعتبر التحليل الكيميائي مفيداً جداً لدراسة تغذية المياه الجوفية، ويمكن تعميقه أكثر بجمع عينات أخرى بناء على نتائج التحليل التي تم الحصول عليها من الدراسة الحالية. ويمكن أيضاً تعميم ذلك على كامل المنطقة المدروسة هنا، ويمكن إنجاز واستخدام قاعدة بيانات هيدروجيومورفولوجية من وضع لبنة في بنية رقمية، يمكن أن تضاف إليها بيانات أخرى (المراقبات والقياسات الهيدرولوجية، كميات المياه المستخدمة للري، البيانات الجيوفيزيائية)، مما يجعل هذا البناء الرقمي مفيداً جداً لعجلة التطور في سوريا.

في جنوب منطقة الدراسة توفر الوديان الخطية المرتبطة بتكتونيك المنطقة شروطاً مناسبة جداً لتغذية المياه الجوفية، ويتوجب في مناطق جريان هذه الوديان تطبيق تقنيات حصاد المياه لتقليل الخسارة بفعل التبخر، ففي الأجزاء المركزية للمنطقة المدروسة من ناحية تكون إمكانية رشح المياه قليلة جدا ومن ناحية أخرى تقود المياه الراشحة إلى زيادة ملوحة المياه الجوفية.

في الشمال - حيث يعيش جزء كبير من سكان سوريا والانتشار الكبير للاستخدامات المتنوعة للأراضي - يتوجب تطبيق هذه التقنيات مع التركيز على تأثيرات الأنشطة البشرية على التركيب الكيميائي للمياه السطحية والتربة والمياه الجوفية.

تبدي نتائج هذا العمل - المتعلقة بتقييم التأثير المتبادل بين الوضع الجيومورفولوجي والمياه الجوفية – أن إزالة القشرة الكلسية وزراعة حقول الزيتون فكرة ينصح بها بشكل كبير جداً، ويتوجب على أجهزة التخطيط في الدولة دعمها إلى أبعد الحدود.

تظهر مراحل هذا العمل كيف أن التطور الهائل لإمكانيات المعلوماتية أدت إلى إيجاد اتجاهات تطبيقية جديدة للجيومورفولوجيا، كما أنها أظهرت كيف أن نظم المعلومات الجغرافية ساهمت في الربط الوثيق جدا بين علوم الجيومورفولوجيا والهيدرولوجيا والتربة والاستشعار عن بعد. ويدعم التطور المتنامي لإمكانيات مداخلة ومقاطعة البيانات المختلفة للعلوم المذكورة على شكل قاعدة بيانات رقمية الرأي القائل بأن هذا الترابط سيتطور أكثر وأكثر. وتقدم الطرق التقليدية الحقلية لرسم الخرائط المدعومة بقياسات GPS معلومات موثقة حقلياً ومفيدة جداً. وبذلك فإن إمكانيات الوصف الدقيق لمساحات واسعة فتحت الآفاق أمام التطبيقات الجيومورفولوجية المختلفة لتصبح أكثر وضوحاً وتحديداً.

وفي الختام إن هذا العمل يدعم حقيقة أن انتشار تقنيات نظم المعلومات الجغرافية والاستشعار عن بعد خلق نظرة للجيومورفولوجيا من زوايا جديدة. ومن ناحية أخرى ظهر في هذا العمل كيف أن الاستخدام المتزايد لبيانات الأقمار الصناعية بالترابط مع نماذج الارتفاع الرقمية انتقل بالجيومورفولوجيا بشكل قوي باتجاه العلوم التطبيقية، بحيث أصبحت قادرة على معالجة كثير من المسائل المتعلقة بالأبحاث البيئية، ومن خلال تقنيات رسم الخرائط وإمكانيات العرض الكمي والدقيق للمعلومات المكتسبة ولنتائج التفسيرات الجيومورفولوجية أصبحت نظم المعلومات الجغرافية جزءا من علم الجيومورفولوجيا.

وبناءً على المعارف التي اكتسبت في هذا البحث يمكن استخدام هذا الشكل من قاعدة البيانات الهيدروجيومورفولوجية في أبحاث أخرى مستقبلية لمناطق أخرى، خاصة في المناطق التي لا يتوفر فيها إلا القليل من القياسات أو المراقبات الهيدرولوجية، أو ذلك سوف يخطط له. وتمثل الطرق التي طبقت في هذه الدراسة قاعدة محتملة لأبحاث معمقة في هذا الاتجاه.

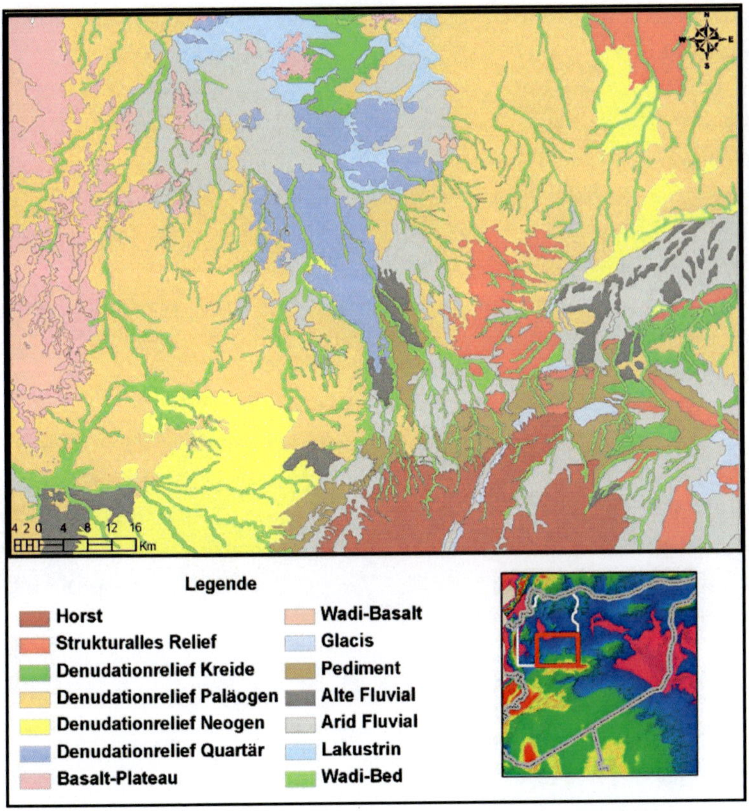

Anhang 4: Geomorphologische Karte des hydrogeomorphologisch betrachteten Gebiets

الملحق 4: الخريطة الجيومورفولوجية للمنطقة التي درست من الناحية الهيدروجيومورفولوجية.

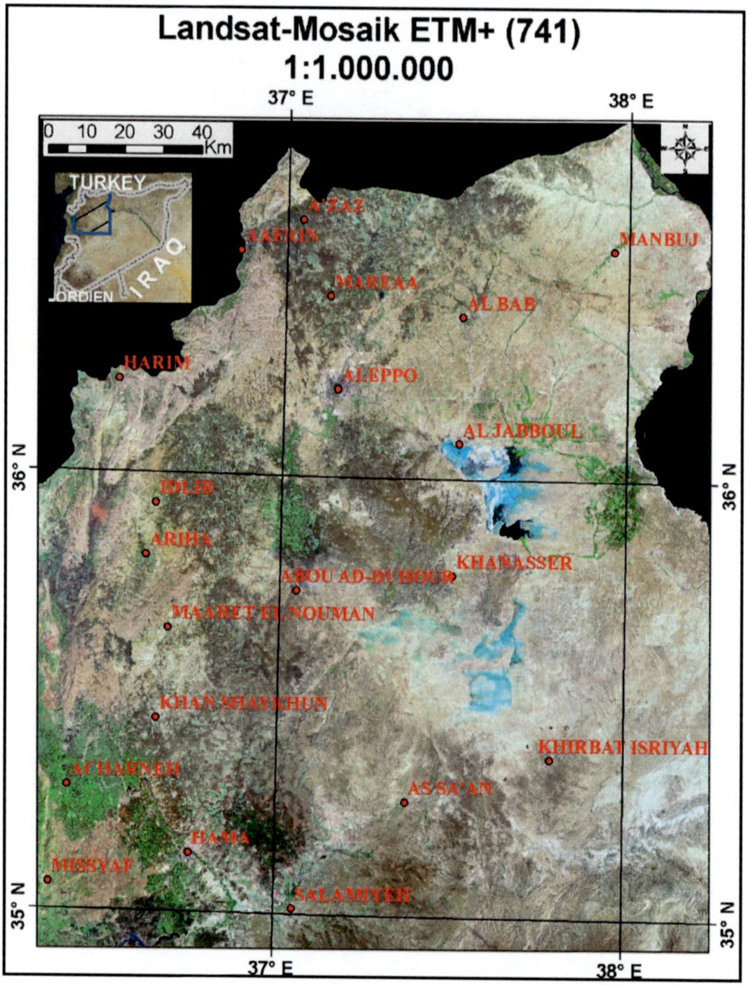

Anhang 3: Landsatmosaik mit wichtigen Ortsnamen

الملحق 3: موزائيك من مرئيات لاندسات مع أسماء أهم المناطق التي ذكرت في الدراسة.

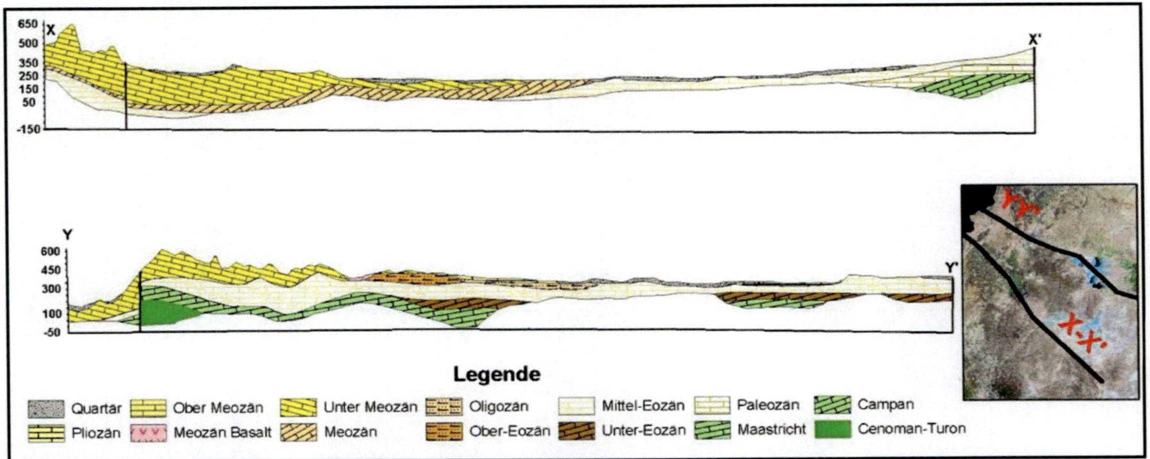

Anhang 2: Zwei geologische Profile überqueren des Gebiets (siehe Anhang 1)

الملحق 2: مقطعين جيولوجيين يقطعان المنطقة بشكل قطري (شاهد الملحق 1).

Anhang

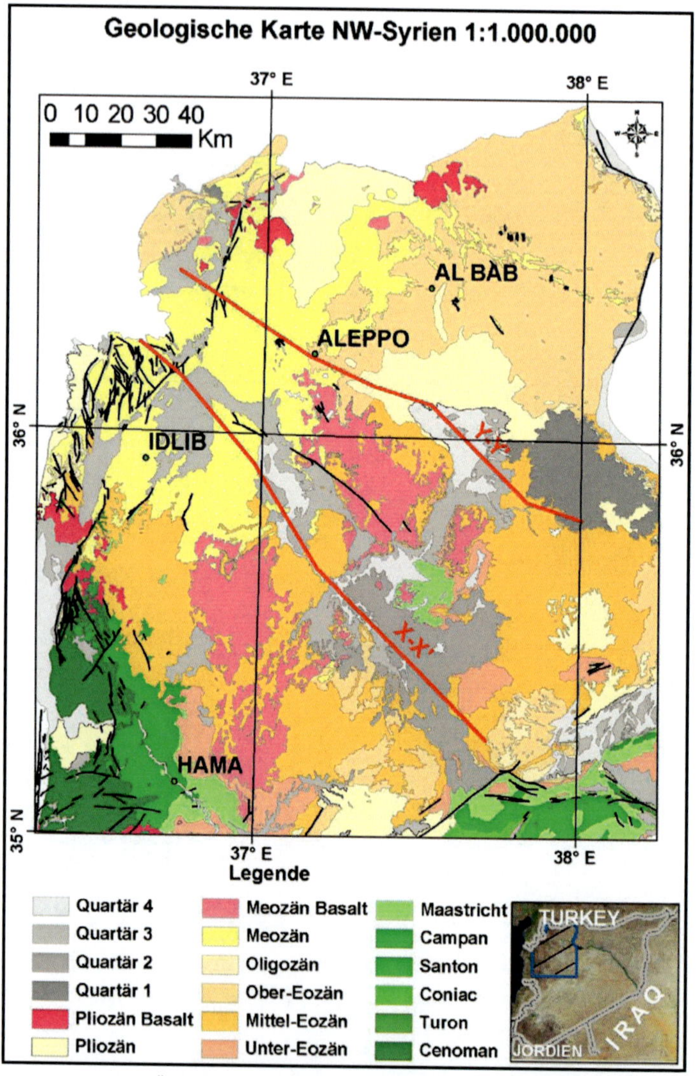

Anhang 1: Übersichtkarte der Geologie des betrachteten Gebiets

الملحق 1: الخريطة الجيولوجية الشاملة للمنطقة المدروسة.

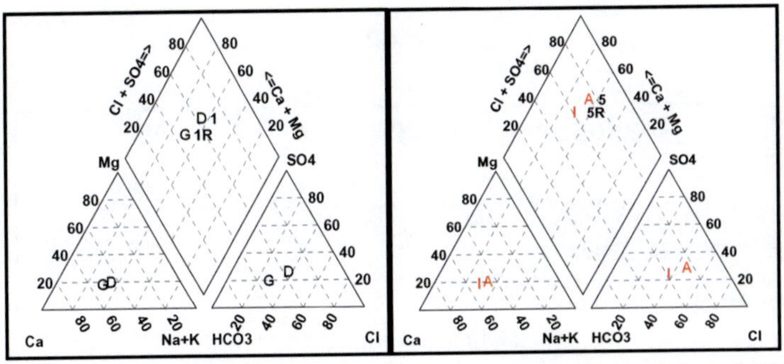

Abb. 7-18: Piper-Diagramm der Proben vor Regenereignis (Nr.) und danach (Nr. R)

الشكل (7-18): التمثيل البياني بطريقة PIPER لعينات قبل هطول الأمطار (الرقم) وبعد الهطول (R +).

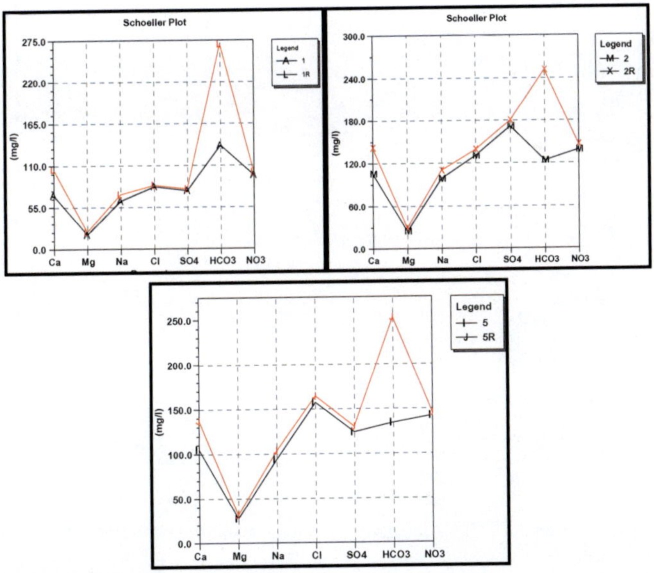

Abb. 7-19: Schöllerdiagramm der Proben vor dem Regenereignis und danach

الشكل (7-19): التمثيل البياني بطريقة SCHÖLLER للعينات قبل هطول الأمطار وبعد الهطول.

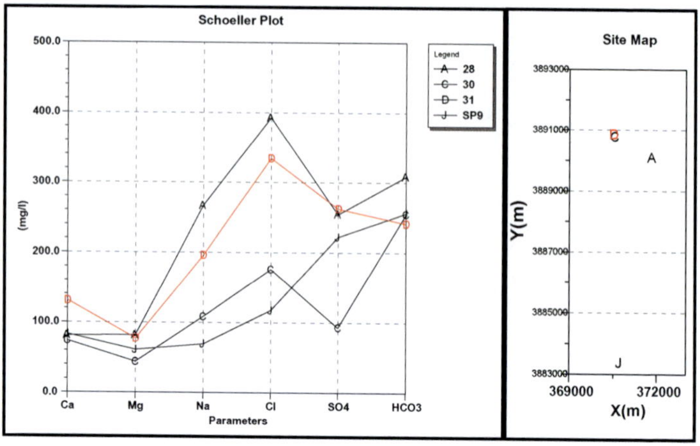

Abb. 7-16: Schöllerdiagramm der Brunnen 28, 30, 31 und SP9 (links) sowie deren geographischen Positionen (rechts)

الشكل (7-16): التمثيل البياني بطريقة SCHÖLLER للآبار 28، 30، 31 وSP9 (يسار) وكذلك خريطة توزع العينات (يمين).

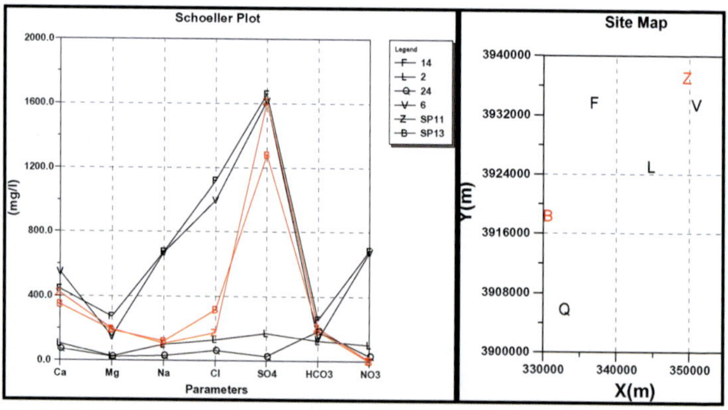

Abb. 7-17: Schöllerdiagramm einiger Paläogen-Brunnen (schwarz) und Kreide-Brunnen (rot), geographische Positionen (rechts)

الشكل (7-17): التمثيل البياني بطريقة SCHÖLLER لبعض آبار الباليوجين (اللون الأسود) وآبار الكريتاسي (اللون الأحمر) وخريطة توزع العينات (يمين).

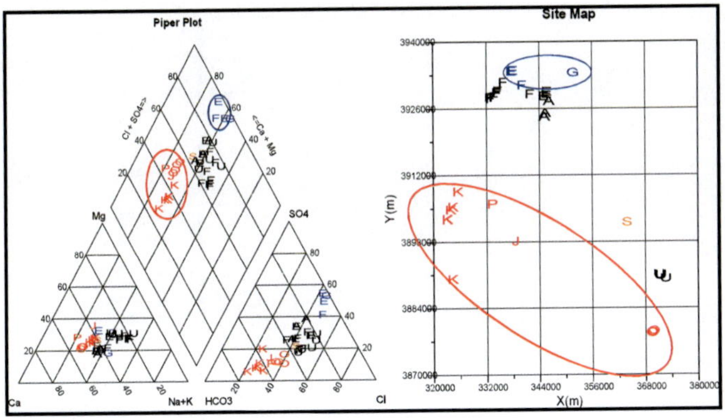

Abb. 7-14: Piperdiagramm (links) und die Karte der Probenamepositionen (rechts)

الشكل (7-14): التمثيل البياني بطريقة PIPER (يسار) وخريطة توزع العينات المأخوذة (يمين).

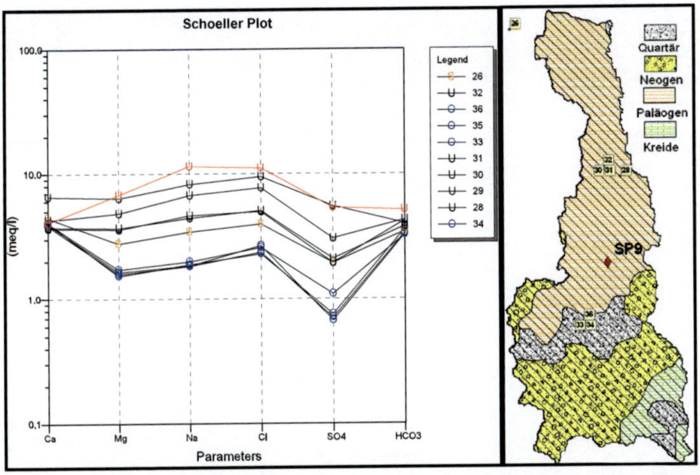

Abb. 7-15: Das Schöllerdiagramm (links) und Probenpositionen - Basis ist Grundwasserleiterkarte - (rechts)

الشكل (7-15): التمثيل البياني بطريقة SCHÖLLER (يسار) وخريطة توزع العينات – الأساس هي خريطة المستويات الحاملة للمياه - (يمين).

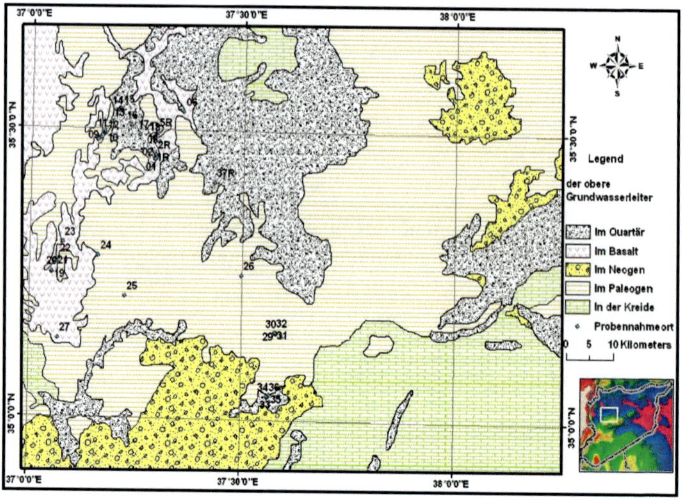

Abb. 7-12: Thematische Karte des oberen Grundwasserleiters

الشكل (7-12):الخريطة الغرضية للمستويات الحاملة للمياه.

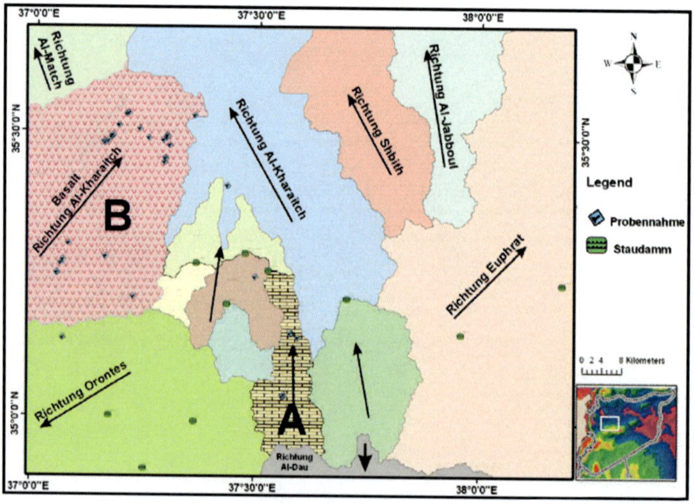

Abb. 7-13: Teileinzugsgebiete A & B und die Wasserabflussrichtung (Pfeile)

الشكل (7-13): أحواض التصريف الثانوية A و B واتجاهات الجريان السطحي (الأسهم).